银黑狐　　　　　　　　　　　　北极狐

彩图 2-1　主要狐种

彩图 4-1　麝鼠

彩图 3-1　貉

彩图 5-1　新西兰兔

彩图 5-2　加利福尼亚兔　　　　　　　彩图 5-3　美系獭兔

彩图 5-4　德系獭兔

彩图 5-5　法系獭兔

彩图 5-6　中国白兔

彩图 5-7　青紫蓝兔

彩图 5-8　哈尔滨白兔

彩图 5-10　安哥拉兔

彩图 5-9　大耳白兔

彩图 7-1　梅花鹿

彩图 7-2　马鹿

彩图 8-1　中国林蛙

彩图 9-1　蛇

彩图 10-1　蛤蚧（大壁虎）

彩图 11-1　东亚钳蝎

彩图 12-1　蜈蚣

彩图 14-1　泰和乌鸡

彩图 15-1　河北亚种雉鸡

彩图 16-1　孔雀

彩图 17-1　鹌鹑

彩图 18-1　肉鸽

彩图 19-1　火鸡

彩图 20-1　珍珠鸡

彩图 21-1　鹧鸪

彩图 22-1　非洲黑鸵鸟

彩图 23-1　绿头野鸭

彩图 24-1　大雁

"十二五"职业教育国家规划教材
经全国职业教育教材审定委员会审定

特种经济动物养殖技术

TEZHONG JINGJI DONGWU
YANGZHI JISHU

第二版

任国栋　郑翠芝　主编

化学工业出版社

·北　京·

《特种经济动物养殖技术》(第二版)是针对21世纪我国农业发展和农业产业结构调整的需要,并参照有关行业技能鉴定规范和国家相关职业资格标准编写的。

本教材共分毛皮动物养殖技术、药用动物养殖技术、特禽养殖技术三部分(附相应的实验实训),涉及水貂、狐、貉、麝鼠、家兔、茸鹿、中国林蛙、药用蛇类、蛤蚧、蝎子、蜈蚣、蜜蜂、乌鸡、雉鸡、孔雀、鹌鹑、肉鸽、火鸡、珍珠鸡、鹧鸪、鸵鸟、绿头野鸭、大雁23种养殖数量大、经济效益高的特种经济动物,介绍了涉及动物的生物学特性、繁殖技术、饲养管理技术以及产品初加工技术等。本书配有电子课件,可从 www.cipedu.com.cn 下载使用。

本教材具有系统、先进和实用等特色,·可作为畜牧、畜牧兽医等专业的教材,亦可作为农村养殖技术培训班的教材,同时也可作为特种经济动物养殖单位及相关专业科技人员的参考书。

图书在版编目(CIP)数据

特种经济动物养殖技术/任国栋,郑翠芝主编. —2版.
北京:化学工业出版社,2016.9(2025.1重印)
"十二五"职业教育国家规划教材
ISBN 978-7-122-27540-0

Ⅰ.①特⋯ Ⅱ.①任⋯②郑⋯ Ⅲ.①经济动物-饲养管理-职业教育-教材 Ⅳ.①S865

中国版本图书馆 CIP 数据核字(2016)第 152909 号

责任编辑:梁静丽 迟 蕾 李植峰 张春娥   装帧设计:史利平
责任校对:边 涛

出版发行:化学工业出版社(北京市东城区青年湖南街 13 号 邮政编码 100011)
印   刷:三河市航远印刷有限公司
装   订:三河市宇新装订厂
787mm×1092mm 1/16 印张 14¼ 彩插 2 字数 370 千字   2025 年 1 月北京第 2 版第 13 次印刷

购书咨询:010-64518888   售后服务:010-64518899
网   址:http://www.cip.com.cn
凡购买本书,如有缺损质量问题,本社销售中心负责调换。

定 价:49.80 元

《特种经济动物养殖技术》（第二版）编审人员

主　　编　　任国栋　郑翠芝

副 主 编　　张淑娟　王　星

编写人员　　（按照姓氏汉语拼音排列）

冯　　刚（玉溪农业职业技术学院）

高　　岩（沈阳农业大学高职学院）

韩　　寒（济宁市高级职业学校）

刘　　军（湖南环境生物职业技术学院）

刘　　伟（山东省济南鲁鸿珍禽养殖有限公司）

刘秀玲（商丘职业技术学院）

吕海航（黑龙江生物科技职业学院）

任国栋（济宁市高级职业学校）

田长永（辽宁农业职业技术学院）

王　　晨（黑龙江农业工程职业学院）

王　　星（辽东学院）

尹守云（山东省聊城市毛皮养殖协会）

张淑娟（黑龙江职业学院）

郑翠芝（黑龙江农业工程职业学院）

主　　审　　马云省（山东省济宁市畜牧局）

前言

为了适应特种经济动物养殖方面新技术的快速发展和各职业学院教学改革的需要，结合《教育部关于"十二五"职业教育教材建设的若干意见》文件精神及相关要求，化学工业出版社组织有关院校进行了深入讨论，确定了本书修订的原则。修订版在保留原版教材特点的基础上，文字叙述更加简洁，内容更加贴近高等职业教育。第二版的主要修改工作说明如下。

1. 根据我国现行的法律法规修订相关内容。人民生活水平的提高推动了特种经济动物养殖数量的快速增加，近年来养殖技术的研究探讨，使得新技术成果不断应用于生产。为适应职业学院教学需要、满足特种经济动物生产对人才的需求，笔者结合自身及相关专家的科研教学和生产实践，参照《中华人民共和国野生动物保护法》《国家重点保护野生动物驯养繁殖许可证管理办法》，同时参考大量国内外最新资料，修订了相关的内容。

2. 增加了个别特种经济动物养殖技术规程。特种经济动物养殖起步晚，各地养殖场规模、养殖方式、养殖技术差异较大，养殖规范性差。随着各地畜牧标准化养殖技术规程的制订和实施，特种经济动物养殖业必将逐步走向标准化、规模化、无公害安全生产。为此，本版选编了、蛋用鹌鹑饲养管理规程，供学习参考。

3. 增编了国家标准。本着职业教育"产业标准"化的发展方向，编入了现行的《裘皮 獭兔皮》国家标准，对学习毛皮初加工技术及质量检验具有强制性要求及指导性功能，符合职业教育为社会服务、为生产力的发展服务以及培养适应生产力发展的人才的要求。

4. 编审团队加入了一线专家和技术人员。本着"工学结合"的原则，邀请了山东省济宁市畜牧局马云省研究员、山东省聊城市毛皮养殖协会尹守云秘书长、山东省济南鲁鸿珍禽养殖有限公司刘伟参加编写工作，采纳了他们的编写意见和生产实践经验技术，完善了本教材的实用性，在此一并表示感谢。

5. 为顺应数字化教学趋势，第二版教材在编写中配套了教学课件，方便直观教学，可从 www.cipedu.com.cn 下载使用。

本书在编写过程中，得到了化学工业出版社和编写人员所在单位的大力支持；也参考了同行及专家的有关文献资料，并选用了地方特种动物养殖技术规程之一进行介绍，在此向有关作者和单位表示衷心的感谢！

限于编写水平，本书不足及疏漏之处在所难免，我们恳切希望各院校师生和广大读者予以批评指正。

编者
2016 年 4 月

第一版前言

依据教育部《关于加强高职、高专教育教材建设的若干意见》，为适应21世纪高职人才培养目标的需求，为社会培养更多面向特种经济动物养殖、管理和服务第一线需要的高级实用型人才的需要，本着知识、能力、素质协调发展的原则，编写此教材。

本教材突出职业教育特色，在理论知识方面，以满足岗位应职能力需要为度，把握实用、适用、够用的原则，系统地编写了毛皮动物养殖技术、药用动物养殖技术、特禽养殖技术三部分（附相应的实验实训），选择涉及了目前特种经济动物中养殖数量较大、经济效益较好、发展前景较好的24种动物，因此，各校可结合实际选择适宜当地养殖的特种经济动物种类重点讲授，酌情调整讲授内容和学时。

本教材注重结构完整，每章前有本章要点、知识目标、技能目标，章后有复习思考题，便于教师组织教学和学生自学，充分体现了高等职业技术教育教材的应用性、实用性和先进性。通过学习，可使学生熟练掌握特种经济动物的生物学特性、繁殖技术、饲养管理技术、产品初加工技术等方面的知识和技术。

本教材由任国栋编写绪论、第一章、第四章、实训十三及附录；郑翠芝编写第三章、第五章及实训四；张淑娟编写第七章、第八章、第十九章、第二十章、第二十二章、第二十四章及实训六；王星编写第十三章及实训十一；田长永编写第二章、第二十一章及实训二；冯刚编写第六章、第十五章及实训五；刘军编写第九章、第十章、第十一章、第十二章及实训七、实训八、实训九、实训十；刘秀玲编写第十四章、第十六章、第十七章、第十八章及实训十二；高岩编写第二十三章；曹保东编写实训一、实训三、实训十四。

本教材得到中国化工出版社和编者所在院校的支持与帮助，在此一并表示感谢。

由于编者的水平有限，书中的不妥之处在所难免，敬请广大读者和有关专家批评指正。

编者
2009 年 3 月

目录

第一篇　毛皮动物养殖技术

第二篇　药用动物养殖技术

第三篇　特禽养殖技术

绪　论

　　特种经济动物养殖又称"非传统养殖业"，其特点是历史较短、规模较小、动物的驯化程度较低但经济价值较高，伴随着农村产业结构的调整，为繁荣农村经济探索出一条新路。近年来，特种经济动物养殖得到了广泛的重视，在养殖业中所占比例有逐年增加的趋势，成为传统养殖业的有效补充。

　　特种经济动物种类繁多，泛指除传统饲养的家畜（猪、牛、羊等）、家禽（鸡、鸭、鹅等）和家鱼（青、草、鲢、鳙等）以外的、能不同程度被人工驯养的各种动物。目前，我国饲养的品种已达 200 多种，按用途可分为毛皮动物、药用动物、特种禽类等。毛皮动物指那些能提供毛皮产品的动物，珍贵的毛皮动物多数是野生或人工驯化饲养的哺乳类动物，又称其为毛皮兽，包括水貂、狐、貉、家兔等；药用动物指可利用其组织或器官、分泌物、生理或病理产物等生产药材的一大类动物，包括鹿、林蛙、药用蛇类、蛤蚧、蝎子、蜈蚣、蜜蜂等；特种禽类指以生产高档山珍、野味等动物性食品或药品为主的鸟类，包括雉鸡、乌鸡、火鸡、鹌鹑、珍珠鸡、鹧鸪等。

一、特种经济动物养殖的意义

1. 生产优质裘皮和制革

　　毛皮动物如水貂、狐、貉、獭兔等，其毛皮品质优良，富有光泽，保温、御寒性能好，皮板结实且轻便、耐磨、美观，是制作高档裘皮服装、服饰品的上等原料。一些特种经济动物（如鸵鸟、鹿类）的皮还可制革，用于生产各种皮具、皮装等。

2. 提供动物性药材

　　中国秦汉时期的《神农本草经》收载动物药 67 种，其中，鹿茸、麝香、牛黄等仍为现今医药学所应用。唐代由国家组织编纂的《新修本草》收载动物药 128 种，明代李时珍《本草纲目》收载动物药 461 种，清代赵学敏《本草纲目拾遗》收载动物药 128 种，近代的《中药大辞典》收载动物药达 740 种。据统计，现今中国已知可供入药的动物已有 900 余种。动物药价格昂贵，麝香、鹿茸及蛇毒等均闻名海内外，十分畅销。蛇毒被誉为"液体黄金"，梅花鹿的鹿茸是传统的出口产品。

　　动物药具有药效高的特点。许多中医成方和中医验方均配伍有动物药成分。例如，麝香具有很强的通窍、醒神作用，并能促进血液循环，因此用作生产"麝香壮骨膏"的主要药材。妇科良药"乌鸡白凤丸"则以乌骨鸡为主要原料生产。

3. 提供美味膳食

　　特种肉用动物、特种珍禽的肉具有高蛋白、低脂肪、低胆固醇的特点，且肉质细嫩、味道鲜美，是餐桌上不可多得的美味佳肴。鹌鹑被誉为"动物人参"，鹌鹑蛋更是一种高级滋补品，富含卵磷脂和脑磷脂，适宜年老体弱及脑力工作者食用。

　　此外，某些特种经济动物（如梅花鹿、孔雀、雉鸡及鹦鹉等）还可用于观赏。

二、特种经济动物养殖概况

1. 毛皮动物养殖概况

　　我国珍贵毛皮动物养殖历史较长，从 21 世纪 40 年代起，黑龙江饶河地区就有农户开始养殖野生乌苏里貉、獾等。从 1956 年开始，国家在黑龙江、吉林、辽宁、河北、山东、陕西、北京等省市陆续建立了第一批毛皮动物养殖场，并从国外引进了大批种兽，包括水貂、银黑狐、北极狐、海狸鼠等，毛皮动物养殖业得以规模发展。20 世纪 60 年代引进了欧系水貂。1978 年后又从欧洲、北美引进水貂、蓝狐、银狐等。以后，又陆续引进了艾虎、毛丝鼠等。国内驯化的毛皮动物品种主要有紫貂、旱獭、果子狸等。目前，山东、黑龙江、辽宁、河南等十几个省、市、自治区分布着数万家养殖场，毛皮总产量约占世界的 1/4。

当前我国毛皮产业发展现状主要表现可归纳为四点：一，发展势头空前高涨。各地毛皮产业协会陆续成立，各种毛皮行业展会和相关论坛纷纷举办，说明毛皮产业进入了新的发展时期，毛皮业是一个朝阳产业，是新崛起的有生机、有活力的产业。近几年各地政府重视特色畜牧业养殖，多省市已经把毛皮产业作为畜牧业主导产业之一。二，毛皮产业发展活跃。近几年毛皮产业进行再生产与扩大再生产，越来越多的资本开始流向毛皮产业，一些新技术、新模式逐渐应用于毛皮产业，毛皮产业的规模、水平和档次均有很大程度地提高。三，科技贡献率越来越大。特养协会联合相关企业举办产业发展论坛，让广大养殖者学习科技、掌握科技、使用科技，产业科技贡献率越来越大。四，产业化水平越来越高。毛皮产业发展进程不断加快，产业链不断延长，产业化地位不断凸显。

2. 药用动物养殖概况

随着中药科学技术的发展，药用动物的研究不断得到深化和完善。大量药用动物品种得以肯定，又通过理化分析和药理、临床的研究，在扩大药源、寻找类同品方面也取得了很大成绩。如水牛角与犀角，狗骨与虎骨，羚羊角与藏羚羊角的比较研究；以及灵猫香的培殖和生产；新阿胶（猪皮胶）的使用等。在药用动物驯化、养殖方面，不少药用动物已变野生为人工养殖。如人工养麝，活体取香；鹿的驯化和鹿茸的生产；蛤蚧、金钱白花蛇、全蝎、地鳖虫的人工养殖，河蚌的人工育珠，以及人工养熊，活体引流胆汁；以熊胆粉代替药材熊胆，人工培殖牛黄、羊黄等都已取得成功，有的已有了商品药材供给市场。进入 21 世纪后，对动物药活性成分的研究也得到了迅速的发展，如从蟾酥中分离出 20 余种蟾毒配基，其中脂蟾毒配基兼有升压、强心、兴奋呼吸等作用；从胆汁中发现的鹅去氧胆酸、熊去氧胆酸有溶解胆结石的作用；从斑蝥等昆虫中提取的斑蝥素有抑制癌细胞分裂的作用，其半合成品与羟基斑蝥胺的作用类似，但毒性却比斑蝥素轻等。

药用动物的活性成分有作用强、使用剂量小、疗效显著而专一等优点，加之其毒副作用低，药物来源及使用广泛，群众对采药、用药有丰富的经验。因此，可以预料，随着科学技术的不断发展，药用动物在防病、治病中也有着广阔的前景。

药用动物养殖业中养鹿业的规模最大、范围最广。我国养鹿业伴随着新中国的诞生而兴起，1950 年在辽宁省西丰县建立了第一个国营鹿场，1952 年又在吉林省的吉林市、东丰、双阳和辉南等地相继建立了十几处国营专业鹿场，开始了专业养鹿的时期，以后又在黑龙江、河北、山西、内蒙古、新疆等地相继建立专业鹿场，饲养梅花鹿、马鹿和白唇鹿。50 年代末期养鹿达 10 万只，形成了第一个养鹿高峰期；70 年代初期，全国存栏各种鹿达 20 万只；80 年代初，全国各地国营鹿场多达上百个，养鹿达 30 万头，出现了养鹿业的第二次高峰；90 年代中期，全国鹿存栏达 40 万头，2012 年仅梅花鹿存栏量达 50 万头以上，而且随着科技投入的增多，鹿的品质及其生产力逐渐提高。同时，在鹿的品种选育、繁殖、育种、鹿病防治、产品加工、饲料营养、环境控制、群体驯养等研究方面取得了明显进展，鹿场经营也由原来的单一国营鹿场发展为一大批由集体、个人、合资、合作经营组成的多种形式，整个养鹿业开始步入专业化、系统化、规模化、科学化的时期。

林蛙是我国一种重要的经济蛙类，也是我国长白山及小兴安岭地区宝贵的天然财富。由于林蛙及林蛙油具有较高的经济价值，市场供不应求。利益驱动人们大量捕杀林蛙，造成林蛙天然资源的极大破坏，林蛙的种群数量急剧下降，在不少地区已处于灭绝的边缘。在资源日益减少、需求量不断增加的情况下人工养殖林蛙便逐渐发展起来。林蛙养殖主要集中在辽宁、吉林东部山区，黑龙江东部和内蒙古东北部地区，河北也有少量分布。

我国地域辽阔，跨越热、温、寒三带，一年四季鲜花不断，植物种类繁多，农作物、果树、山林、草原等都蕴藏着丰富的蜜粉源，能够提供大量商品蜜的蜜源植物达数十种之多，辅助蜜源植物上千种，为发展养蜂业提供了优越的自然条件，因此，养蜂历史源远流长。目前，生产蜂蜜最多的国家是俄罗斯和美国，养蜂业技术先进的国家主要有加拿大、澳大利亚、日本等国，这些国家已培育出优良蜂种并总结出先进的管理经验，研制出现代化、自动化的蜂机具，提高了劳动生产力，建有大型专业化的养蜂场。世界养蜂业的总趋势，正朝着专门化、良种化、机械化、自动化的方向发展。

3. 特禽养殖概况

我国特禽类的天然资源十分丰富，野生物种很多。自 20 世纪 80 年代初开始先后从美国、法国、德国、日本、朝鲜、英国、南非、澳大利亚、印度等国家引进鹌鹑、火鸡、王鸽、山鸡、鹧鸪、珍珠鸡、绿头野鸭、贵妇鸡、孔雀、鸵鸟、朗德鹅、黑天鹅等进行饲养、选育推广，这些品种的引入对我国特禽业的发展起了很大的推动作用。

为满足市场需要，我国科技人员利用杂交、多代纯化、等量留种继代繁殖、重组 DNA 等技术，培育成具有适应性广、生长快、产蛋率高、肉质鲜美的特禽新品种，有黑丝毛乌骨鸡、黄凤鸡、丝光鸡、骨顶鸡、绿壳蛋鸡、大雁、宫廷黄鸡、茶花鸡、地产山鸡、黑羽山鸡、白羽山鸡、白羽鹌鹑、兰胸鹑等。

近几年来，本着加强资源保护、积极驯养以及合理开发利用的原则，对国家保护性禽类，如红腹锦鸡、白腹锦鸡、白鹇、淡腹雪鸡、蓝马鸡、褐马鸡、天鹅、丹顶鹤、鸳鸯、鸿雁、灰雁、豆雁、榛鸟、大鸨、白冠长尾雉等进行驯养繁殖。目前，全国饲养数量和规模日趋扩大。

我国特禽养殖业历经多次波折后，养殖数量持续增加。2010 年我国规模较大的特禽养殖场已达 6000 多家，其中，肉鸽种鸽场 700 多家，存栏种鸽 5000 万对，年产乳鸽 7 亿只；鹌鹑饲养量达 3 亿只左右，鹑蛋年产量达 60 万吨；火鸡肉年产量 1600 多吨。经过 30 多年的饲养实践，我国特禽养殖技术日趋成熟，现已在饲养管理、繁殖、疾病防治、育种等方面形成了一套较完善的养殖技术，尤其是特禽的产蛋率、孵化率和雏禽成活率已接近世界水平。

三、存在的问题及对策

1. 存在的问题

（1）发展特种经济动物养殖的盲目性突出　特种经济动物养殖业普遍缺乏有效管理、科学引导和宏观调控，养殖场多为分散、自发的小规模经营，少数养殖户盲目炒种，效益较低；抗风险能力差，未能形成产业化经营、专业化生产。

（2）技术含量低　特种经济动物养殖业普遍存在饲料不合理、饲养管理粗放、疾病防治滞后、良种培育少、品种退化严重等现象，国际市场竞争力弱。

（3）市场价格的波动和社会化综合服务差对特种经济动物养殖业影响较大　近几年来，特种经济动物养殖各品种市场价格波动较大，在一定程度上，影响了一些养殖户的养殖热情。技术、信息、资金、配套物资等社会化服务滞后，产前、产中、产后配合不力，组织不良，各自为政，影响了行业的发展。

2. 对策

（1）在市场调研的基础上选准品种，量力而行　从事特种经济动物养殖时，必须以市场为导向，选择一些市场销路好、风险低的养殖项目，慎重引种，因地制宜，量力而行，避免盲目发展。

（2）抓好科技投入，降低成本，进行商品化生产　认真搞好技术培训，从品种繁育、饲养管理、饲料配方、疾病防治、产品加工开发及包装增殖等方面着手，提高技术含量，降低成本，进行商品化生产，提高产品质量及国际竞争力，以获得更好、更大的社会经济效益。

（3）加强特种经济动物养殖业的管理和指导　健全行业组织，规范市场管理，搞好综合服务。加强政府宏观调控，根据各地的生态环境对特种经济动物养殖业进行合理布局。

第一篇

毛皮动物养殖技术

第一章 水 貂

【知识目标】

1. 了解水貂的形态特征、类型、生活习性及水貂笼舍建造技术。
2. 掌握水貂的发情鉴定技术、配种技术以及饲养管理技术。

【技能目标】

能够进行水貂的发情鉴定、放对配种和各时期的饲养管理工作。

水貂属哺乳纲、食肉目、鼬科、鼬属，是珍贵的毛皮动物。水貂毛皮板质柔韧，毛绒细密平齐，针毛灵活有光泽，颜色多样，轻便、耐磨，是加工高档衣帽、披肩、领子、围巾和服装镶边的理想裘皮原料。国际毛皮市场上，水貂毛皮是大宗、骨干商品，其制品已从高贵走向大众，水貂养殖有广阔的可持续发展前景。

第一节 水貂的品种及生物学特性

一、水貂的形态特征

水貂外形与黄鼠狼（黄鼬）相似，体细长，头粗短，耳壳小，四肢短，下颌有白斑，趾基间有微蹼，后肢比前肢明显，趾端具有锐爪。尾较长，约为体长的一半，尾毛蓬松，肛门两侧有骚腺。成年公貂体重 1.8～2.5kg，体长 38～45cm，尾长 18～22cm，成年母貂体重 0.8～1.3kg，体长 34～38cm，尾长 15～17cm。野生水貂毛色多为浅褐色或深褐色（彩图 1-1）。

二、水貂的品种

国内目前饲养的水貂主要有标准水貂和彩色水貂两大类型。

标准水貂通指毛被黑褐色的色型，其中主要有美国本黑水貂、金州黑色标准水貂、蓬莱黑色标准水貂和大虞黑色标准水貂。

彩色水貂通指毛被颜色异于标准水貂的其他色型，其中主要有丹麦红眼白水貂、蓝宝石水貂、银蓝色水貂、黄色水貂、珍珠色水貂、咖啡色水貂、黑十字水貂、丹麦棕色水貂等几十种色型的彩色水貂（彩图 1-2）。

三、水貂的生活习性

水貂原产于美洲高纬度地带，在野生状态下，水貂主要栖居在河床、浅水湖岸或林中小溪旁等近水地带，利用天然洞穴营巢。巢中多铺有鸟兽羽毛、干草，巢洞长约1.5m，洞口多开于岸边或水下，洞穴附近常用草丛或灌木为掩护。冬季，水貂喜在冰洞或在不结冰的急流暖水一带活动栖息。水貂为适应环境而形成的生活习性，人工养殖时要科学合理地利用。

（1）肉食性 主要捕食小型啮齿类、鸟类、爬行类、两栖类、鱼类等，如鼠、鱼、鸟、蛙、蛇、蝼蛄、麝鼠及昆虫等。水貂有贮食的习性。

（2）夜行性　野生水貂多在夜间活动和觅食，生产中要注意早饲不要过晚，下午喂饲时间不要过早。

（3）喜水性　野生水貂多在水中活动、捕食，人工养殖最好提供戏水的设施。

（4）性凶猛　加强饲养人员的劳动防护，防止被水貂咬伤。一旦被水貂咬住，可采用对准水貂鼻孔猛吹一口气的方法加以摆脱。

（5）叼食性　仔貂开眼前，母貂有为其叼送食物的习性。基于水貂的这一习性，母貂产仔期，应提供易消化的饲料，并加强对窝箱的卫生管理，以减少仔貂尿湿病和仔貂脓疱病的发生。

（6）叼仔性　水貂自卫能力有限，野生状态下，在受到外界惊扰时，母貂会将仔貂叼到安全地方，避免仔貂受到伤害。人工养殖，外界的惊扰易导致母貂出现叼仔行为，严重的仔貂被叼死或被吃掉，造成较大的损失，生产中要加强环境管理，保持安静。

（7）群居性差　水貂性情孤僻，除交配和哺育仔貂期间，均单独散居。人工养殖，应适时分窝，单笼饲养。

（8）视觉较弱，嗅觉灵敏　水貂嗅觉发达，其采食、辨别仔貂主要靠嗅觉，环境及仔貂气味的变化都可能引发母貂咬死或吃掉仔貂。在水貂繁殖季节，饲养管理人员严禁使用化妆品，场内消毒要选用气味小的药物，最好采用火焰等物理消毒方法。

（9）定点排粪　水貂有定点排粪行为，一旦选定排粪地点便很难改变。人工养殖，应引导幼貂选择笼网中合适的地点（一角）排粪，对饲养管理有利。如果水貂选择了在窝箱中，或在水槽、料槽附近排粪，可采用"逐步移粪法"帮助其改变排粪地点。

（10）季节性换毛　每年春、秋两季各换一次毛。

（11）刺激仔貂排粪行为　母貂在仔貂开食前有舔舐仔貂肛门刺激仔貂排粪（并吃掉）的行为，仔貂开食后，母貂便停止这一行为。因而，开食后应加强窝箱卫生管理。

第二节　水貂的繁育技术

一、水貂的繁殖特点

1. 性成熟期

人工养殖，幼貂的性成熟期一般为 7～9 月龄，2～10 岁内有繁殖能力，寿命为 12～15 年。

2. 繁殖的季节性

水貂生殖器官的发育，随一年中光周期的变化而变化，发情繁殖呈明显的季节性，在自然光照的条件下，每年只繁殖一次。

3. 季节性多次发情

母貂在配种季节里有 2～4 个发情周期。每个发情周期通常为 6～9 天，其中发情持续期 1～3 天、间情期 5～6 天。

4. 诱导性（刺激性）排卵

通过交配或类似的刺激才能排卵。一般在交配后 36～48h 排卵。但在排卵后卵巢中形成的黄体处于休眠状态，不能随即分泌孕酮，因此，新的滤泡还可重新发育和成熟，直至出现第二次发情。交配排卵后在新滤泡发育的 5～6 天中，母貂拒绝交配，此期无论是交配刺激或其他性刺激都不能引起排卵，称排卵不应期。当卵巢内又有一批滤泡接近成熟，并分泌雌激素时，无论前一个发情周期排出的卵是否受精，仍继续有发情行为，并可再次排卵。水貂一次排卵数量为3~17个，排卵数量与交配日期有密切关系，一般3月中旬排卵数多。

5. 异期复孕

水貂在多个发情周期接受交配，几个周期的受精卵均有发育的可能性，即异期复孕的现象，但后一次的受精卵其妊娠率均比前次的高，前周期的受精卵多数排出体外或死亡，因此，水貂的预产期是由最后的配种日期算起。

二、水貂的发情鉴定

准确地对水貂进行发情鉴定，是确保适时配种的关键，也是提高繁殖率和产仔数的前提。

1. 种公貂发情鉴定

种公貂发情与睾丸发育状况直接相关，通过触摸判断睾丸发育情况可预测其发情状况。睾丸明显增大，且阴囊疏松下垂为已发情的表现。结合鉴定，淘汰单睾、隐睾、睾丸弹性差及患睾丸炎的公貂。配种季节，公貂对母貂的异性刺激有性兴奋表现，发出"咕、咕"的求偶叫声，即可投入繁殖。

2. 种母貂发情鉴定

种母貂应于1月30日、2月10日和2月20日各进行发情鉴定1次，以便了解貂群发情进度、安排配种顺序、及时发现准备配种期是否存在问题。发情鉴定的方法主要有外生殖器官形态观察、阴道细胞图像观察和放对试情。生产中，应以外生殖器官形态观察为主，辅以阴道细胞图像观察，以放对试情为准。

（1）外生殖器检查　一手抓住母貂颈部，一手抓住尾根，头朝下臀朝上，观察母貂外生殖器的形态变化。

发情前期：阴毛略分开，阴唇微肿，呈淡粉红色，稀薄的黏液分泌物逐渐增多。

发情旺期：阴毛明显张开，阴唇肿胀外翻（彩图1-3），色泽开始变淡，分泌物开始减少并变得浓稠。

发情后期：阴唇肿胀，外翻回缩，颜色变灰暗，黏膜皱缩，分泌物干涸。

静止期：阴毛闭拢成束状，外阴不显。

发情旺期配种繁殖效果最好，前期和后期效果差，母貂往往拒配。

（2）行为观察　发情母貂食欲下降，活动加强，呈现兴奋状态，频繁出入小室，有时腹卧笼底爬行，磨蹭外阴部，有时发出"咕、咕"的叫声。排尿频繁，尿呈淡绿色（平常尿呈白黄色）。

（3）放对试情　放对时，发情母貂对公貂追逐无敌对表现，被公貂咬住后颈部时表现顺从。未发情的母貂放对时，回避公貂追逐并发出刺耳尖叫，或与公貂拼命撕咬，或躲在笼角。因此，在检查母貂外生殖器官有发情表现的情况下，才能进行放对试情。

（4）阴道细胞图像观察　在水貂配种期，将尖端直径3~5mm的吸管插入母貂阴道内5cm左右，吸取阴道内容物，置于载玻片上，在400倍显微镜下观察。休情期视野中可见大量小而透明的白细胞，无脱落的上皮细胞和角质化细胞；发情前期视野中白细胞减少，出现较多的多角形角质化细胞；发情期视野中无白细胞，有大量的多角形有核角质化细胞；发情后期视野中可见角质化细胞崩解成碎片和少量的白细胞。

水貂阴道黏膜上皮细胞大量脱落的后期即排卵，由此，可确定母貂交配的适宜时期，隐性发情的母貂可由此判定是否发情。

三、水貂的配种

1. 配种日期的确定

根据水貂发情规律和生产实践经验，水貂一般在2月末至3月下旬配种，历时20～25天，配种旺期多集中在3月中旬。经产母貂比初产母貂发情早，因此，配种初期尽量先配经产母貂，后配初情母貂，争取配种旺期全场母貂达到全配。

2. 配种方式的选择

水貂配种方式主要有两种：一是周期复配，即初配后间隔7～10天，待下次发情期再配一次。此法适于发情较早，又不接受连续交配的母貂；二是连续复配，即初配后的2～3天进行复配。多数母貂，可采取先连续后周期或先周期后连续，前后共交配三次的方法，以提高受胎率。

由于母貂具有排卵不应期，因此，复配应在初配后的7～10天后进行，不应在初配后的3～6天内复配。如果采用无规律的复配，间隔天数不合理，易造成空怀。

3. 配种期的划分

为了准确掌握配种进度，控制配种结束的适宜时期，一般将水貂的配种期划分为三个阶段。

（1）初配阶段　从开始配种到配种旺期来临前的一周左右的时间，为初配阶段。我国北方地区为3月5～12日，此阶段尽可能使大部分发情母貂达成1次交配，主要任务是调教当年参配的小公貂。每头公貂每天只配种1次，连续利用3～4次，可视体况休息1天，不可过度使用，否则会使一些公貂到配种旺期因体况较差，不能完成配种任务。经产母貂比初产母貂发情早，而且具有配种经验，因此初配阶段主要利用经产母貂训练初配公貂。

（2）复配阶段　整个配种旺期约1周时间，我国北方地区为3月12～18日。此阶段主要任务是使所有发情母貂（包括初配阶段已交配1次的母貂）完成两次交配，对3月13日以后达成初配的母貂，要采用同期复配，以防错过配种旺期。此阶段，公貂1天可以交配2次。如果公貂在1天内既有复配任务，又有初配任务时，应优先完成复配母貂，然后再放对初配母貂，以免错过最后时机。

（3）补配阶段　3月18日以后，主要对尚未初配的母貂和配种结束时期早、交配时间短、与配公貂的精液品质差以及仍有发情表现的母貂，选择配种能力强的公貂适时补配，尽可能使其达成1～2次交配。

4. 放对

（1）放对时间　一般选择清晨5～8时或下午3～5时。初配阶段在早饲后0.5～1h进行，公貂每天配1次。水貂在晴朗而寒冷的早晨性欲旺盛，易达成交配，因此，复配阶段宜在早饲前进行。复配阶段公貂配种任务加重，若一只公貂需一天配两次，应尽量拉长间隔时间，早饲前第一次交配，下午3时左右再进行第二次放对交配。

（2）放对方法　放对时，将处于发情旺期的母貂，送到与配公貂笼前来回逗

图1-4　水貂的放对

引，待公貂发出"咕、咕"叫声，有求偶表现时，将母貂头颈送入笼内，等公貂叼住母貂颈部后，顺势将母貂送到公貂腹下（图1-4），关闭笼门。若公、母貂有敌对表现，要立即

分开，换公貂交配或停放 1 日。

水貂交配时，公貂叼住母貂后颈部皮肤，两前肢紧抱母貂腰部，后裆部弯曲在母貂后臀部，母貂尾甩向一边，公貂射精时，后肢强直、紧紧抱住母貂。水貂交配时间长短不一，少则几分钟，长则达数小时，多数在 30～50min，越到配种后期，交配时间越长。交配 10min 以上，观察到公貂有射精动作者视为有效。开对后，水貂舔完外生殖器后就出现敌对行为，应将母貂捉出，检查外生殖器，判断是否真配，阴门红肿确实达成交配的母貂送回原笼内，并作配种记录。在公貂的配种卡片上填写与配母貂号及日期。

水貂属强制性交配动物，配种过程中要仔细观察，确切判定母貂真配、假配和误配。真配时，公貂有射精动作，时间至少持续 5min 以上，交配结束后母貂阴门红肿；假配时，公貂的腰荐部与网底呈锐角，身体弯曲度不大，经不起母貂的移动，无射精动作，母貂阴门无交配过的红肿现象；误配时，公貂阴茎误插入母貂的肛门内，母貂发出刺耳尖叫声并挣脱，查看母貂肛门有红肿或出血现象。发现误配和假配时，要及时更换公貂再与母貂交配。

（3）辅助交配　遇到母貂难配时，应根据具体情况采取相应的措施。

① 母貂阴门封闭狭窄，可轻轻拔掉阴毛，然后用较粗的滴管插入阴门，将阴门扩大后，选择配种能力强的公貂与其交配。

② 交配时母貂不甩尾，放对前先在母貂尾部 1/3 处缚一条细绳，将其固定在笼壁，使阴户外露，以使其达成交配。

③ 对交配时腹卧笼底，后肢不站立的母貂，可在公貂出现交配动作时，人工在笼底用手或木棍支腹，以配合公貂顺利交配。

④ 外阴观察发情好而抗拒交配，凶猛、撕咬公貂的母貂，可用医用胶布缠嘴和四肢，选交配能力强的公貂与之交配，但不适合在配种初期使用。

⑤ 遇有误配，须更换公貂，先用胶布将母貂肛门贴住，然后进行放对。

（4）放对注意事项

① 放对时应将母貂放入公貂笼中。

② 在捕捉母貂进行发情鉴定和放对时，要抓母貂的颈部和尾部，以免造成内脏器官损伤。

③ 初配母貂与公貂的试情次数不可过频，以防由于惊恐或咬伤造成母貂失配。连续 2 天试情而不接受交配的母貂，应隔 1～2 天后再放对。

④ 将母貂放入公貂笼内，当公貂咬住母貂的颈部、捕捉牢固后母貂表现温驯、不挣扎和撕咬时，则无需辅助。

⑤ 防止跑貂，抓貂时要稳、准，预备工具及时抓回逃跑的水貂。

5. 种公貂调教和利用

水貂一般采用自然交配繁殖，因此，合理使用种公貂、调教育成公貂，提高种公貂的利用率，是顺利完成配种工作的重要保证。公貂利用率的高低（尤其初配阶段），直接影响配种进度和繁殖效果。在正常情况下，公貂利用率应达 90% 以上，低于 70%，将会影响当年配种工作的顺利进行。

初配阶段的主要任务是调教青年公貂交配。在调教时，应耐心，不应急于求成、对其粗暴管理。青年公貂第一次交配应选择发情好、性情温顺的经产母貂，并在第二天再配一次。对交配能力强的成年公貂，配种初期应控制交配次数。

水貂适宜的公、母比例为 1:（3～4），初配阶段种公貂每 1～2 日交配 1 次；复配阶段每日可交配 2 次；连续交配 3～4 日时，要休息 1～2 天。种貂一般利用 1～2 年，个别优良种貂可利用 2～3 年。

6. 精液品质检查

种公貂的精液品质直接影响繁殖效果。公貂一次射精量为 0.1～0.3mL，每毫升精液中含精子数为 1400 万～8600 万个。

精液品质检查宜在结束交配后尽快进行。用吸管吸取少量生理盐水，插入母貂阴道内 2～3cm，吸取少量精液滴在载玻片上，置 200～400 倍显微镜下检查精子的活力、密度和畸形率，合格精液精子活力要求在 0.7 以上，畸形率低于 10%，密度评级为"密"或"中"。

配种初期要强调公貂精液品质检查，连续 3 次检查确认精液品质不良的公貂，应立即淘汰，并将与配母貂更换公貂及时补配。

四、水貂的妊娠与产仔

1. 妊娠

水貂妊娠期平均为 47 天，但个体间差异较大，多数为 40～55 天，个别短者 37 天，长者 81 天。

2. 产仔

水貂产仔时间一般在 4 月下旬至 5 月下旬，5 月 1 日前后 5 天是产仔旺期，占总产胎数的 60%～75%。

水貂窝平均产仔数为 6.5（1～19）只。窝产仔数与妊娠期长短成反比，随产仔时间拖延，产仔数相对减少，通常 5 月 5 日前产仔的母水貂，平均产仔数较高。另外，彩色水貂产仔数比标准貂稍少一些。

母水貂一般在夜间或清晨产仔，产程 3～5h，快的 1～2h，慢的 6～8h，超过 8h 可视为难产。母水貂正常分娩时，先娩出仔貂的头部，随后仔貂落地，母水貂咬断脐带并吃掉胎盘，舔干仔貂身上的羊水，开始哺乳。

五、水貂的选种选配

选种是选择优良的个体留作种用，同时淘汰不良个体的过程；是育种的基础，以及不断改善提高貂群品质和毛皮质量的有效方法。选配是为了获得优良后代而选择和确定个体种貂间交配关系的过程，是选种工作的继续。

1. 选种

（1）选种时间

① 初选（窝选）。在 6～7 月份仔貂分窝前初选。对成年公貂，应选择配种开始早、性情温顺、交配能力强（交配次数 8 次以上）、精液品质好，与配母貂空怀率低、产仔多的公貂继续留种；对成年母貂，选择发情正常、交配顺利、妊娠期短（55 天以内）、产仔早、产仔数多、仔貂的成活率高、母性强、泌乳力高的母貂继续留种；对当年仔貂应选择出生早（公貂 5 月 5 日前、母貂 5 月 10 日前）、发育正常、系谱清楚、食欲旺盛的仔貂留种。初选时，符合条件的成年貂全部留种，仔貂比实际留种数多 30%。

② 复选。在 9～10 月份进行，在初选的基础上，第二次选种。根据水貂生长发育、体型、体重、健康程度、毛绒色泽和质量、换毛时间等进行选择，复选数量比实际留种数多 20%。

③ 终选。11 月下旬取皮前进行，参照选种的标准和鉴定的内容，逐只审核。终选应结合初选、复选情况综合进行，严格把握终选标准，宁缺毋滥。对选留的种貂，要统一编号，建立系谱，登记入册。

（2）种貂选种标准

① 毛色。具备各类型水貂毛色的优良特征，毛色纯正。标准貂要求深褐色，接近黑色，有蓝色金属光泽；底绒要求青蓝色，清晰；若底绒为淡蓝色，后代毛色易退化、变浅。

彩色貂要求貂群颜色深浅一致。

② 毛绒品质。针、绒毛长短比例要适当，针毛长 25mm 以下，绒毛长 15mm 以上，针、绒毛长度比为 1：0.65。当前国际市场畅销针毛短而平齐、光亮的貂皮。针毛过长下垂则无弹性，不灵活。背正中绒毛要求丰厚，绒毛密度为 12000 根/cm² 以上。干皮为 30000 根/cm² 以上，且分布均匀。针、绒毛要求不能过粗，也不能过细。过粗手感粗糙，无弹性；过细易缠结，温度略高时，绒毛尖弯曲变形。用手顺毛压平毛被，抬手后稍等片刻针毛能弹起为好，针毛不弹为太软太细，针毛立即弹起，为略粗。

③ 体型和体质。体长、体重与皮张面积成正相关，因此，种公貂应优选体型修长的大体型者，而母貂宜优选体型修长的中等体型者。种公貂体长要求 45cm 以上；种母貂体长要求 38cm 以上。体重标准为种公貂 2000g 以上，种母貂 900g 以上。体质应视种类不同相应选择，体质紧凑类型的水貂如美国本黑水貂、蓝宝石水貂等，宜选体质紧凑略疏松者留种；体质疏松类型的水貂如银蓝色水貂、铁灰色水貂等，宜选体质疏松、皮肤松弛者留种。

④ 外生殖器官形态。外生殖器官形态正常，形态异常者（如大小、位置等）不宜留种。

⑤ 出生日期。仔貂出生日期与翌年性成熟早晚直接相关，因此，宜优选出生和换毛早的个体留种。

⑥ 食欲和健康。食欲是健康的重要标志，应优选食欲强的健康个体留种，患过病尤其患过生殖系统疾病的个体不宜留种。

⑦ 繁殖力。公貂在一个配种季节交配 10 次以上，所交配母貂受孕率高达 85% 以上，母貂胎产仔 6 只以上，年末成活 4.5 只以上。

（3）种貂品质鉴定的方法

① 表型鉴定。对个体性状做表型鉴定。对于遗传力较高的性状，如体重、体长、毛色深浅、毛绒密度等，进行个体表型鉴定选择留用。

② 系谱鉴定。根据双亲、祖先的品质及生产性能来确定水貂的育种价值。当选择性状的遗传力较低时，用家系鉴定法比较适合，如养殖场"窝选"的条件是 5 月 5 日前出生的，窝仔数 5 只以上的，可以整窝留选或在窝中再选个体大的。

③ 后裔鉴定。根据后裔的品质、性能对亲代性状进行鉴定。优选后裔性状优良的亲代继续作种用。

（4）种貂群的年龄构成 种貂群生产能力高低与种貂群年龄组成有直接关系。初配青年母貂发情较晚，配种困难，受孕率低，2～3 龄母貂受孕高而稳定，3 龄以后公、母貂繁殖力均明显下降。对 4 龄貂，除特殊种用外，均应淘汰。貂群的年龄比应为 2～3 龄貂占 60%～70%，1 龄貂占 40%～30%。

2. 选配

（1）选配原则

① 毛绒品质。公貂的毛绒品质要优于母貂，至少相当才可选配。反之，公貂毛绒品质次于母貂不能选配。

② 体型。大型公貂配大型母貂，或至少中等体型。大型公貂与小型母貂不要选配，一则体型差异大交配困难，二则易使优秀基因分散，貂群质量改进缓慢。

③ 血缘。在生产群中，三代以内无血缘关系的公、母貂方可选配。

④ 年龄。不同年龄的个体选配对后代的遗传性有影响。一般壮龄个体间选配以及壮、幼龄个体间选配要优于幼龄个体间的选配。

（2）选配方式

① 品质选配

a. 同质选配。选择在品质和性能方面都具有相同优点的个体交配，以期在后代中巩固和提高双亲的优良性状。如选择毛绒品质好的公、母貂交配，个体大的公、母貂交配。同质选配要注重遗传力高的性状，且公貂要优于母貂。常用于纯种繁育及核心群的选育提高。

b. 异质选配。即选择具有不同优点的公、母貂进行交配，以期在后代中获得具有双亲优点的个体，或使一方亲本的缺点被另一方所改进，创造新的优良类型。异质选配在生产中普遍应用，是改良貂群品质、提高生产性能、综合有益性状的一种选配方式，常用于杂交选育中。如毛被质量好的公貂配个体大的母貂，仔貂中毛被质量好、个体大的选留种貂。

② 亲缘选配

a. 远亲选配。即祖系三代内无亲缘关系的个体选配。

b. 近亲选配。指祖系三代内有亲缘关系的个体选配，是在育种过程中有目的地进行，一般生产群中应尽量杜绝近亲交配。

第三节　水貂的饲养管理技术

一、饲料种类及其利用

水貂常用饲料主要是动物性饲料，配合使用少量植物性饲料和添加剂饲料。

1. 动物性饲料

动物性饲料主要包括鱼类及鱼类副产品、肉类及肉类副产品、乳类和蛋类等，一般占日粮的 60%~70%。

（1）鱼类及鱼类副产品

① 鱼类饲料包括海鱼、淡水鱼以及鱼粉等。鱼类须新鲜，腐烂变质的鱼类严禁饲喂。淡水鱼须熟制；冷冻海鱼类须彻底解冻后，品质新鲜者可生喂，否则宜熟喂。海杂鱼在日粮中的比例一般可占 50%~70%。鱼粉蛋白质含量高，氨基酸营养全价，经 2~3 次换水浸泡 3~4h，去掉多余的盐分，可用于配料生喂。干鱼先用清水浸泡变软除盐，然后熟制喂饲。使用鱼类饲料时应尽量与肉类饲料或肉类下脚料饲料混合，以加强营养物质的互补作用。

② 鱼类副产品以鱼头、鱼骨架利用较多，品质新鲜的宜生喂，否则应熟喂，因含骨质较多，适宜比例为占动物性饲料的 30% 左右。

（2）肉类及肉类副产品　肉及肉类部分副产品（心、肝、脾、肾）是优质的蛋白质饲料。肉类及肉类副产品须经熟制后饲喂，确定来源可靠、品质新鲜的肉类可生喂。畜禽的头、蹄、爪、内脏、骨架、血等肉类副产品，可占动物性饲料的 40%~50%；肝有轻泻作用，喂多会引起稀便，在日粮中加 5%~10% 的鲜肝时可以不加鱼肝油，但喂量不要超过30g；心和肾消化率好，可作为优质动物性饲料，繁殖期应摘除肾上腺；胃、肠饲喂时应熟制杀灭寄生虫；食道、肺、气管，应熟喂，可占动物性饲料的 10%~15%，气管应去除甲状腺，脑和胎盘不能饲喂妊娠期水貂以免引起流产。

禽副产品中鸡架、鸭架、鸡脖等含骨质较多，可占日粮动物性饲料的 30%；鸡皮、鸡尾含脂肪高，一般只在冬毛生长期利用。

在换毛前 1 个月，加 3~5g/只羽毛粉能减轻自咬症和食毛癖。羽毛粉须混入谷物饲料内蒸熟投喂。

（3）乳类及蛋类

① 乳类。乳类主要包括鲜乳、乳粉等。乳类营养丰富，一般只在妊娠期和哺乳期使用，用量不应超过动物性饲料的 30%，过多易致水貂腹泻。鲜乳需要加热至 70~80℃，灭

菌 15min 后方可饲喂，酸败变质的乳不可使用。饲喂乳粉时，需先把乳粉在温度 30～40℃ 的温开水中搅匀，用水稀释 7～8 倍（混合饲料过稀时，可稀释至 3～4 倍），配入混合料。

② 蛋类。主要用于配种期和妊娠期，一般可占动物性饲料的 5%～10%。禽蛋孵化头照未受精蛋、毛蛋（死胚蛋），也可利用，但一定要熟制。

另外蛙类、鸟类、虾、河蚌、蚕蛹等也可以作为水貂的动物性饲料来源。

2. 植物性饲料

（1）谷物及植物蛋白饲料 谷物及饼粕饲料一般占水貂日粮的 10%～15%，主要有玉米、小麦及副产品，豆类及饼粕类。谷物及饼粕饲料须熟制后饲喂。豆类可占日粮谷物及植物蛋白饲料的 20%～30%，喂量过大易引起消化不良。可将大豆粉与玉米粉、小麦粉按 1∶2∶1 的比例熟制后配入日粮，或将大豆加工成豆浆代替乳类饲料。饼粕类须粉碎熟制后利用，用量最多占谷物及植物蛋白饲料的 30%，过多易引起水貂腹泻和消化不良。

（2）果蔬类饲料 主要包括各种种植蔬菜、野菜和水果等。果蔬类一般占日粮总量的 10%～15%。

3. 添加剂饲料

添加剂饲料主要包括维生素、矿物质、抗生素和抗氧化剂。

（1）维生素 主要包括维生素 A、维生素 E、维生素 B_1、维生素 C 等。

（2）矿物质饲料 常用的矿物质添加剂有钙、磷补充料和食盐，及铁、铜、钴等微量元素添加剂。

（3）抗生素和抗氧化剂 抗生素和抗氧化剂对抑制有害微生物和防止饲料酸败具有重要的作用，夏季能预防胃肠炎，并促进幼貂的生长发育。

4. 配合饲料

水貂商品配合饲料包括全价料、浓缩蛋白料及添加剂预混料，应按其说明书要求使用。使用干配合饲料，要有 5～7 天的适应过渡期，以防因饲料突变而引起消化不良等应激反应；干配合饲料饲喂前加 2～3 倍量的水充分浸泡，浸泡时间夏季 0.5h、冬季 1h 左右，然后与鲜饲料搭配，以软化干料，提高消化率；添加剂饲料，要充分搅拌混合均匀。

二、水貂饲养时期的划分

水貂生产时期与日照周期关系密切，依日照周期变化而变化。在生产中，为方便饲养管理，将一年的养殖划分为几个时期，见表 1-1，其中整个繁殖期（准备配种期至产仔哺乳期），尤其妊娠期是全年生产中最重要的管理阶段。

表 1-1 水貂饲养时期的划分

性别	准备配种期	配种期	妊娠期	产仔哺乳期	幼貂育成期		种貂恢复期
					生长期	冬毛期	
♂	9 月下旬至翌年 2 月下旬	3 月上中旬	—	—	6 月上旬至 9 月中旬	9 月下旬至 12 月下旬	3 月下旬至 9 月下旬
♀			3 月下旬至 5 月中旬	4 月中旬至 6 月下旬			6 月上旬至 9 月下旬

三、水貂的营养需要

目前，我国尚未制定统一的水貂营养需要标准，各地地理、气候、饲料资源、管理方式各异，可根据本地情况参照下列经验标准（表 1-2～表 1-5）灵活应用。

表 1-2 水貂营养需要经验标准

水貂生物学时期	代谢能/kJ	各营养物质的含量/g		
		蛋白质	脂肪	糖类
准备配种期和配种期	800～1200	22～28	4～8	12～16
妊娠、产仔、哺乳期	900～1300	26～32	8～12	14～18
幼龄水貂育成期	1000～1400	24～30	6～10	12～16
冬毛生长期	1400～2000	26～32	10～14	16～20

表 1-3 水貂日粮配合经验比例

饲 料	准备配种期和配种期		妊娠期和产仔哺乳期		育成期		换毛期	
	热量比/%	重量比/%	热量比/%	重量比/%	热量比/%	重量比/%	热量比/%	重量比/%
鱼类	55～60	50～55	35～40	35～40	30～35	35～40	30～35	30～35
肉及肉类副产品	15～20	15～20	25～30	25～30	25～30	25～30	25～30	25～30
膨化谷物	15～20	6～8	30～35	10～12	35～40	10～15	35～40	10～15
蔬菜	1～2	3～5	1～2	3～5	1～2	3～5	1～2	3～5
水	—	15～20	—	15～20		15～20		15～20
添加饲料								
大葱/g	2		—		—		—	
酵母/g	4		4		3		3	
羽毛粉/g	1		1		1		1	
食 盐/g	0.5		0.5		0.5		0.5	
氯化钴/mg	1		1		—		—	
鱼肝油/IU[①]	1500		1500		1500		1500	
维生素 E 油/mg[①]	10		10		10		10	
维生素 B$_1$/mg[②]	10		10		10		10	
维生素 C/mg[②]	25		25		12.5		12.5	
复合维生素 B/mg			5		—		—	
水貂用添加剂	—		0.5		—		—	

① 每周一、三、五饲喂。

② 每周二、四、六晚逐只饲喂。

注：肉及肉类副产品中以副产品为主。

表 1-4 混合饲料平均饲喂量 单位：g/(日·只)

月份	1	2	3	4	5	6	7	8	9	10	11～12
饲喂量	300	275	250	325	500	265	445	475	480	500	510

表 1-5 水貂饲料干物质中营养水平推荐值

养分	饲养时期			
	生长前期	冬毛期	繁殖期	泌乳期
代谢能/(kJ/kg)	1670	1630	1630	1670
粗蛋白质/%	38	34	38	42
粗脂肪/%	19	20	14	22
赖氨酸/%	2.0	1.7	1.98	2.18
蛋氨酸/%	1.0	1.1	1.22	1.34
钙/%	0.6～1.0	0.6～1.0	0.6～0.8	0.8～1.2
磷/%	0.6～0.8	0.6～0.8	0.6～0.8	0.8～1.0
食盐/%	0.5	0.5	0.5	0.5

四、水貂日粮拟定

日粮是每只水貂1日的混合饲料总量。科学地拟定日粮既可降低饲养成本，又可取得最佳的生产效益。

1. 日粮拟定的原则

（1）保证营养需要 水貂属食肉性动物，日粮拟定必须以动物性饲料为主，并保证日粮的全价性。注意水貂全年不同生产时期营养需要的差别，在保证其维持需要的前提下，满足其生产需要。

（2）合理调剂搭配 充分考虑当地的饲料条件和现有的饲料种类，尽量做到多品种合理搭配，营养全价。既要考虑降低饲养成本，又要保证日粮的适口性及混合饲料的营养价值。

（3）保持饲料的相对稳定 拟定新生产时期日粮时，要考虑前期的日粮水平、水貂的体况、性别等。在保持饲料相对稳定的同时，视饲喂效果做合理的调整。

2. 日粮拟定的方法

水貂日粮拟定的方法主要有重量法、热量法、试差法、Excel法、配方软件法等。手工拟定日粮配方多采用重量法。

① 根据水貂所处饲养时期和营养需要先确定1只水貂1日应提供的混合饲料总量。

② 结合本场饲料条件确定各种饲料所占重量百分比及具体数量；核算可消化蛋白质的含量，必要时需核算脂肪和能量，调整使日粮满足营养需要。

③ 计算全群水貂的各种饲料需要量及早、晚饲喂分配量，提出加工调制要求。

五、水貂的饲养管理

1. 准备配种期饲养管理

准备配种期饲养管理的主要任务是确保水貂换毛和安全越冬，促进性器官发育，调整好种貂体况，保证水貂适时进入配种期。

（1）饲养要点 为饲养管理方便，准备配种期又可分为准备配种前期（9月21日至12月20日）和后期（12月21日至翌年2月下旬）。

准备配种前期，水貂处于脱夏毛、换冬毛时期，成年貂食欲开始恢复，幼龄貂仍处于生长发育期。主要工作是增加成年貂体重，满足幼龄貂生长的需要，同时必须满足水貂换毛期的营养需要。日粮中动物性饲料应占70%左右，日粮总量要达到400g左右，可消化蛋白质30～35g，可消化脂肪10g，另加1%的羽毛粉。

准备配种后期，水貂性腺发育迅速，生殖细胞全面发育成熟，母貂已有发情表现。此期为了维持或调整水貂体况，促进生殖器官尽快发育，需要全价蛋白质饲料和维生素，日粮的热量标准要适当降低，日粮代谢能为1～1.2MJ，可消化蛋白质公貂为26～32g、母貂为21～26g。饲料总量12月至翌年1月为350～300g，2月份275g。

准备配种期大部分时间处于寒冷季节，为便于水貂采食，防止饲料冻结，一般日喂两次，早饲占日饲料总量的40%，晚饲占60%；在饲料调制上，要稍稠一些，可用温水拌料，并立刻饲喂。

（2）管理要点

① 防寒保暖。为使种貂安全越冬，从10月份开始应在小室中添加柔软的垫草，垫草要勤换，粪尿要经常清除，以防因垫草湿污而导致水貂感冒或患肺炎。

② 保证饮水。保证充足清洁的饮水，有条件时可饮温水。

③ 种貂和皮貂分群饲养。种貂复选工作结束后，应立即将选出的种貂集中到笼舍的南

侧饲养，让种貂接受较充足的光照。

④ 调整体况。种貂的体况与繁殖力有密切的关系，过肥、过瘦都会影响繁殖，因此，必须及时调整种貂体况，杜绝体况向两极发展。鉴别水貂体况常采用以下几种方法。

a. 目测鉴定。逗引水貂站起观察，过肥的水貂，由于腹部积聚大量脂肪，可见腹部下坠，肌肉松弛，行动笨拙，反应迟钝；过瘦的水貂，后腹凹陷成沟状，躯体瘦弱，脊背隆起，多做跳跃式运动；中等肥度的水貂腹部平展，体躯匀称壮实，肌肉丰满，行动灵活。

b. 称重鉴定。2月末公貂体重1600～2200g，母貂800～900g。由于种貂体型大小不等，不能单凭体重鉴定体况，应结合体重指数作鉴定。

c. 体重指数鉴定。一般体重指数为24～26g/cm的种貂，繁殖力高。

$$体重指数 = \frac{体重(g)}{体长(cm)}$$

对体况过肥的水貂，可通过调整日粮组成、减少脂肪和糖类含量高的饲料、控制饲喂量、增加运动量以及窝箱内减少垫草等方法进行减肥。对体况过瘦的种貂，则可通过提高日粮水平，选用营养全价、易消化、适口性好的饲料，增加食量和防寒保暖等方法进行催肥，到准备配种后期要求公貂体况到中等偏上水平，母貂达到中等水平。适宜体重指数为24～26。

⑤ 加强异性刺激，促进种貂发情。2月下旬进行异性刺激，可促进公貂（特别是青年公貂）的性兴奋，提高公貂的利用率。方法是将公、母貂的笼箱穿插排列，或把母貂装入串笼置入公貂笼上（或笼内）。隔三差五在饲料中加少许葱、蒜类有刺激气味的饲料，也能促进种貂的发情，但不宜多喂，超过30g/(d·只)会引起中毒。

⑥ 做好选配方案。制订配种计划，避免近亲交配。

⑦ 做好配种期的各项准备工作。配种期来临前准备好配种工具，如棉手套、捕貂网、串笼、显微镜等。

2. 配种期的饲养管理

水貂配种期饲养管理的任务是确保发情母貂适时配种，保证交配质量，提高种公貂利用率和母貂受胎率。

（1）饲养要点　配种期水貂受性行为活动剧烈的影响，食欲下降、消耗大，尤以公貂更为明显。因此，要给以新鲜、营养丰富、适口性好和易消化的饲料，但喂量不宜过大，日喂量220～250g，代谢能837～1046kJ，可消化蛋白质25～30g，并有足够的维生素A、维生素D、维生素E、B族维生素。日喂两次，早晚投饲比例为4：6，配种公貂中午以鲜肉、蛋、奶补饲，补饲量50～60g。

（2）管理要点

① 准确进行母貂的发情鉴定。采取以外生殖器官观察为主，辅以阴道细胞图像检测，以放对试情为准的综合判定方法，准确把握母貂的交配适期，以提高母貂受胎率。

② 合理安排配种进度。根据母貂发情的具体情况，选用合适的配种方式，提高复配率，并应使最后一次交配结束在配种旺期。

③ 合理利用种公貂。按照配种工作计划，安排公貂群的配种，合理利用种公貂，调教青年公貂，提高公貂利用率。

④ 合理安排放对，确保真配。公貂早晨性欲高，早配可在6点左右进行，早配完后早饲。下午配种应在晚饲前进行。公貂连续交配3～4次（天）时，必须休息1～2天。仔细观察公、母貂交配过程，确定母貂是否真配，对假配、误配者及时补配。

⑤ 精液品质检查。初配阶段对公貂进行精液品质检查，品质不良者应淘汰。

⑥ 添加垫草。保证有充足的垫草，以防寒保温，特别是温差比较大的天气更应注意，

以防水貂感冒或发生肺炎。

⑦ 饮水。满足饮水（尤其是公貂交配后，口渴急需饮水）。

⑧ 杜绝和减少事故发生。配种期捉貂放对频繁，因此，要随时检查笼舍，防止跑貂；依照选配计划放对，严禁错放、漏放；放对后观察种貂择偶性表现，发现敌对行为，应更换公貂，以防种貂咬伤；交配结束后，及时移走母貂以防互咬。

⑨ 做好配种记录。配种期应准确做好各项记录，并予以整理留存。

3. 妊娠期的饲养管理

水貂妊娠期饲养管理是全年饲养管理的最重要阶段。其任务是满足母貂和胎儿的营养需要，保证胚胎正常发育，防止发生流产。调整好母貂的体况，以期生产健壮仔貂并为产后泌乳创造良好的条件。此期饲养管理是否合理，将决定一年养貂的成败。

（1）饲养要点

① 饲料品质新鲜。妊娠期的饲料必须保持品质新鲜，严禁饲喂腐烂变质、酸败发霉的饲料，否则会造成拒食、下痢、流产、死胎等严重后果。妊娠期严禁搭配死因不明的畜禽肉、难产死亡的母畜肉、含激素的畜禽肉及副产品，如动物的胎盘、乳腺、睾丸和带有甲状腺的气管等。总之，在妊娠期间，要严把饲料关，极小的疏忽，可能造成较大的损失。

② 日粮营养全价。饲料种类要多样化，保证营养全价。日粮理想的搭配比例是：鱼类40%～50%，畜禽肉10%～20%，肉类副产品20%～30%。妊娠期母貂可消化蛋白质每天每只27～35g，低于22g时，将引起产弱仔等不良的后果。补充必需脂肪酸，可在日粮中添加少量植物油（每天每只5g）。此外，妊娠母貂对矿物质的需要较其他时期高，可添加骨粉每天每只3～4g。

③ 适口性强。饲料适口性差，母貂采食量减少，影响胎儿的正常发育。因此，在拟定日粮时，增加新鲜的动物性饲料比例，并可适当加入鲜肝、乳、蛋、酵母等，提高饲料的适口性。

④ 喂量适当。妊娠期日粮营养全价，适口性强，母貂采食旺盛，易造成过肥，因此要适当控制喂量，根据妊娠的进程逐步提高饲喂量。饲喂量应根据母貂的体况和妊娠时间区别对待，不能平均分食。

⑤ 原料配比稳定。日粮标准：日喂量250～325g，代谢能1045～1254kJ，可消化蛋白质30～35g，脂肪8～10g，动物性饲料占75%～80%，矿物质、维生素等添加饲料按推荐标准添加，避免日粮比例突然大幅度的改变。根据母貂妊娠情况，从4月中旬开始适当增加日喂量和营养水平，并注意调控母貂体况，由妊娠前期的中等或中等略偏下至妊娠后期的中等略偏上。

⑥ 饲喂定时、定量。每天三次饲喂，早、中、晚饲喂量分别为总日粮量的30%、20%、50%；或日喂两次，早、晚饲喂量分别为日粮总量的30%、70%。

（2）管理要点

① 注意观察。经常观察母貂食欲、行为、体况和粪便的形状。正常的妊娠母貂食欲旺盛，粪便正常呈条状，并常仰卧晒太阳。如果发现母貂食欲不振、粪便异常等，要立即查找原因，及时采取措施加以解决。

② 保持环境安静。妊娠期母貂胆小易惊，因此，饲养员要固定，操作要轻，减少噪声干扰，谢绝参观，保持环境安静。

③ 保证饮水。妊娠期母貂饮水量增多，必须保证水盒内经常有清洁的饮水。

④ 搞好卫生防疫。妊娠期必须搞好笼舍、食具、饲料和环境卫生。小室垫草应勤换，笼舍不积存粪便。每周用0.1%高锰酸钾消毒饮水盒和食盘、食碗。

⑤ 产前准备工作。根据母貂最后一次配种日期推算出预产期。产前一周，消毒小室，

加铺柔软保温的垫草，让母貂自行做窝。对做窝不好的应重新絮草。妊娠后期要准备好产仔所用的器具及记录表格。

4. 产仔哺乳期的饲养管理

产仔哺乳期饲养管理的任务是创造仔貂生长发育所需要的条件（如适宜的温度、充足的乳汁、安静的环境等），提高仔貂成活率。

（1）饲养要点　母貂产仔后，为确保仔貂成活，必须促进母貂泌乳，提高母乳品质。因此，要保证日粮充足、饲料新鲜，并适当增加脂肪和催乳饲料（肉、乳、蛋、豆汁等）的给量。每天饲喂 3 次，日喂量充足不限量，营养需要及日粮配合经验标准见表 1-2～表 1-5。5 月 21 日至 6 月 20 日，每窝仔貂补饲牛乳 40mL、肉 40g、蛋 20g。

（2）管理要点

① 昼夜值班。母貂多在夜间和早晨产仔，因此，产仔期应昼夜值班，每 2h 巡查 1 次，及时发现母貂产仔并做标记，发现仔貂产在笼网上或落地，要立即拣起待温暖后送回窝内。及时发现难产母貂并妥善处理。

② 供足饮水。母貂产前产后易口渴，要供足饮水。整个哺乳期，为满足泌乳需要，需保证饮水供应。

③ 保持环境安静。产仔哺乳期应保持环境安静，产仔检查应轻、快，避免惊扰母貂而发生弃仔、咬仔、吃仔现象。

④ 产仔检查。依据窝箱内新生仔貂的叫声和检查母貂排泄的胎便（母貂产仔后 2～4h 即排出油黑色的胎便），可确认母貂已产仔。确定母貂产仔 6～8h，打开窝箱盖进行初检。

检查应在母貂出窝箱采食时或引诱母貂出窝箱，关闭窝箱进行，动作要轻、快，尽量保持窝形，为避免将异味带到仔貂身上，造成母貂抛弃或伤害仔貂，检查者应先用窝箱内的垫草搓手，然后再检查。检查时，注意仔貂保暖。

初检内容包括产仔数、仔貂健康状况、吃初乳情况、母貂有效乳头数、母貂泌乳情况、窝形等。仔貂鼻镜发亮、身体温暖、腹部饱满是已吃初乳的表现，初生仔貂体重正常、圆胖红润、无红爪病等病患、吃足初乳、在手中挣扎有力，是仔貂健康的标志。若仔貂身体发凉、皮肤苍白、腹部瘦瘪、挣扎无力，表明仔貂未吃初乳、生命力弱。初生仔貂 6h 以上仍未吃到初乳，且软弱无力时，可用吸管吸牛乳（乳温 40℃），慢慢滴入仔貂口腔内补喂。

初检正常者，以后每隔 2～5 天检查一次；初检有问题者，进行相应的处理，之后每隔 4h 检查一次，直至仔貂表现正常。平时每天数次监听仔貂的叫声，查看母貂的行为。

⑤ 仔貂代养。母貂母性差、患病、缺奶、无奶、有咬仔恶癖或产仔数多（7 只以上）等情况，应及时对仔貂进行代养。仔貂代养要求：出生 3 天内，母水貂产期接近，代养母水貂母性强、泌乳充足、产仔数少。本着"代大留小、代强留弱"的原则，先将代养母水貂引出窝箱外，关闭窝箱，用垫草擦拭被代养仔貂身体，然后放入窝内，或将仔貂放在窝箱出口的外侧，让代养母水貂自行叼入窝内。

⑥ 仔貂补饲。仔貂 3 周龄能够采食饲料，开始补饲。饲料要营养丰富、易消化，每天中午将饲料调成粥状补饲，补饲量视窝仔貂数和生长发育情况确定。

⑦ 保持窝箱卫生。仔貂补饲前，粪便由母水貂舔食。从 20 日龄补饲饲料后，母水貂不再食其粪便，加之母水貂经常向窝箱内叼入饲料喂仔，窝箱内会变得潮湿污秽，因此，应注意保持窝箱卫生，勤换垫草，同时保证饲料品质和饮水盒、食盆的卫生，避免疾病发生。

⑧ 仔貂分窝。哺乳后期，随着母水貂泌乳量的减少，仔貂采食量的增加，母、仔之间的关系由和谐逐渐变得疏远和紧张，出现母、仔水貂或仔貂之间发生敌对咬斗行为。哺乳

后期要随时观察，发现咬斗行为，要采取适时分窝的措施，防止咬伤、咬死事故发生。

仔貂一般在 35～45 日龄能够独立生活，此时断奶分窝不影响生长发育。若同窝仔貂发育均匀，可一次性断奶分窝；同窝仔貂发育不匀，可按体型大小、采食能力等情况分批断奶分窝，但 50 日龄前必须分出。分窝后的仔貂发育好的可直接单笼饲养，生长发育稍差的可 2～3 只仔貂同笼饲养几天（不能超过 1 周），以减轻应激，待熟悉环境、适应饲料后单笼饲养。

分窝前，对仔貂笼彻底洗刷、消毒，窝箱内铺絮垫草。分窝时做好仔貂的初选和系谱登记。

5. 水貂恢复期的饲养管理

种公貂结束配种、种母貂结束哺乳至准备配种期开始前为种水貂恢复期，种公貂 3 月下旬至 9 月下旬，为 180～190 天，母貂断奶至 9 月下旬，为 90～100 天。此期饲养管理任务是优选翌年种水貂，促进其体况恢复。

公、母貂繁殖结束后的 2～4 周仍应喂给繁殖期日粮，第 5 周后视其体况恢复后，改喂恢复期日粮，营养需要及日粮配合经验标准见表 1-2～表 1-5。母水貂断奶后的头一周内应减少日粮喂量，以防乳房炎发生。

母貂结束哺乳后，选择当年繁殖力高的公、母水貂留种，淘汰的老种貂于 6 月份埋植褪黑激素，以便 9 月底至 10 月上旬提前取皮。留种公、母貂于选种后和翌年繁殖前，接种犬瘟热、病毒性肠炎疫苗，防疫两次。

6. 水貂育成期饲养管理

仔貂分窝至体成熟（12 月下旬）为水貂育成期。其中分窝至秋分（9 月中旬）为幼貂生长期或育成前期，此期幼貂生长发育迅速，是骨骼、内脏器官生长发育最快的时期。此期饲养管理的正确与否，直接影响成年后体型的大小和皮张的幅度。秋分至冬至幼貂体重继续增加，同时冬季被毛迅速生长发育，此期为皮貂育成后期（冬毛生长期），选留的种貂则进入准备配种期。

（1）幼貂育成前期饲养管理

① 饲养要点。断奶分窝后的头 2 周，可继续喂给哺乳期的日粮。分窝 2 周后逐渐增加饲喂量，以吃饱不剩食为原则，不限量，以满足体型增大的需要。幼貂吃饱的标志是喂食后 1h 左右饲料吃完，且消化和粪便正常。当达到 2 月龄时每天要供给可消化蛋白质 18～23g，2～3 月龄达到 25～32g，日粮中动物性饲料不得少于 60％，营养需要及日粮配合经验标准见表 1-2～表 1-5。育成前期天气炎热，饲喂时间应尽量在早、晚天气较凉爽时进行，早、晚分饲比例为 35％、65％。

育成前期是决定水貂体型大小的关键时期，为提高干物质采食量，促进幼貂的生长发育，提倡使用干配合饲料搭配自制鲜饲料。

② 管理要点

a. 防疫。幼貂分窝后的 3 周内，及时接种犬瘟热、病毒性肠炎疫苗。

b. 防暑。育成前期，气候炎热，要遮阴避光，防止阳光直射貂笼，并增加饮水次数，防止水貂中暑。气温过高时，可洒水降温。

c. 防病。育成前期是疾病多发期，主要疾病有胃肠炎、黄脂肪病、巴氏杆菌病、饲料中毒等。因此，首先要加强饲养管理，提高幼貂的抵抗力；其次要加强卫生管理，及时清理粪便，定期进行环境消毒，及时撤出笼内食盆并清洗、消毒；另外，要及时发现、治疗患病幼貂。

d. 复选。根据幼貂生长发育监测情况和秋季换毛情况进行复选。留种幼貂转入准备配种期饲养，而皮貂进入冬毛生长期饲养。幼貂体重增长标准见表 1-6。

表 1-6 幼龄水貂平均体重指标 单位：g

月/日	公貂	母貂
7/1	850	650
8/1	1300	900
9/1	1600	1000
10/1	2010	1130
11/1	2500	1420

（2）育成后期（冬毛生长期）饲养管理

① 皮水貂冬毛生长期饲养要点。皮水貂饲养的目的是为了取得优质皮张。优质皮张要求张幅大、毛绒浓密、光泽好，因此，在保证冬毛正常生长的同时，宜肥育饲养。日粮中要增加一定比例的肉类、脂肪及羽毛粉，适当补充芝麻或香油，以增加毛皮光泽和华美度。营养需要及日粮配合经验标准见表1-2～表1-5。

良好的营养水平是水貂冬毛生长、毛皮品质的保证，不能为降低饲料成本而采用品质差的动物性饲料或用大量谷物、果蔬类代替动物性饲料，造成水貂营养不良，导致夏毛脱落延迟、冬毛不成熟、皮张等级下降等不良后果，严重影响养殖效益。

② 皮水貂冬毛生长期管理要点

a. 低照度环境饲养。直射阳光不利皮水貂肥育和毛皮质量提高，因此，皮水貂应饲养在棚舍的阴面、树荫下或双层笼的下层。9月下旬以后，貂场内禁止人工光照，以免打乱换毛的规律而影响毛皮成熟和种貂生殖器官的发育。

b. 保持卫生，提高毛绒质量。10月中旬给皮水貂小室加铺垫草，可起到梳毛、减少毛绒缠结的作用。及时清理笼网上积存的粪便，以免沾污毛绒，发现毛被脏污、缠结，要及时活体梳毛。

c. 做好皮水貂取皮准备工作。11月下旬以后，皮水貂毛皮已逐渐成熟，此时应做好各项取皮准备工作。

d. 皮水貂褪黑激素的应用。褪黑激素是松果腺分泌的一种控制被毛生长的激素，水貂皮下埋植后，能促进生长、换毛，使毛皮成熟早、皮张面幅增大、质量提高。埋植时间：幼貂断奶分窝3周以后，凡淘汰幼貂可进行褪黑激素的埋植。老龄淘汰种貂一般在6月份埋植。埋植方法：用褪黑激素埋植器，将褪黑激素药粒埋植于水貂颈背部略靠近耳根部的皮下，埋植1粒。埋植后褪黑激素缓释吸收，在褪黑激素影响下，水貂转入冬毛生长期生理变化，故应采用冬毛生长期饲养标准饲养。埋植90～120天内皮水貂毛皮均能正常成熟，可择机取皮，埋植120天，药粒中褪黑激素已缓释殆尽，若毛皮仍未成熟，也应立即取皮，否则会出现毛绒脱换的不良后果。

六、貂场建设

1. 场址选择

貂场应建在地势高燥、背风向阳、地上或地下水源充足和水质好的地方，选址重点考虑饲料、水和防疫条件，同时兼顾交通、电等其他条件。

2. 圈舍建造

（1）棚舍 水貂棚舍为人字形框架结构（图1-5），无四壁和门窗，要求避雨雪、防阳光直射。棚长25～30m，棚脊高2.6～2.8m，棚檐高1.4～1.6m，棚宽3.5～4m，棚间距3.5～4m，安装双层两排笼箱。或棚宽8m，棚内安装单层四排笼箱，中间两排养皮水貂，靠棚檐两排养种貂。由于棚舍中间光线较弱，有利于提高皮水貂的毛皮质量。

（2）笼舍 貂笼是水貂活动、采食、排泄、交配的场所，多用钢筋或角铁、铁丝网、电焊网制成，笼上设置采食和饮水用具，同时应保证水貂的安全舒适及活动需要（图1-6）。

种貂笼舍的规格为 90cm×30cm×45cm，皮水貂笼舍规格 60cm×30cm×45cm。貂笼距地面不低于 45cm。

图 1-5 水貂棚舍

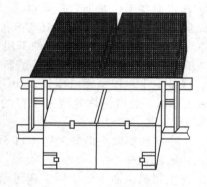

图 1-6 水貂笼舍　　　　　　　　　　图 1-7 水貂窝箱

（3）窝箱 窝箱是水貂休息、产仔哺乳的场所，多用木板制成，窝箱与貂笼之间留直径 12cm 的通道。种貂窝箱规格为 45cm×35cm×45cm，皮貂窝箱规格为 25cm×33cm×35cm（图 1-7）。

（4）饲料间 饲料间大小视养殖规模而定，应具备洗涤设备、熟制设备（蒸煮炉、笼屉、膨化机、锅灶等）、粉碎设备（粉碎机、小型绞肉机等）、调配设备（搅拌机、调配槽等）。饲料间应防水、防潮、防鼠、防火。

（5）兽医室 兽医室应能满足水貂疾病预防、检疫检验及治疗的需要，兽医室大小应与饲养种群相配套。

（6）取皮加工室 取皮加工室应满足水貂处死、剥皮、刮油、洗皮、上楦、干燥等操作的需要，规模应与饲养种群相适应。

另外，水貂养殖场尚需冰箱、捕捉网、串笼等设备和工具。

【复习思考题】

1. 水貂有几种类型？主要色型有哪些？
2. 简述水貂的发情鉴定和放对配种技术。
3. 设计水貂妊娠期饲料单。
4. 水貂各饲养时期饲养管理要点有哪些？

第二章 狐

【知识目标】
1. 了解狐的类型特征、生物学特性以及狐舍建造技术。
2. 掌握狐的发情鉴定技术、配种技术以及饲养管理技术。

【技能目标】

能够实施狐的放对配种和各时期的饲养管理工作。

狐是珍贵的毛皮动物，其毛皮被毛轻暖，美观华丽，毛色素雅，针毛挺实，底绒丰厚，板质耐磨而富有弹性，御寒能力强，作为制裘原料，在国际市场销路好，被誉为"软黄金"，是世界珍贵裘皮市场的三大支柱（貂皮、狐皮、波斯羔羊皮）之一。

第一节 狐的品种及生物学特性

一、狐的品种

狐属哺乳纲、食肉目、犬科，人工饲养的狐有 40 多种，分属狐属和北极狐属。养殖数量较多的主要有狐属的赤狐、银黑狐和北极狐属的北极狐（彩图 2-1），以及各种突变型或组合型的彩色狐。

1. 赤狐

赤狐在我国分布很广，有 4 个亚种，因地域不同，毛色和皮张质量有较大差异，其中东北和内蒙古所产的赤狐皮，毛长绒厚，色泽光润，针毛齐全，品质最佳。

2. 银黑狐

银黑狐原产于北美北部和西伯利亚东部地区，是野生赤狐的一个突变种，也是最早人工驯养的一种珍贵毛皮动物。

3. 北极狐

北极狐产于亚、欧和北美北部近北冰洋地带，以及北美南部沼泽地区。野生北极狐有常年不变的浅蓝色（淡褐色）和冬季白色其他季节毛色变深两种色型。

此外，在毛色类型上，由赤狐、银黑狐所变种的各种毛色狐，统称狐属彩狐；由蓝狐、白色北极狐变种的其他毛色北极狐，统称北极狐属彩狐。常见的彩狐有珍珠狐、蓝宝石狐、影狐、白狐、白金狐、白化北极狐、巧克力狐、大理石狐、琥珀狐、月光狐等。

二、狐的形态特征

我国人工养殖的狐主要有赤狐、银黑狐、北极狐及各种突变型或组合型的彩狐。

1. 赤狐

赤狐又称红狐、草狐。赤狐体型较大，成年公狐体长 60～90cm，尾长 40～60cm，体重 5kg 左右。被毛以棕红色为基本色，但因地理环境的不同，差异较大。背部毛色多变，但典型的毛色是赤褐色，赤色毛较多的，俗称为火狐；灰黄色毛较多的，俗称草狐。双耳背面及四肢为黑色，吻部为黄褐色，喉部、前胸、腹部毛色淡而呈白色或乌白色，尾上部毛为红褐带黑色，尾尖为白色。

2. 银黑狐

银黑狐又称银狐。银狐吻部、双耳背部、腹部和四肢毛色为黑褐色，背部和体侧呈银色，尾尖为白色，绒毛为灰褐色。银色是由针毛的颜色决定的，针毛的颜色有白色、黑色和白色毛干黑毛尖三种，各种针毛的比例决定毛被银色的强度。银狐成年公狐体长一般为66～75cm，体重为5.8～7.8kg；母狐体长为62～70cm，体重为5.2～7.2kg；胎产仔3～8只。

3. 北极狐

北极狐又称蓝狐，体型较银狐稍小，耳短而圆，四肢矮小，体圆而粗，被毛丰厚，适应严寒气候。因为皮下脂肪特别厚，蓝狐体重比银狐大，一般公狐为8.8～10.8kg、母狐为7.8～9.8kg；胎产仔7～13只。原产于芬兰的蓝狐因体型大，毛皮质量好，又称为"芬兰狐"，是蓝狐中的良种。

三、狐的生活习性

（1）生存能力强　野生狐的生活环境较为多样，森林、草原、沙漠、高山、丘陵、平原均有栖息，常以天然树洞、土穴、石缝为巢。狐能沿峭壁爬行、爬倾斜的树，会游泳。

（2）食性广　狐食性较杂，以动物性食物为主，常以中小型哺乳动物、爬行动物、两栖类、鱼类、鸟类、昆虫及浆果、植物为食。

（3）性情机警，狡猾、多疑　在配种期和产仔期应保持环境安静，避免惊扰，否则会导致放对失败，母狐出现叼仔和食仔行为。

（4）昼伏夜出　在生产中白天尽量为狐创造安静的环境条件。

（5）行动敏捷，善于奔跑在繁殖期要防止跑狐。

（6）嗅觉和听觉灵敏　狐能嗅到0.5m深雪下或藏于干草堆的田鼠，能听到100m内老鼠的轻微叫声。在繁殖期，应避免环境嘈杂和仔狐接触有异味的东西，否则会被母狐咬死。

（7）季节性换毛　成年赤狐和银狐每年换毛一次，从早春3～4月开始，先从头、前肢开始换毛，其次为颈、肩、背、体侧、腹部，最后是臀部与尾根部绒毛一片片脱落。新绒毛长出的顺序与脱毛相同，夏毛在夏至前基本停止生长。7～8月，冬毛基本脱落，7月末起新的针绒毛快速生长，11月份形成冬季长而稠密的被毛。蓝狐每年换毛2次，3月底开始脱冬毛长夏毛，10月底脱夏毛长冬毛，11月底至12月初冬毛成熟。

狐汗腺不发达，以张口伸舌、快速呼吸的方式调节体温，夏季要注意防暑。狐的抗寒能力强，不耐炎热，喜在干燥、清洁、空气新鲜的环境中生活。繁殖期结成小群，其他时期则单独生活。野生蓝狐有时群聚，狐群规模可达20～30只。

赤狐、蓝狐和银狐的寿命分别为8～12年、8～10年和10～12年，繁殖年限分别为4～6年、3～4年和5～6年。一般生产繁殖的最佳年龄为3～4岁。

第二节　狐的繁育技术

一、狐的繁殖特点

1. 性成熟期

人工饲养条件下，狐的性成熟期为8～10月龄，性成熟期的早晚受性别、营养状况、环境条件、出生时间、个体差异等多种因素的影响。公狐性成熟期比母狐早；营养状况和饲养条件好的狐较早，银狐较蓝狐早。

2. 生殖器官和生殖功能的季节性变化

狐的生殖器官受光周期的影响呈现明显的季节性变化。5～8月公狐睾丸质硬而无弹性，重量小（为2～2.5g），处在静止状态；此期母狐的卵巢、子宫和阴道等生殖器官的体积较小，也处在静止状态。8月末至10月中旬，公狐睾丸开始发育；母狐卵巢体积逐渐增大，滤泡开始发育，黄体开始退化。从11月开始，公、母狐生殖器官的发育速度增快。公狐12月底睾丸体积明显增大，重量达5g左右，富有弹性，此时已有成熟的精子产生，公狐进入发情期。母狐到11月黄体消失，滤泡迅速增长，翌年1月发情排卵。公狐3月底到4月上旬睾丸迅速萎缩，性欲也随之消失，进入休情期。

3. 季节性单次发情

狐属于季节性一次发情动物，一年只繁殖一次。不同品种的狐发情时间不同，银狐1月末至3月中旬发情，发情旺期在2月份；蓝狐2月末至4月发情，发情旺期在3月份；赤狐1～2月份发情。发情配种时期亦受气候、光照及饲养管理条件的影响，特别是光照时间与配种关系密切，因此，不同纬度地区要根据所养狐种及其自然条件和管理水平摸索出最适配种日期，以减少空怀。

4. 自然排卵

母狐为自然排卵动物，即卵成熟后，不管交配与否均可自动排卵。银狐的排卵发生在发情后的第一天下午或第二天早晨，蓝狐则在发情后的第三天排卵，卵巢所有滤泡不同时成熟和排卵，最初和最后一次排卵的间隔时间为银狐3天，蓝狐5～7天。

二、狐的发情鉴定

1. 母狐的发情鉴定

母狐在其发情季节只有一个发情周期，周期的长短因品种不同而略有差异，银狐发情持续5～10天，旺期为2～3天；蓝狐发情持续9～14天，旺期为3～5天。母狐在发情旺期卵巢中有成熟滤泡，并分泌雌激素，此时配种受胎率高，因此，准确掌握母狐的发情时间，合理安排配种，是提高母狐受胎率的一个关键技术环节。目前，对母狐的发情鉴定主要采用如下几种方法。

（1）外阴检查法 这是母狐发情鉴定最常用的一种方法，通过观察母狐外阴的变化（图2-2），判断母狐是否进入发情期以及是否应该放对配种或人工授精。检查时用捕狐夹或捕狐套保定母狐颈部，抓住母狐尾巴，头朝下臀向上，观看母狐外生殖器（阴门）的形态变化。

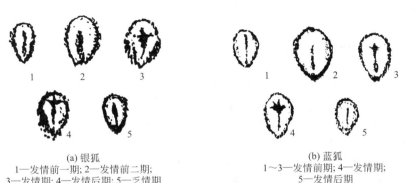

(a) 银狐
1—发情前一期；2—发情前二期；
3—发情期；4—发情后期；5—乏情期

(b) 蓝狐
1～3—发情前期；4—发情期；
5—发情后期

图 2-2 母狐发情期阴门变化

① 发情前期。一般为3～5天，母狐的阴门逐渐肿胀，明显突起，露于阴毛外，肿胀面较平而光滑，触摸时硬而无弹性，阴道内流出具有特殊气味的淡色分泌物。此时母狐开始有性兴奋表现；与公狐同笼时，相互追逐戏耍，但拒绝公狐交配。

② 发情期。一般为2～3天，阴门红肿逐渐减退，出现轻微褶皱，阴道分泌物呈白色或微黄色乳状，此时是放对配种的最佳时期。母狐表现为精神极度兴奋，不断发出急促的求偶叫声，行动不安，食欲减退和废绝，排尿频繁，性情温顺。

③ 发情后期。阴门肿胀减退、萎缩，呈灰白色，分泌物减少，黏膜干涩。发情结束时，母狐活动逐渐趋于正常，情绪安定，恢复食欲。

④ 静止期。外阴部由阴毛所覆盖，分开阴毛，外阴只有一条小缝。母狐行为又恢复到发情前期状态。

(2) 试情法 个别母狐和部分初次参与配种的青年母狐，缺乏发情的外部表现，表现为安静发情；或发情期特别短容易错过配种机会的母狐，采用试情法进行发情鉴定在生产中是非常必要的。方法是将试情公狐放入母狐笼内，若母狐嗅闻公狐阴部、翘尾、频频排尿或出现相互爬跨等行为时，便可判断此母狐已进入发情期；如公、母狐有敌对情绪或出现攻击对方的行为，则说明此母狐尚未发情，此时要将公、母狐立即分开。试情可隔日进行，每次为20～30min，一般不超过1h。试情公狐一般要求体质健壮，性欲旺盛，无咬母狐的恶癖。

(3) 阴道内容物涂片检查法 此法多用于人工授精的狐场。用灭菌棉球蘸取母狐阴道分泌物，制成涂片，在显微镜下放大200～400倍观察，根据分泌物中的白细胞、有核角化上皮细胞所占比例的变化判断母狐是否发情。

① 乏情期。涂片可见到白细胞，很少有角化细胞。

② 发情前期。涂片可见有核角化细胞，并逐渐增多，白细胞相对减少，最后可见大量的有核角化细胞和无核角化细胞。

③ 发情期。可见大量的无核角化细胞和少量的有核角化细胞。

④ 发情后期。涂片可见白细胞和较多的有核角化细胞。

2. 公狐的发情鉴定

公狐的发情易于掌握，进入发情期的公狐情绪急躁不安，食欲下降，频频排尿，尿的狐臊味加浓，常发出"嗷、嗷"的求偶叫声。

三、狐的配种

狐的配种方法可分为自然交配（本交）和人工授精两种，提倡采用人工授精法。

1. 配种日期的确定

我国大部分地区银狐、赤狐的配种日期以1月下旬至3月上中旬，蓝狐以3月中旬至4月末，幼龄母狐的配种日期比成年母狐晚两周左右。不同地区可根据狐群状况灵活掌握。

2. 自然交配

(1) 方式选择 母狐自然交配方式有如下几种。

① 一次配种法。母狐只交配一次，不再接受交配。这种方式空怀率可达30%。

② 两次配种法（"1+1"或"1+0+1"）。母狐初配后，次日或隔日复配一次。这种方式多用于发情晚或发情不好（即复配一次不再接受交配）的母狐。

③ 隔日复配法（"1+0+1+1"）。母狐初配后停配1天，再连续2天复配两次。这种方式适于排卵持续时间长的母狐，如蓝狐。

④ 连续重复配种法（"1+1+1"或"1+2"）。即在发情母狐第一次交配后，于第二天和第三天连续复配两次。这种方法受胎率高。在配种后期，母狐初配后，可在第二天复

配两次（上、下午各一次）。

在生产中应采取哪种配种方式，需根据母狐发情、排卵的规律灵活安排。对大多数的母狐采用复配法可提高其受胎率。

（2）放对　在母狐发情的适当时间，把公、母狐放在同一笼内，交配后再将公、母狐分开称为放对。

①放对时间。母狐的性活动以清晨、傍晚和天气凉爽时最强烈，是放对配种的好时机，中午和气温偏高的天气，狐则表现懒惰，交配不易成功。初配阶段最好在清晨饲喂前放对，初配过后可以在早饲后 1h 或下午放对。

②放对方法。放对时应把母狐放进公狐笼内。由于狐比较机警，交配期间易受外界的干扰，因此要保持环境安静。放对过程中，人员要在远处观察，进行有效配种判断，同时及时发现择偶性强的母狐并更换公狐，以免出现咬伤。狐在交配时，公狐嗅闻母狐的外阴部，母狐站立不动，将尾甩向一侧，公狐爬跨于母狐后背上，进行交配。射精后，公、母狐出现"连裆"现象，可确定为真配。"连裆"时间通常为 20～40min，短者几分钟，长者达 1～2h，"连裆"后不可强行将二者分开，以免造成损伤。

个别母狐，由于生殖器官畸形或发育不良，阴门与肛门距离过远或过近，交配时不甩尾或不会支撑举臀等原因，在配种时出现假配、误配和拒配，因此要准确判断并及时处理。对难于交配的母狐采取必要的辅助措施，对只见交配不见"连裆"和"连裆"时间不足 5min，要及时通过精子检查来确认母狐是否真配，对漏配的母狐采取必要的补配措施，以提高其受胎率。

（3）种公狐的训练和合理利用　训练青年公狐，合理利用种公狐，提高种公狐的利用率，是顺利完成配种工作的重要保证。

初次参加配种的青年公狐，胆小、没有配种经验，可与种公狐邻笼饲养，观看配种过程。对性欲旺盛，有交配动作的青年公狐选择发情好、性情温顺的母狐与其放对。对于发情不好的公狐，每天与发情好的母狐同笼合养一段时间，通过异性刺激促进发情。初次参加交配的公狐，当遇到母狐拒绝交配、出现敌对行为时要及时分开，以免引起公狐的性抑制。训练青年公狐要耐心，防止出现急躁情绪。

体质较弱的公狐，性欲维持时间较短，要限制交配次数，适当增加休息时间。体质好的公狐可以适当提高使用次数。合理安排种公狐在配种旺季、配种后期的使用。对于配种旺季仍未发情的公狐，要坚持训练，以使其在配种后期发挥重要作用。对配种能力强的公狐要控制使用次数，重点使用。

自然交配繁殖时，适宜公、母比例为 1:（3～4），人工授精繁殖时，适宜公、母比例为 1:（20～30）。种公狐的利用强度，配种初期每周可交配 2～3 次，配种旺期每周可交配 3～4 次，但连续交配 2～3 天（次）时，必须休息 1 天时间。优秀种狐配种能力可持续 60～90 天。

3. 人工授精

狐的人工授精可提高公狐的利用率，降低饲养成本，提高种群的毛皮品质，并可解决自然交配部分母狐难配的问题，情期受胎率可达 85% 以上。人工授精主要包括采精、精液的品质检查、精液的稀释与保存和输精几个步骤。

（1）采精　公狐采精有按摩法和电刺激法。按摩法简便易行、效率高，对人、狐安全，是目前常用的采精方法，具体操作如下。

将公狐放在采精架上，助手一手用狐颈钳保定狐头部，另一手握住尾部，使狐自然站立，待其安静后，用 0.1% 新洁尔灭或 0.2% "百毒杀"消毒液（42～45℃）浸泡过的毛巾对阴茎及其周围部位擦拭消毒。然后按摩睾丸 20～40s，接着用右手拇指、食指和中指呈握笔状握住阴茎球（拇指、食指在两侧，中指在腹面）上方，上下轻轻滑动，将勃起的阴茎从两腿中间拉向后方，将包皮撸至球状海绵体后方继续按摩，直至射精为止。先射出的无色透明副性腺分泌物不接取，继续按摩，用集精杯接取射出的乳白色精液。按摩频率、力度应适宜。整个按摩采精时间需 3～5min，隔天采精 1 次。

（2）精液品质检查　显微镜检查，公狐每次采精量，银狐为 1.0～1.5mL、蓝狐约 0.62mL；精子密度平均为每毫升 7 亿～8 亿个。无精子或精子很少，活力差的应停止使用。用于人工授精的精子活力不低于 0.7，畸形精子不超过 10％。

（3）精液的稀释及保存　先按适宜稀释倍数准确量取稀释液，移至试管内，置于 35～37℃的水浴锅中。稀释时将稀释液沿集精杯壁缓慢加入至精液中，轻轻摇匀。稀释倍数根据精子密度、活力计算，保证每毫升稀释精液中有效精子数在 7000 万个。稀释后精液及时输精，体外保存时间不超过 1h。

狐精液稀释液有柠檬酸钠、卵黄-牛乳、葡萄糖-牛乳、氨基乙酸、IVT 等多种（见实训二），可用狐专用精液稀释液或自制。

精液稀释液配方如下。

① 柠檬酸钠稀释液。柠檬酸钠 3.8g，蒸馏水 100mL，青霉素 1000 IU/mL，链霉素 1mg/mL。

② IVT 稀释液。基础液：柠檬酸钠 2g，$NaHCO_3$ 0.21g，KCl 0.04g，葡萄糖 0.3g，氨苯磺胺 0.3g，蒸馏水 100mL。稀释液：基础液 90mL，卵黄 10mL，青霉素 1000 IU/mL，链霉素 1000 IU/mL。

③ 氨基乙酸稀释液。氨基乙酸 1.82g，柠檬酸钠 0.72g，卵黄 5mL，蒸馏水 100mL，青霉素 1000 IU/mL。

（4）输精　输精时两人配合操作，一人保定，一人输精。输精前用 0.1％～0.2％新洁尔灭消毒液消毒外阴部及其周围部分。

操作步骤：①先将阴道扩张器插入母狐阴道内，其前端抵达子宫颈，左手虎口部托于母狐下腹部，以拇指、中指和食指依据扩张器的位置摸到子宫颈（过管头 1cm 范围内摸到黄豆粒大小的凸起，随着扩张器的运动而运动），并将子宫颈固定；②将输精器末端通过阴道扩张管插入，前端抵子宫颈处，调整位置探寻子宫颈口；③双手配合将输精器前端轻轻插入子宫内 1～2cm 固定不动。由助手将吸有精液的注射器插接在输精器上，推动注射器把精液缓慢注入子宫内。输精技术熟练，可先将吸有精液的注射器插接在输精器上，由输精者直接将精液输入，同时固定人员将狐狸尾部向上提起，使头朝下。

注意事项：向注射器内吸取精液 1mL，应注意注射器的温度与精液温度一致，缓慢吸取至固定的刻度时，可再吸入少许空气，以保证输精时将所有精液输入子宫内，以防残留，造成输精量不足；输精后轻轻拉出输精器，如果输精手法得当，母狐生殖道无畸形，则输精过程中母狐表现安静；输精次数，一般连续输精 2～3 次，每日 1 次。初次输精误为假发情时，待发情后再输 2～3 次。

准确输精的判定：①拉出输精器时手感稍有阻力；②拉出输精器时未带血液；③拉出输精器时精液不倒流，若倒流严重，应立即补输。

4. 妊娠

母狐妊娠期平均为 51～52 天，银狐 50～61 天，蓝狐为 50～58 天。母狐妊娠后，喜睡而不愿活动，采食量增加，膘情好转，毛色光亮，性情变得温顺。妊娠后 20～25 天，母狐腹部膨大，稍下垂。临产前，母狐侧卧于笼网上时可见到胎动，乳房发育迅速，乳头胀大突出，颜色变深，大多数母狐有拔毛或衔草做窝的现象。

5. 分娩

狐的产仔日期，因地区和品种的不同而有所差异。银狐多在 3 月下旬至 4 月下旬产仔，而蓝狐多在 4 月中旬至 6 月中旬产仔。临产前 2～3 天，母狐拔毛或衔草絮窝，运动量减少，常卧于产箱，啃咬小室或舔其外阴部，食欲减退或废绝。产仔多在夜间或清晨，个别白天产仔。仔狐产出后母狐咬断脐带，舔干胎毛，吃掉胎衣。产仔间隔 10～15min，产程为 1～2h，有时达 3～4h。银狐平均胎产仔数为 4～5 只，蓝狐为 8～10 只。母狐的母性极强，一般不需助产，自行护理仔狐。若发现难产母狐，应及时采取助产措施。

四、狐的选种选配

1. 选种

（1）选种时间的确定

① 初选。5～6 月份，母狐断奶、仔狐分窝时初选。母狐主要以当年繁殖成绩选择，仔狐以生长发育情况及其双亲品质、系谱选择。初选时留种数应比年终计划留种数多出 30％左右，以备复选时有淘汰余地。

② 复选。9 月下旬至 10 月上旬进行，针对初选种狐秋季换毛情况复选，优选换毛时间早、换毛速度快、生长发育快、体型较大的个体留种，要求老、幼种狐夏毛完全脱换，只允许老母狐背部有少许夏毛未脱换。复选留种数应比终选计划留种数多出 10％左右，如预留种狐中淘汰较多，可从商品群中挑选优良者补充。

③ 终选。11 月下旬，毛皮成熟取皮前进行终选。以种狐的毛皮品质和健康状况并结合初选、复选情况严格进行精选，宁缺毋滥。

（2）种狐选择

① 毛色及毛绒品质鉴定。具备各类型狐的毛色和毛质的优良特征。毛质要求绒毛丰厚、针毛灵活、分布均匀，且针、绒毛长度比较适宜；毛被光泽性强；无弯曲、勾针等瑕疵。银狐：躯干和尾部的毛色为黑色，背部有良好的黑带，尾端白色在 8cm 以上。银毛率在 75％～100％，银环为珍珠白色，银环宽度在 12～15mm。全身银雾状正常，绒毛为石板色或浅蓝色。蓝狐：全身浅蓝色，浅化程度大，无褐色或白色斑纹。白色蓝狐黑毛梢不过多。彩狐要求毛色纯正，不带杂色。

② 体型鉴定。种公狐应优选体格修长的大体型者，母狐宜优选体格修长的中等体型者，过大母狐不宜留种。种狐要求全身发育正常，无缺陷。银狐秋分复选时体重 5～6kg，体长 65～70cm；蓝狐 6 月龄时，公狐体重 5.1kg 以上，体长 65cm 以上，母狐体重 4.5kg 以上，体长 61cm 以上。

③ 出生日期。仔狐出生日期与其翌年性成熟早晚直接相关。因此，宜优选出生和换毛早的个体留种。

④ 繁殖力鉴定。种狐要求外生殖器官形态正常，食欲旺盛，健康状况优良，无患病（尤其是生殖系统疾病）历史。公狐的配种能力强（交配母狐 4 只以上），精液品质好，无择偶性、无恶癖，配种次数 8～10 次，受配母狐产仔率高，胎产仔多，年龄 2～5 岁。

成年母狐发情早，银狐不迟于 3 月中旬，蓝狐不迟于 4 月中旬，性情温顺；胎产仔多，银狐 5 只以上，蓝狐 8 只以上；母性强，泌乳力高（仔狐成活率 90％以上，仔狐断奶体重 750g 以上）；无食仔恶癖，对环境不良刺激不过于敏感。凡是生殖器官畸形、发情晚、母性差、缺乳、爱剩食，一律不能留做种用。

2. 选配

选配时公狐的毛绒品质要高于母狐。

① 品质选配。纯种繁育及核心群的提高宜用同质选配，杂交选育中用异质选配。

② 亲缘选配。生产群中应尽量远亲选配，育种群可有目的地实施近亲选配。

③ 年龄选配。一般壮龄个体间选配，幼龄个体宜选配壮龄个体。

④ 体型选配。公狐体型要大于母狐体型，且宜大配大、大配中，不宜大配小、小配小。

第三节　狐的饲养管理技术

一、狐的营养需要和推荐饲养标准

1. 国内现行狐经验饲养标准

目前，我国尚无统一的狐饲养标准，表 2-1、表 2-2 为国内养狐经验饲养标准，供参考。狐的饲料种类及利用、日粮拟定参照水貂的饲料种类及利用、日粮拟定。

表 2-1　狐的经验饲养标准

项　　目	饲　养　时　期			
	准备配种期	配种期	妊娠期	产仔哺乳期
代谢能/MJ	2.2~2.3	2.1~2.2	2.2~2.3	2.7~2.9
日粮量/g	540~550	500	530	620~800
粗蛋白质/g	60~63	60~65	65~70	73~75
鱼、肉副产品(质量分数)/%	50~52	57~60	52~55	53~55
蛋、乳(质量分数)/%	5~6	6~8	8~10	8~10
谷物(质量分数)/%	18~20	17~18	15~17	12~18
蔬菜(质量分数)/%	5~8	5~6	5~6	5~6
水(质量分数)/%	13~15	10~12	10~12	12~14
添加饲料				
维生素 B_1/[mg/(只·日)]	2	3	5	5
维生素 C/[mg/(只·日)]	20	25	30	30
维生素 E/[mg/(只·日)]	20	25	25	30
鱼肝油/[单位/(只·日)]	1500	1800	2000	2000
添加剂/[g/(只·日)]	1.5	1.5	1.5	2
食盐/[g/(只·日)]	1.5	1.5	1.5	2.5
骨粉/[g/(只·日)]	5	5	8~12	5
酵母/[g/(只·日)]	7	6	8	8
脑/[g/(只·日)]	5	—	—	—

表 2-2　狐经验饲养标准（热量比）

饲养时期	代谢能/MJ	热量比/%				
		肉副产品、鱼类	蛋、奶	谷物类	果蔬类	其他
银黑狐						
6~8 月份	2.1~2.3	40~50	5	30~40	3	2
9~10 月份	2.3~2.4	45~60	5	30~45	3	2
11 月份至翌年 1 月份	2.4~2.5	50~60	5	30~40	3	2
配种期	2.1	60~65	5~7	25	3~4	3~4
妊娠前期	2.3~2.5	50	10	34	3	3
妊娠后期	2.9~3.1	50	10	34	3	3
哺乳期	2.1①	45	15	34	3	3

续表

饲养时期	代谢能/MJ	热量比/%				
		肉副产品、鱼类	蛋、奶	谷物类	果蔬类	其他
北极狐						
6～9月份	2.5	55	—	30～40	5	—
10～12月份	2.9	60	—	30	8	2
1～2月份	2.9	65	5	21	5	4
配种期	2.5	70	5	18	5	2
妊娠前期	2.9～3.1	65	5	23	5	2
妊娠后期	3.4～3.6	65	10	20	3	2
哺乳期	2.7①	55	13	25	5	2

① 母狐基础标准根据胎产仔数和仔狐日龄逐渐增加。

2. 国家林业局行业标准

国家林业局发布的"蓝狐饲养技术规程"，规定了蓝狐营养需要的行业标准（LY/T 1290—2005），现将相关内容摘录如下：

（1）幼狐生长期日代谢能、粗蛋白需要量见表2-3。

表 2-3 幼狐生长期日代谢能、粗蛋白需要量

周龄	体重/kg	日代谢能需要量/MJ	每千克体重需要量/MJ	日粗蛋白质需要量/g
7～11	1.5～2.4	1.88～3.11	1.25～1.30	40.4～60.9
11～15	2.4～3.5	3.11～4.16	1.30～1.19	60.9～80.1
15～19	3.5～5.0	4.16～4.87	1.19～0.97	80.1～100.6
19～23	5.0～7.3	4.87～5.09	0.97～0.70	100.6～102.4

（2）成年狐日代谢能需要量见表2-4。

表 2-4 成年狐日代谢能需要量

月份	母狐			公狐		
	活体重/kg	日代谢能需要量		活体重/kg	日代谢能需要量	
		MJ/只	MJ/kg体重		MJ/只	MJ/kg体重
1～2	7.84	4.05	0.517	11.08	4.64	0.419
3～4	7.69	4.42	0.551	10.64	4.71	0.442
5～7	—	4.32	—	10.01	4.07	0.407
7～8	7.25	3.68	0.508	9.55	4.03	0.422
9～10	7.77	3.94	0.512	10.83	4.88	0.451
11～12	8.02	4.11	0.512	11.12	4.92	0.442

二、狐生产时期的划分

狐生产时期与日照周期关系密切，依照日照周期变化而变化。秋分至春分的半年为短日照阶段，狐脱夏毛换冬毛、冬毛生长和成熟，性器官生长发育至成熟并发情和交配。春分至秋分的半年为长日照阶段，狐脱冬毛换夏毛，母狐妊娠和产仔哺乳，幼狐生长和种狐恢复。狐各生产时期的具体划分见表2-5。

三、成年狐的饲养管理

1. 准备配种期的饲养管理

准备配种期银狐从8月下旬到翌年的1月下旬，蓝狐从9月下旬至2月下旬，准备配

种期也是狐的冬毛生长期，因此，此期的基本任务是保证狐安全越冬，促进性器官发育与成熟。

表 2-5　狐各生产时期的具体划分

狐别	性别	准备配种期	配种期	妊娠期	产仔哺乳期	幼狐育成期		种狐恢复期
						生长期	冬毛期	
蓝狐	♂	9 月下旬至翌年 2 月下旬	2 月下旬至 4 月上旬	—	—	6 月中旬至 9 月下旬	9 月下旬至 12 月下旬	4 月中旬至 9 月下旬
	♀		3 月上旬至 6 月上旬	4 月下旬至 7 月中旬				6 月下旬至 9 月下旬
银狐	♂	8 月下旬至翌年 1 月下旬	1 月下旬至 3 月下旬	—	—	5 月上旬至 8 月下旬	8 月下旬至 12 月下旬	3 月中旬至 8 月下旬
	♀		1 月下旬至 5 月下旬	3 月下旬至 5 月下旬				5 月中旬至 8 月下旬

为管理方便，准备配种期又可分为准备配种前期（银狐 8 月底到 11 月上旬）和准备配种后期（银狐 11 月中旬到翌年 1 月下旬），蓝狐后延 1 个月。准备配种前期，狐的生殖器官由静止进入活动期，母狐的卵巢开始发育，公狐的睾丸也逐渐增大。进入准备配种后期，生殖器官发育增快，生殖细胞开始进入发育状态，银狐公狐 12 月末、蓝狐公狐 2 月中旬有成熟的精子形成。

（1）准备配种期的饲养要点　成年狐由于前一个繁殖期的消耗较大，仍需继续恢复。育成种狐（后备种狐）仍处于生长发育阶段。因此，在准备配种前期饲养上应以满足越冬期成龄狐体质恢复，促进育成狐的生长发育，有利于冬毛成熟为重点。准备配种后期的任务是平衡营养，调整种狐的体况。

9～10 月份，狐的食欲旺盛，是全年狐群规模最大、饲料用量最多的阶段，应贮备足够饲料，以保障狐的性器官发育、换毛及幼狐生长的需要。饲料中应增加脂肪的供给量，以提高狐的毛绒质量。种狐的日粮中还应补加鱼肝油、维生素 E，以促进其性器官的发育。饲料营养水平及饲料配比见表 2-1～表 2-4。准备配种期每日饲喂 1～2 次。

（2）准备配种期的管理要点

① 保证光照。自然光照，无规律的增加或减少光照都会影响其生殖器官的正常发育和毛绒的正常生长。

② 充足饮水。缺水会导致狐口渴，食欲减退，消化能力减弱，抗病力下降，严重时会导致代谢紊乱，甚至死亡。天气寒冷时每天可饮 1 次温水。

③ 严格选种。对于个别营养不良、发育受阻或患有疾病的种狐可淘汰取皮。

④ 体况鉴定和调整工作。在 11～12 月份应注意观察狐的体况，并控制在中等或中上等水平，避免过肥或过瘦。12 月至第二年 2 月，应通过增减饲料喂量来调整种狐体况，使种狐体况维持在中上等水平。

⑤ 异性刺激。准备配种后期把种公狐笼和种母狐笼交叉摆放，使异性狐隔网相望，刺激其性腺发育。

⑥ 加强运动。采取多种方式，促使种狐运动，增强活动量，可使狐的食欲增强，体质健壮。可将狐放到笼外自由活动（图 2-3）。运动能使种狐发情正常，性欲旺盛，公狐配种能力强，母狐配种顺利。

⑦ 发情检查。银狐 11 月上旬，蓝狐 2 月上旬，对全群母狐进行 1 次发情检查，掌握狐群的发情状况。

⑧ 配种前的准备工作。配种开始前（1 月初）做好人员安排和培训，制订选配方案，

落实生产指标等项工作。维修笼舍，及时清理笼舍内狐脱换的绒毛，对笼舍和其他用具进行彻底消毒；编制配种计划和方案，准备好配种用具，如狐钳、捕狐网、手套、配种记录本、药品等；人工授精用具，如显微镜、水浴锅、稀释液、输精器械、采精杯和采精架等，以保证配种工作顺利。

⑨ 防疫。1月初对种狐进行1次犬瘟热、病毒性肠炎、狐脑炎、狐加德纳菌病的预防接种。

2. 配种期的饲养管理

狐的配种期从1月中旬至4月上旬，其中银狐发情集中在2月份，蓝狐发情集中在3月份。此期饲养的中心任务是使公狐有旺盛、持久的配种能力和良好的精液品质；使母狐能够正常发情排卵，适时完成配种。

（1）饲养要点

① 供给种狐优质、全价、适口性好、易消化的日

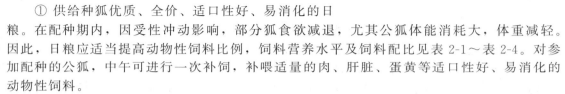

图 2-3　种狐自由活动

粮。在配种期内，因受性冲动影响，部分狐食欲减退，尤其公狐体能消耗大，体重减轻。因此，日粮应适当提高动物性饲料比例，饲料营养水平及饲料配比见表 2-1～表 2-4。对参加配种的公狐，中午可进行一次补饲，补喂适量的肉、肝脏、蛋黄等适口性好、易消化的动物性饲料。

② 合理饲喂。配种期可采用下午1次喂食，上午配种结束时，进行种公狐补饲。

③ 保证充足的饮水。

（2）管理要点

① 保持环境安静。配种期公狐对周围环境十分敏感，容易受惊，有的狐因外界环境的干扰而分散精力，导致配种失败。因此应保持饲养场的相对安静，谢绝参观。

② 防止跑狐。由于抓狐频繁，操作时应耐心仔细，防止跑狐，以免抓捕、追狐时，造成对整个狐场的惊扰。

③ 做好发情鉴定、放对配种或人工授精工作（见本章第二节）。

3. 妊娠期饲养管理

妊娠期是全年饲养管理的重要阶段，是决定种狐繁殖成绩的关键时期。饲养管理的任务是满足母狐和胎儿的营养需要，调整好母狐的体况，以期生产健壮仔狐并为产后泌乳创造良好的营养基础。

（1）饲养要点

① 饲料要易消化、适口性好、营养全价，尤其要保证蛋白质、钙、磷及维生素的充足供应。饲料营养水平及饲料配比见表 2-1～表 2-4。

② 饲喂量要适宜。妊娠期应根据体况调整饲喂量，母狐妊娠后食欲旺盛，妊娠前期应适当控制饲喂量，以使母狐始终保持中等或中上等体况，妊娠后期至产仔前保持中等或中等略偏上的体况。产仔前后，多数母狐食欲下降，因此，饲喂量应减去总量的 1／5，并将饲料调稀。

③ 保证饲料品质新鲜、优质。妊娠期严禁饲喂贮存时间过长、变质的动物性饲料，以及发霉的谷物性饲料。不能使用死因不明的畜禽肉、难产死亡的母畜肉、带有甲状腺的气管、含有性激素的畜禽产品等，防止发生流产、死胎等。

④ 保证充足清洁的饮水。

（2）管理要点

① 保持环境安静。狐在妊娠末期对外界反应特别敏感，大声喧哗、粗暴操作、快速走动、鞭炮声等噪声，外来人员、饲养管理人员的更换、饲养员衣着的改变等，常会导致母狐惊恐不安，造成流产、早产、难产。因此，在繁殖期对可能出现的应激必须加以预防。

② 注意观察。经常观察母狐的采食、粪便和换毛情况，发现异常，应立即查明原因并及时采取措施，防止母狐流产。

③ 加强防疫。做好卫生防疫工作，保持笼舍的干燥、清洁，用具严格消毒、刷洗。妊娠母狐抵抗力下降，要以预防为主、严防疾病发生，一旦出现疾病情况，要及时对症治疗，同时应用黄体酮药物保胎。

④ 做好产前准备。按预产期提前 1～2 周对笼、箱、棚舍进行消毒，产箱加铺清洁、干燥、柔软的保温垫草，让母狐自行整理做窝。临产前检查母狐做窝情况，发现做窝不好或被母狐粪、尿脏污时，需重新絮草。做好产仔保活的各项准备工作。

4. 产仔哺乳期饲养管理

母狐产仔至仔狐分窝前为产仔泌乳期，约 8 周。此期的中心任务是产仔保活，促进仔狐的生长发育。

（1）饲养要点

① 加强营养。母狐由于产仔、哺乳营养消耗大，需进行足够的补充。仔狐出生后 3 周内靠母乳获得营养，因此母狐的泌乳量及品质直接影响仔狐的生长发育。产仔哺乳期的营养水平可持续妊娠期或略高于妊娠期，适当增加脂肪和催乳饲料（精肉、乳、蛋、肝等，全乳、脱脂乳、乳粉等可增加 2%～3%），以增加产乳量并提高乳汁质量。饲料营养水平及饲料配比见表 2-1～表 2-4。

② 调整饲喂量。产后几天母狐食欲不佳，5 日后食量迅速增加，哺乳的中后期保持旺盛的食欲。因此，要根据仔狐的数量、日龄及母狐的食欲情况及时调整并增加喂料量，保证母狐吃饱吃好。

③ 饲料要求清洁、新鲜、易消化，以免引起胃肠疾病，影响产乳。

④ 仔狐的补料。仔狐出生 20～25 天以后母狐的泌乳量逐渐减少，已不能满足仔狐的需求，3 周龄左右开始采食。仔狐饲料应以营养丰富、易于消化的蛋、乳、肝和鲜肉为主，并调制成粥状。补料可根据具体情况灵活掌握，一般按仔狐日龄补给不同量的饲料，20 日龄每日每只 70～125g，30 日龄 180g，40 日龄 280g，50 日龄 300g。

⑤ 供给充足的饮水。产仔哺乳期母狐的饮水量大，天气亦渐热，必须全日供应饮水。

（2）管理要点

① 保持狐场的安静。母狐产仔哺乳期对周围环境的变化极为敏感，如噪声、外来人员，常会引起母狐叼仔、吃仔、拒绝捕乳、将仔狐四处藏放，无干扰后母狐逐渐恢复正常，对个别母狐仍持续惊恐不安，弃仔不护的可以把母仔分开，进行代养。为避免母狐出现应激，饲养人员不宜穿艳丽的衣服进入狐舍，晚上值班人员动作要轻，禁止用手电筒乱晃乱照。

② 卫生管理。产仔哺乳期应及时清理产窝垫草，保持产窝温暖、卫生。仔狐 3 周龄采食饲料，母狐不再为其舔食粪便，产箱内变得潮湿污秽，应勤换垫草。仔狐开食后，天气逐渐转暖，饲料容易变质，变质饲料易引起胃肠炎等疾病，因此，要保持饲料和笼舍的卫生。母狐、仔狐采食后的剩料应及时收回，每日要清洗食具。

③ 观察母仔关系。哺乳后期，母狐泌乳量减少，母仔关系变得疏远和紧张，应随时观察，发现母、仔狐之间或仔狐之间发生敌对的咬斗行为，要采取适时分窝的措施。分窝时，做好系谱记录，并进行仔狐初选。

5. 恢复期饲养管理

种狐恢复期是指公狐结束配种、母狐结束哺乳至准备配种期开始前。此期饲养管理任务是优选种狐并促进其体况恢复，为翌年繁殖打下基础。公、母狐繁殖结束后的头2~3周内延续繁殖期日粮，4周后过渡至恢复期日粮，饲料营养水平及饲料配比见表2-1~表2-4。母狐断奶后的1周应减少日粮饲喂量，以防乳房炎的发生。

管理上注意根据天气及气温的变化，优化种狐的生存环境；加强卫生管理，适时消毒，及时发现和治疗疾患；检查种狐恢复情况；母狐哺乳结束后立即进行选种，淘汰的老种狐及时埋植褪黑激素（方法同水貂）；繁殖结束后和翌年繁殖前接种2次疫苗，以防止传染病的发生。

四、仔狐的饲养管理

1. 仔狐的生长发育

银狐3月下旬至4月中旬产仔，蓝狐4月中旬至6月中旬产仔。银狐初生重为80~130g，蓝狐60~80g。初生狐两眼紧闭，听觉较差，无牙齿，胎毛稀疏，呈灰黑色。产后1~2h，即可寻找乳头吮乳，平均每3~4h哺乳一次。生后14~16天睁眼，并长出门齿和犬齿。18~19日龄时，开始吃由母狐叼入的饲料。仔狐的生长发育很快，10日龄前的平均日增重为17.5g，10~20日龄为23~25g，断奶后的前2个月生长发育最快，8月龄时生长基本结束。

2. 哺乳仔狐的饲养管理

初生仔狐的消化功能不完善，体温调节能力差，易因饥饿、寒冷、疾病等因素造成死亡，必须加强哺乳仔狐的饲养管理。正常情况下，仔狐不需专门护理，但在产仔数多、母狐泌乳量少、母性差、不会护仔或同窝仔狐个体大小相差悬殊等情况下，应采取适当的护理措施。

（1）及时检查　仔狐产后检查是产仔保活的重要措施之一。在饲喂或饮水时，通过听和看，记录胎产仔数、成活数，了解仔狐的健康、哺乳、窝形及窝的保暖等情况，并对健康状况差、母狐无乳或少乳的仔狐进行护理。仔狐检查应在暖和无风时进行，检查时要求动作快、准、轻，手上不准带有异味。健康仔狐全身干燥，叫声尖、短而有力，体躯温暖，成堆抱团而卧，个体大小均匀，发育良好，被毛色深，手抓时挣扎有力，全身紧凑。弱仔胎毛潮湿，体躯发凉，在窝内各自分散，用手抓时挣扎无力，叫声嘶哑，腹部干瘪或松软，个体大小相差悬殊。

（2）寄养　此为母狐产仔数多、泌乳量少、母性差或产后母狐死亡等情况下采取的一种应急措施。为提高寄养的成功率，要求接受寄养的母狐必须母性强，泌乳量高，产仔少，且两窝仔狐出生日期接近，仔狐个体大小相差不大。寄养时将母狐引出产箱，用代养母狐窝内垫草在仔狐身上轻轻擦抹一下，然后将寄养仔狐混放于代养母狐的仔狐中，将母狐放回产箱。饲养人员要在远处观察，观察代养母狐是否有弃仔、叼仔或咬仔现象，一旦出现上述情况，应及时分开，重新寄养。

（3）人工喂养　仔狐在无法完成寄养的情况下，采取人工喂养。可用消毒的鲜牛奶加入少许葡萄糖、维生素A、B族维生素和抗生素，制成人工乳，用吸管或特制的乳瓶人工喂养。

（4）防寒与防暑　天气寒冷时，要保证垫草充足和窝形完整；天气炎热时，可采用遮阴或支起产仔箱盖的方法降温。

（5）搞好防疫、卫生　保持饲料和笼舍的卫生。幼狐出生2天后，接种犬瘟热疫苗，20日龄接种脑炎疫苗。

五、育成狐的饲养管理

仔狐断乳分窝至取皮前为育成期。仔狐断乳分窝后两个月，是狐生长发育最快的时期，也是决定狐体型大小的关键时期。

1. 饲养要点

（1）饲料逐渐过渡 仔狐断奶后10天，仍按哺乳期补饲的日粮标准饲喂，饲料的种类和比例保持原来水平，待其适应环境并能独立生活时，改喂育成期饲料。

（2）供给充足的营养物质 2～4月龄的幼狐生长速度快，必须供给充足的营养物质满足其需要，此期不限制饲喂量，以仔狐吃饱为原则。

分窝至70日龄的狐每天饲喂4次，即早晨4时、上午10时、下午4时、晚上10时。每天喂量为500～600g（蓝狐）。70日龄以后的育成狐每天饲喂3次，早晨6时、下午1时、晚上8时，每天喂量为800～1000g（蓝狐），100日龄后饲料量逐渐固定在1100g左右（蓝狐）。

（3）供给全价、饲料品质好的日粮 育成狐代谢旺盛，饲料利用率高，要供给新鲜、优质、全价的饲料，同时按标准供应维生素A、维生素D、维生素B_1、维生素B_2和维生素C等，保证生长发育需要。质量低劣、不全价的日粮易引起胃肠病，阻碍幼狐的生长发育。饲料营养水平及饲料配比见表2-1～表2-4。

2. 管理要点

（1）适时断奶分窝 仔狐在45日龄左右断乳分窝。断奶太早，仔狐独立生活能力差，对外界环境，特别是对饲料条件难适应，易出现生长受阻。断乳过晚，仔狐间常出现争食咬斗现象，不利于仔狐的生长发育，母狐的体况也很难恢复。仔狐分窝时间，应根据具体情况，灵活掌握。当母狐体弱患病时，护仔能力降低，或不护理仔狐，若仔狐能独自采食，则应该早一些断乳，若仔狐不能独自采食，则应代养。若母狐体质好、泌乳足，可推迟断乳。

仔狐断乳分窝的方法有：一次性断乳，仔狐发育均匀可一次性断乳，时将母狐移走，同窝仔狐一起生活一段时间后，再逐步分窝；分批断乳，同窝仔狐发育不均匀时，可将强壮的仔狐先行分出，其余的弱仔继续哺育，待其独立生活能力较强后再行分窝。仔狐分窝后，2～3只一笼，然后逐步单笼饲养。笼舍不足时，也可短期一笼双养或多养，而同笼幼狐的体况应相近，笼舍空间应较大，饲料喂量要充足。

（2）加强防疫工作 幼狐分窝后的2～3周后，可根据狐群状况，及时进行犬瘟热、病毒性肠炎和脑炎疫苗接种，5～6月龄注射细小病毒病疫苗。同时要防止通过饲料和饮水传播疾病。

（3）初选 结合分窝做好种母狐、种公狐的初选工作。

（4）防暑 育成期正值盛夏，气温较高，笼舍要有遮阳设备，防止阳光直射，同时增加饮水次数。中午设值班人员，及时采取防暑措施。

3. 冬毛期饲养管理

良好的营养水平是狐毛皮品质优良的保证，必须保证日粮中蛋白质尤其是含硫氨基酸、脂肪等营养的供应，保证充足、洁净的饮水。

管理方面应注意以下几点。

① 低照度环境饲养。皮狐应饲养在棚舍的阴面、双层笼的下层。

② 保持卫生，提高毛绒质量。秋分开始窝箱内加铺垫草，可起到梳毛、减少毛绒缠结的作用。及时清理笼网上积存的粪便，以免沾污毛绒，发现毛被脏污、缠结，要及时活体梳毛。

③ 做好皮狐取皮准备工作。

六、狐场建设

1. 场址选择

选择地势高燥、通风向阳、排水良好、水电交通方便的地方建场（图2-4）。场周围建围墙，大门口设消毒池，围墙外植树。场内搭狐棚（图2-5）以遮挡雨雪烈日。根据饲养量大小，棚下设笼或圈。要求冬暖夏凉，安全安静，便于饲养操作、观察、清扫与消毒。

图2-4 狐场

图2-5 狐棚

2. 圈舍建造

（1）狐棚 可用角铁、水泥墩做支柱，彩钢板、石棉瓦做棚顶，也可用砖木结构。棚脊高2.6～2.8m，前檐高1.5～2m，宽5～5.5m，走道宽1.2m。小型养殖场也可不建狐棚，采取直接在狐笼上遮盖石棉瓦的形式，但要注意石棉瓦尽可能宽一些，以做到遮阴良好。

（2）笼舍 笼舍（图2-6）网眼大小，底不大于3cm×3cm，四周不大于2.5cm×2.5cm。笼长不小于1m，宽不小于0.7m，高为0.8～0.9m，笼底距地面50～60cm。在笼正面一侧设门，规格为宽40～45cm、高60～70cm，以供捉、放狐时用。

（3）窝箱 用砖或厚木板制成，银狐窝箱规格为70cm×50cm×50cm，蓝狐为60cm×

图 2-6 狐笼

50cm×45cm。用一直径为 20～30cm、长 40cm 的瓦管与笼相连，以适应狐钻洞的习惯，并在连接处装上插门，以便隔离、捕捉。小室设有活动的盖，在靠近过道的一侧，留一个 0.2m×0.2m 的活动门，以便于检查和清扫消毒。

（4）狐圈 饲养数量大时可圈养。圈四壁用砖石砌成，也可用铁皮或光滑的竹子围成，高 1.2～1.5m。圈顶用铁丝网封闭，地面铺上砖或水泥，圈内备有若干小室，较大的为 0.7m×0.5m×0.5m，较小的为 0.6m×0.4m×0.5m，出入口直径 20～23cm，装上插门，以利捕捉、隔离母狐和产仔检查。也可采用棚、笼、圈结合的结构，即四壁用砖石筑砌，用结实的铁丝网封顶，靠北面一半盖上芦苇、毡以遮雨挡阳，南面一半露天。地面周围铺上水泥，中间栽小灌木，再放几只木箱，箱的一面开洞，供狐自由进出。

（5）其他建筑与设备 狐场应备有饲料贮藏加工间、毛皮初加工室、兽医室和更衣消毒室等。饲料贮藏加工间要备有秤、绞肉机、粉碎机，以及蒸煮、洗涤和盛装饲料的设备。狐场还应备有捕捉、维修、清扫和消毒等用具。

【复习思考题】

1. 简述狐的生物学特性。
2. 怎样实施狐的发情鉴定和放对配种？
3. 狐各时期饲养管理技术要点有哪些？

第三章 貉

【知识目标】

1. 了解貉的选种选配技术以及场址建造技术。

2. 掌握貉的发情鉴定技术、配种技术以及饲养管理技术。

【技能目标】

能够实施貉的放对配种和日常饲养管理工作。

貉是珍贵的长毛细皮毛皮动物，别名狸、貉子等。貉属哺乳纲、食肉目、犬科、貉属。貉皮坚韧耐磨，轻柔美观，毛长绒厚，保温性能强，拔去针毛的绒皮为上好的制裘原料。针毛弹性好，适于制造高级化妆用毛刷、画笔。貉肉味道鲜美，营养丰富。貉油易吸收，是制作高级化妆品的原料。

第一节 貉的品种及生物学特性

一、貉的品种及形态特征

1. 外形特征

貉外形似狐狸，体肥短粗，四肢短而细，被毛长而蓬松。耳短小，嘴短尖，面颊横生淡色稀疏长毛。眼周和两颊生有黑色长毛，构成明显的"八"字形黑纹。貉背部毛绒呈青灰色，略带橘黄，毛的颜色大致可分三节，基部呈黑灰色，中部呈橘红色，尖端呈黑色。腹部毛色浅，呈黄白色或灰色，四肢的毛色呈黑色或黑褐色（彩图 3-1）。体重一般为 6～7kg，体长为 50～65cm，尾长 17～18cm。

2. 品种及分布

貉在我国分布广泛，以长江为界分为两大类：北貉和南貉，其特征比较见表 3-1。

表 3-1 北貉与南貉的特征比较

品 种	分 布	体 型	毛 被	品 种
北貉	长江以北，主要是东北三省	大	毛绒品质优良,底绒丰厚,针毛细长,有黑色毛尖,被毛光泽美观,板质结实	乌苏里貉、阿穆尔貉、朝鲜貉、江西貉
南貉	长江流域及南方各省	小	毛绒稀疏,毛皮保温性能较差,但毛皮比较平齐,色泽艳丽,别具一格,其中以浙江产的貉最好	闽粤貉、湖北貉、云南貉

二、貉的生物学特性

1. 野生性

野生貉常栖居于丛林中，胆小多疑，昼伏夜出。貉喜穴居，常利用天然洞穴和其他动物废弃的洞穴为巢。

2. 集群性

貉的性情温顺，喜群居，比较爱清洁，固定地点排粪尿，即使同穴群居，排粪亦固定同一地点，人工养殖一般在笼的一角固定排便。

3. 杂食性

野生状态以鱼、虾、鼠、蛙、鸟类、昆虫及各种植物果实等为食，人工养殖以植物性饲料为主，辅以鱼、肉等动物性饲料。动物性饲料应清洗干净、高温煮熟，混入其他饲料，加水〔料水比1：(2~2.5)〕拌匀后饲喂。

4. 非持续性冬眠

貉在秋季食物丰足的条件下，皮下大量蓄积脂肪，进入严冬季节，由于食物缺乏，气候恶劣，貉活动减少，采食很少，新陈代谢缓慢，靠消耗体内脂肪维持生命，呈现出昏睡状态的非持续性冬眠，若冬季出现特别温暖的天气偶尔会出穴活动。

5. 季节性繁殖

貉属季节性发情动物，繁殖季节为每年的2月中旬至4月中旬，年产一胎。

6. 季节性换毛

貉每年换毛两次，2月份开始逐渐脱底绒换夏毛，秋季开始换冬毛，11月中旬冬毛生长停止。

第二节　貉的繁育技术

一、貉的繁殖特点

1. 性成熟期

笼养貉性成熟时间一般为8~10月龄，公貉较母貉稍提前，并依营养水平、遗传因素等不同，个体间有一定的差异。2~10岁有繁殖能力，寿命为12~15年，公貉利用年限为1~2年、母貉2~3年，为节约养殖成本，公貉在完成配种后均可取皮。

2. 生殖器官和生殖功能呈季节性变化

（1）公貉生殖器官和生殖功能的变化　5~8月，公貉睾丸处于静止期，约黄豆粒大，直径为3~5mm，坚硬无弹性，附睾中没有成熟的精子。9月下旬，睾丸开始缓慢发育，12月以后，睾丸发育速度加快，1月末到2月初直径达25~30mm，阴囊被毛稀疏，松弛下垂，明显可见，触摸时松软而有弹性，此时附睾中已有成熟的精子，公貉开始有性欲，并可进行交配。整个配种期延续60~90天，到5月又进入生殖器官静止期。

（2）母貉　生殖器官和生殖功能的变化　每年9月下旬，母貉的卵巢开始缓慢发育，到2月初卵泡发育成熟，进入发情期。

3. 季节性单次发情

在自然光照的条件下，每年只繁殖一次，即有1个发情周期。发情旺季是2月上旬到4月上旬，持续2个月。2月中旬发情比较集中。

4. 自然排卵

卵泡成熟后，不管交配与否均自动排卵。

二、貉的配种

1. 配种时期的确定

貉的配种期一般在2月初至4月中旬，个别的在1月下旬。不同地区的配种时间稍有不同，一般高纬度地区稍早些。

2. 发情鉴定

（1）公貉的发情鉴定 公貉的发情比母貉略早些，1～4月均有配种能力，发情公貉活动量增加，排尿不再固定地点，经常发出"咕咕"的求偶声。睾丸膨大、下垂，质地松软，具有弹性。

（2）母貉的发情鉴定 母貉进入配种期，要及时进行发情鉴定，以便适时配种，提高受胎率。母貉发情鉴定一般通过行为观察、外生殖器检查、阴道分泌物细胞图像的检查和放对试情实施。生产中应综合判定，以外生殖器检查为主，以放对试情为准。

① 行为观察法。母貉进入发情前期，行动不安、活动增加、食欲减退、尿频，经常在笼壁上摩擦外生殖器。发情持续期精神极度不安，食欲进一步减退，甚至出现废食现象。发情母貉不断发出急促的求偶叫声。发情后期行为逐渐恢复正常。

② 外生殖器官检查法

a. 发情前期。母貉阴毛开始分开，阴门逐渐肿胀、外翻，接近发情持续期时，肿胀程度最大，形状近似椭圆形，颜色开始变暗。

b. 发情旺期。肿胀程度不再增加，颜色暗红，阴门开口呈"十"字或"Y"字形，阴蒂暴露，分泌物增多且黏稠，呈黄色，此期为发情盛期，也是配种的最佳时期。

c. 发情后期。肿胀减退、收缩，阴毛合拢。黏膜干涩，出现细小皱褶，分泌物较少但浓黄。

③ 放对试情法。上述方法仍不能确定时，可进行放对试情。当把公、母貉放入同一笼时，处于发情前期的母貉对异性有兴趣，但拒绝爬跨交配；发情盛期的母貉性欲旺盛，公貉爬跨时顺从；发情后期母貉性欲急剧减退，对公貉不理睬或怀有"敌意"，很难达成交配，需将两者分开。

3. 配种方式的选择

貉是季节性单次发情的动物，为提高受胎率，必须采取连日复配方式，即母貉受配后，隔12～24h进行复配，共配种3次。为了确保貉的复配成功，对那些择偶性强的母貉，可更换公貉进行双重交配或多重交配。

4. 放对

（1）放对方法目前多采用人工放对自然交配的方法。

① 单笼饲养、放对合笼。公、母貉单笼饲养，配种期将发情母貉放入公貉笼内交配。如果母貉胆小，亦可将配种能力强的公貉放入母貉笼内交配。这种方法有利于观察和记录，便于饲养管理，能提高公貉利用率。

② 公、母貉成对同笼饲养，自然交配。此法工作量小，但使用公貉较多，增加养殖成本，同时不易掌握预产期，无法掌握公貉繁殖力，国内多不采用，但在配种后期，对发情晚、不发情或放对不接受交配的母貉可采用此法。

（2）放对时间放对以早、晚为好，此时天气凉爽，环境安静，公貉性欲旺盛，母貉发情行为较明显，易完成交配。具体时间为早晨6时至8时或上午8时30分至10时；下午4时30分至5时30分。配种后期气温转暖，放对时间亦在早晨。公、母貉交配时间一般为6～12min，最长为25min。

（3）种公貉的利用 为了保证种公貉的配种能力和使用年限，应有计划合理使用。对当年参配公貉进行训练，必须选择发情好、性情温顺的母貉与其交配，并尽可能交配成功。一般每只公貉每天可放对2次，成功交配1～2次，交配时间间隔应在4h以上。在配种旺期，公貉连续交配5～7天，必须休息1～2天。

（4）放对时的注意事项

① 防止公、母貉咬伤。貉在放对过程中如果出现"敌对"现象，应及时分开防止

咬伤。

② 对难配母貉进行辅助交配。对个别母貉放对，因后肢不站立、不甩尾等引起难配时，需进行人工辅助交配。

三、貉的妊娠与产仔

1. 妊娠

母貉的妊娠期为54～65天。母貉妊娠期内温顺平静，不愿活动，食量明显增加，被毛平顺且有光泽。至妊娠25～30天时，在腹部可摸到黄豆粒大小的乳头，未受孕的母貉乳头干瘪且硬小。妊娠40天可见母貉腹部下垂，脊背凹陷，行动变得迟缓。

2. 产仔

母貉产仔最早在3月下旬，多数集中在4月中旬到5月中旬，经产貉早于初产貉。母貉在分娩前半个月开始拔毛作窝，并使乳头露出。母貉临产前多数减食或废食1～2次，表现焦躁不安，在小室和笼中来回走动，常回顾嗅舔阴部，并发出阵阵叫声。貉多在夜间或清晨产仔。分娩时间为4～8h，少数有1～3天的，产仔间隔10～15min，仔貉产出后母貉立即咬断脐带，吃掉胎衣，并舔舐仔貉身体，全部产完后哺乳。

貉的胎产仔数个体间差异较大，平均7～8只，高者达19只。仔貉初生重为120～127g。仔貉生长发育较快，到50～60日龄时可断乳分窝独立生活。

四、貉的选种选配

1. 貉的选种

（1）选种时间

① 初选。5～6月份结合断乳分窝进行。成年公貉，根据其配种能力、精液品质、与配母貉的受孕率及体况恢复情况进行初选；成年母貉在断乳后根据其繁殖、泌乳及母性行为进行初选；当年仔貉在断乳时，根据同窝仔貉数及生长发育情况进行初选。

② 复选。9～10月份进行。主要根据貉的换毛情况结合幼貉的生长发育和成貉的体况恢复状况，在初选的基础上进行复选，选留数量要多20%～25%，以便在精选中淘汰。

③ 精选。11～12月份进行。根据被毛品质和前期的实际观察记录进行严格精选，最后按计划落实选留数。选定种貉时，公、母比例为1:（3～4），但如果貉群过小，要适当多留公貉，种貉的组成以成貉为主，不足部分由幼貉补充或引种，引种适宜时间为10～12月份，最好从北纬40°以北的高纬度地区引种。

（2）选种标准 貉的选种以个体品质鉴定、系谱鉴定及后裔鉴定的综合指标为依据。

① 绒毛品质鉴定。以毛色、光泽、密度等为重点，种公貉的毛绒质量最好为一级，三级以下的不应留种，母貉毛绒品质最低是二级（表3-2）。

表3-2 貉毛绒品质鉴定

鉴 定 项 目		等 级		
		一 级	二 级	三 级
针毛	毛色	黑色	接近黑色	黑褐色
	密度	全身稠密	体侧稍稀	稀疏
	分布	均匀	欠匀	不匀
	平齐	平齐	欠齐	不齐
	白针	无或极少	少	多
	长度	80～90mm	稍长或稍短	过长或过短

续表

鉴 定 项 目		等 级		
		一 级	二 级	三 级
绒毛	毛色 密度 平齐 长度	青灰色 稠密 平齐 50～60mm	灰色 稍稀疏 欠齐 稍短或稍长	灰黄色 稀疏 不齐 过短或过长
背腹毛色		差异不大	差异较大	差异过大
光泽		油亮	欠油亮	光泽差

② 体型鉴定。目测和称量相结合（见表3-3）。

表 3-3　种貉体重、体长标准

测 量 时 期	体 重/g		体 长/cm	
	公	母	公	母
初选(幼貉断乳时)	1400 以上	1400 以上	40 以上	40 以上
复选(幼貉5～6月龄)	5000 以上	4500 以上	62 以上	60 以上
精选(成、幼貉11～12月份)	6500～7000	5500～6500	65 以上	55 以上

③ 繁殖力鉴定。成年公貉要求睾丸发育好，交配早，性欲旺盛，交配能力强，性情温和，无恶癖，择偶性不强。每年交配母貉 5 只以上，交配 10 次以上。精液品质好，受配母貉产仔率高，仔貉多，生活力强。年龄 2～5 岁。对交配晚、睾丸发育不好、单睾或隐睾、性欲低、性情暴躁、有恶癖、择偶性强的公貉应淘汰。

成年母貉，选择发情早（不能迟于 3 月中旬），性情温顺，胎平均产仔多（初产不低于5 只，经产不低于 6 只），母性好，泌乳力强，仔貉成活率高，生长发育正常的留作种用。

当年幼貉应选择双亲繁殖力强，同窝仔数 5 只以上，生长发育正常，性情温顺，外生殖器官发育正常，公貉 4 月中旬、母貉 5 月 10 日前出生的。估测产仔力与乳头数呈强的正相关（相关系数为 0.5），所以应选择乳头数多的母貉留种。

2. 貉的选配

避免近交，选择毛绒品质和体型等性状优于母貉的公貉进行选配，充分发挥优良种公貉的遗传潜力，限制品质差公貉的配种机会，提高貉群后代的质量。

第三节　貉的饲养管理技术

一、貉的营养需要及推荐饲养标准

目前，我国尚未制定统一的饲养标准。现主要根据国内、外有关资料及研究成果给出推荐值，见表3-4、表3-5，供参考。貉的饲料种类及利用、日粮拟定参照水貂的饲料种类及利用、日粮拟定。

表 3-4　幼貉日粮定额标准

月 龄	日粮 /(g/只)	饲料配合比例/%				
		动物性饲料	谷物制品	蔬菜	骨粉	预混料
3(7月份)	280	40	50	5	3	2
4(8月份)	380	35	55	5	3	2
5(9月份)	480	30	55	10	3	2
6(10月份)	500	30	55	10	3	2
7～8(11～12月份)	350	30	60	5	3	2

表 3-5 成年貉各时期日粮组成

饲 养 时 期	准备配种期	配种期	妊娠期	哺乳期	恢复期
日粮量/(g/只)	375~487	375~420	350~500	400~550	400~500
动物性饲料/%	30	40	35	38	20
谷物性饲料/%	60	55	55	39	70
蔬菜/%	10	5	10	10	10
乳品/%	—	—	—	13	—
食盐/g	2.5	2.5	3	3	2.5
骨粉/g	5	8	15	15	5
酵母/g	5	15	15	10	—
大麦芽/g	16	15	15	10	—
维生素 A/IU	500	1000	1000	1000	—
维生素 C/IU	—	—	5	50	—
维生素 B_2/mg	2	5	5	—	—

注：成年貉各时期日粮组成，有条件的可用预混料代替矿物质饲料和维生素添加剂。

二、成年貉的饲养管理

1. 准备配种期（9月份至翌年1月份）**的饲养管理**

准备配种期的任务是保证毛绒正常生长及种貉安全越冬，促进性器官发育与成熟。

（1）饲养要点 调整体况，促进种貉的生殖器官正常发育，保证适时进入配种期，可分为前期和后期。

① 准备配种前期的饲养。9~11月份，日喂量以吃饱为原则，动物性饲料比例为30%，保证冬毛的生长；可适当增加脂肪含量高的饲料，为越冬贮备营养。11月末，种貉的体况应得到恢复，母貉应达到5.5kg以上，公貉应达到6kg以上。10月份日喂两次，11月份可日喂一次，供足饮水。

② 准备配种后期的饲养。12月至翌年的1月，此时冬毛生长已经完成，饲养以促进生殖器官的迅速发育和生殖细胞的成熟为主，因此应平衡营养，使种貉达到适宜的繁殖体况。动物性饲料适当增加，并适量补充酵母及维生素（维生素A、维生素E）。一日一次饲喂，也可采取12月份2~3天投喂一次，1月份每日两次投喂，早上稍少，晚上稍多，并于上午投喂一些大葱、大蒜等以刺激发情。

（2）管理要点

① 加强防寒保温。从10月份开始应在小室中添加垫草，并经常更换，特别是在北方寒冷地区。

② 保持环境卫生。及时清理窝箱及笼内的粪便，避免因小室脏污引起疾病。

③ 保证充足的饮水。每天应饮水1次。

④ 调整体况。使种貉膘情达到理想状态，公貉体重6~7kg，母貉体重5.5~6kg。过肥的貉应减少日粮中含脂肪高的饲料，对瘦貉可进行催肥，增加饲料量或增加日粮中含脂肪高的饲料，并加强保温。

⑤ 加强驯化工作。准备配种后期要加强驯化，逗引貉在笼中运动，增加貉的体质，消除貉的惊恐感，提高繁殖力。

2. 配种期的饲养管理

貉的配种期持续2~3个月，个体间差异很大。此期饲养管理的中心任务是使母貉发情并适时配种，同时确保配种质量，提高受胎率。

（1）饲养要点 配种期种貉食欲下降，种公貉营养消耗大，因此应对种貉加强营养，尤其是种公貉更应悉心饲养和管理。

配种期内应保证蛋白质及维生素充足，日喂 2 次，早晨在放对前 1h 投喂，按日粮的 40% 左右投喂，晚上投喂时间则视情况而定，放对交配的貉，在交配后 0.5h 方可投喂，投喂量为日粮的 60%。为使种公貉在整个配种期内保持旺盛的性欲和配种能力，并保持有良好的精液品质，确保配种进度和配种质量，中午放对结束后进行补饲和补水，饲料以鱼、肉、蛋、乳为主，做到营养丰富、适口性强、易于消化吸收，以确保种公貉的健康。

（2）管理要点

① 合理安排喂饲与放对，喂食前后半小时不能放对。配种初期气温较低，可采取先喂食后放对；配种中后期则可先放对后喂食。

② 及时检查维修笼舍，防止跑貉。每次捉貉检查发情和放对配种时，应胆大心细，捉貉要稳、准、快，既要防止跑貉又要防止被貉咬伤。

③ 添加垫草，搞好卫生，预防疾病发生。配种期母貉食欲差，要细心观察，正确区分发情貉与发病貉，及时治疗发病貉。

④ 保证饮水。饮水充足、清洁，抓貉检查发情或放对配种后，及时补充饮水。

⑤ 保持貉场安静，禁止外来人员进场，避免噪声等刺激，保证种貉有充分的休息，确保母貉正常发情与配种。

3. 妊娠期的饲养管理

母貉妊娠期平均两个月左右，但全群可持续约四个月。此期是决定生产成败、效益高低的关键时期，饲养管理的中心任务是保证胎儿正常生长发育，做好保胎工作。

（1）饲养要点　妊娠期母貉的营养需要包括自身维持、胎儿生长发育及产后泌乳积蓄营养，若喂料量不足或缺乏某种营养，将导致胚胎被吸收、死胎、流产等妊娠中断现象，造成无法挽回的损失。

日粮应营养全价、品质新鲜、适口性好、易消化，含有足够的蛋白质、维生素及矿物质，同时要保证饲料的相对稳定，严禁饲喂腐败、变质及含激素类的饲料，以防止流产。每只每天蛋白质供应量为 60～70g。妊娠初期（10 天左右），日喂量可以保持配种期的水平，10 天以后，逐渐增加饲料喂量，但要防止母貉过肥。妊娠后期由于母貉不能一次采食过多，最好日喂 3 次。饲料喂量应根据妊娠天数和母貉的体况灵活掌握，不能平均分食。

（2）管理要点

① 为方便管理，母貉可按妊娠早晚，依次安排在貉场安静的位置。

② 保持貉场安静，严禁外来人员进入貉场。饲养人员工作时，要求动作轻捷，禁止在场内大声喧哗。

③ 细心观察母貉的采食、活动、粪便等情况，发现异常及时解决。如发现流产征兆时，可肌内注射黄体酮 15～20mg、维生素 E 注射液 1mg。如食欲不振，要调整饲料使其尽快恢复。

④ 搞好笼舍及环境卫生，供给充足的饮水，及时做好产箱的清理、消毒及铺垫草工作，为母貉产仔做好准备。

4. 产仔哺乳期的饲养管理

产仔哺乳期一般在 5～6 月份，全群可持续 2～3 个月。主要工作是，确保仔貉成活和正常生长发育。

（1）饲养要点　此期日粮配合和饲喂方法与妊娠期相同，为提高母貉泌乳量，可在日粮中补充适量的乳品，如牛乳、羊乳及奶粉等，或补喂豆浆、蛋类饲料。饲料加工要精细，饲料要调制得稀些。不控制喂量，视窝中仔貉数、仔貉日龄区别给食。当仔貉已能采食或母乳不足时，要及时进行补饲。方法是将新鲜的动物性饲料细细地绞碎，加入少量的谷物饲料、乳品或蛋类饲料，调匀后喂给仔貉。补饲料逐步向育成料过渡，喂量逐渐加大。

（2）管理要点　在加强日常管理的基础上，采取灵活的产仔保活措施，最大限度地确保仔貉成活。

① 产仔前的准备工作。在临产前10天做好产箱的清理、消毒及垫草保温工作。小室消毒可用2%的烧碱水或火焰喷灯。

② 做好难产貉的处置工作。母貉已出现临产症状，惊恐不安频繁出入小室，时常回视腹部呈痛苦状，已见羊水流出，但迟迟不见仔貉产出，在确认子宫颈口已开张的情况下进行催产，肌内注射脑垂体后叶素0.2～0.5mL或肌内注射催产素2～3mL，经过2～3h仍不见胎儿出来，可进行人工助产。助产时先对外阴部进行消毒，然后用甘油润滑产道，将胎儿拉出。

③ 产后检查。产后检查是产仔保活的重要措施，采取听、看、检相结合的办法进行。听：健康仔貉，很少嘶叫；看：健康仔貉在窝内抱成一团，发育均匀，浑身圆胖，肤色深黑；检：健康仔貉拿在手上身体温暖，在手中挣扎有力。

检查仔貉时先将母貉诱出或赶出小室，关上小室门，检查人员最好戴手套或用小室的垫草擦手后再拿仔貉，手上不要有异味。检查时对脐带未被母貉咬断的及时处理，观察母貉的采食、粪便、乳头及活动情况，母貉应食欲正常，乳头红润、饱满，活动正常。第一次检查应在产仔后12～24h进行，以后的检查根据情况而定。由于母貉的护仔性强，应尽量少开箱检查，通过观察母貉采食情况判断仔貉状况，母貉采食正常则仔貉发育正常，若发现母貉采食不正常，则应及时检查处理。发现母貉不护理仔貉，仔貉叫声不停，叫声很弱，必须及时检查，并立即处理。有些母貉由于检查而引起不安，会出现叼仔貉乱跑的现象，这时应将其诱入小室内，关闭小室门0.5～1h，即可使其安静下来。

④ 产后护理。要确保仔貉及时吃上母乳，遇到母貉缺乳或没乳时应及时代养。代养保姆貉应具备有效乳头多、奶水充盈、母性好、产仔期相同或相近。代养方法是将母貉关在小室内，把仔貉身上涂上保姆貉的粪尿，放在小室门口，然后拉开小室门，让保姆貉将仔貉叼入室内，也可将仔貉直接放入保姆貉的窝内。代养后要观察一段时间，如果母貉不接受仔貉，则需要重新寻找保姆貉。仔貉也可用产仔的狐、狗代养。整个哺乳期必须密切注意仔貉的生长发育情况，并以此来评定母貉的泌乳力。

⑤ 保持貉场安静，防止因应激出现叼仔现象。叼仔的原因：一是因营养不足，乳量不够，仔貉因饥饿频繁纠缠母貉，致母貉烦躁；二是环境因素，如噪声惊吓、陌生人惊扰等。发现叼仔现象，应立即补喂一个生鸡蛋或新鲜的鱼、肉类，分散母貉注意力，使其结束叼仔，频繁严重的叼仔，需将仔貉代养或及时分窝，以免仔貉被叼死。

⑥ 仔貉补饲和断乳。仔貉一般20～25日龄开食，这时可单独给仔貉补饲易消化的粥状饲料。如果仔貉不认饲料，可将其嘴接触饲料或把饲料抹在嘴上，以学会采食。40～60日龄以后，体重达800～900g，大部分仔貉能独立采食和生活，应适时断乳。仔貉生长发育好，同窝仔貉大小均匀一致，可一次将母仔分开；同窝仔貉发育不均匀，要分批断乳。

5. 恢复期的饲养管理

公貉从4月份配种结束至9月份性腺发育；母貉从仔貉断乳至9月份为恢复期。

公、母貉经过繁殖期的营养消耗，体况比较消瘦，体重处于全年最低水平。此期的任务是加强营养、恢复体况，为越冬及冬毛生长贮备营养，为下次繁殖打下基础。公貉在配种结束后20天内、母貉在断乳后20天内，分别延续配种期和产仔泌乳期的日粮，以后逐步过渡为恢复期日粮。日粮中动物性饲料比例不应低于20%（质量分数），谷物尽可能多样化，另加20%～25%的豆粉，以使日粮适口性增强，增加采食量。同时加强管理，保证充足的饮水，做好疾病防治工作。

三、幼貉的饲养管理

1. 饲养要点

根据幼貉的性别、日龄、只数合理分配日粮。断奶后的两个月应供给优质、全价的饲料，每日蛋白质不少于 50～55g/只，以满足其生长发育的需要。此外，幼貉消化功能不完善，应保证饲料新鲜、适口、易消化，适当添加抗生素，以防发生胃肠疾病。饲喂量按貉体重的 5% 计算，每天饲喂 2 次时，早饲占 40%、晚饲占 60%；饲喂 3 次时，早、中、晚各占日粮的 30%、20%、50%。9～10 月末单笼饲养，每日供应蛋白质 40g 左右，可利用高脂肪饲料，以增加其毛绒光泽。

2. 管理要点

按时断乳，仔貉 45～60 日龄即可断乳；断乳前可将幼貉笼冲洗、消毒，拴好食盒和水盆；断乳分窝后 15 天左右，进行犬瘟热和病毒性肠炎的免疫。夏季注意防暑和卫生；做好选种工作；种貉、皮貉要分群管理，将皮貉笼放在棚舍阴面，以减少阳光照射，提高毛绒质量；种貉放在棚舍阳面，利于生殖器官的发育，采取食物引诱和爱抚等方法加强驯化。种貉单笼饲养，皮貉每笼可饲养 1～2 只。皮貉（乌苏里貉）6 月龄公貉体重达 5.5～8kg，体长 58～67cm，母貉体重 5.3～7.5kg，体长 57～65cm，可出售或取皮。

四、貉场建设

1. 场址选择

场址选择的原则应与貉的生物学特性相适应，并方便管理，且建造经济实惠。

（1）地形地势　貉喜干燥，选择地势较高、背风向阳、四周平坦、地面干燥、易于排水的半沙性土壤为宜。

（2）水电条件　水量充足，水质良好，取用方便；供电正常。

（3）社会环境条件　貉场应选在公路、铁路、水域等运输条件比较好的地方，环境要安静。貉场要与畜牧场和居民区保持 500～1000m 的距离。

2. 圈舍建造

建造原则是舒适、方便、耐用。主要有笼舍或圈舍和与之相配套的遮阳棚（棚舍）。

（1）棚舍　是遮挡雨雪和防止日晒的简易貉棚。可建成"人"字形或一面坡式，用角钢、木材、竹子、砖石等做支架，棚顶覆盖石棉瓦、彩钢瓦或苦草等。棚檐高 1.5～2m，宽 2～4m，长宽可视场地大小或养殖规模灵活掌握。两棚间距为 3～4m，以利于操作和采光。

（2）圈舍　一般采用砖石结构，用单砖砌成长 4m、宽 2m、高 1.5m 的貉圈。内设专用食槽（木制、铁皮制），规格为长 80～100cm、宽 15cm、高 15cm。圈舍地面用砖或水泥铺成，四壁可用砖石砌成，也可用铁皮或光滑的竹子围成，高度在 1.2～1.5m，以做到不跑貉为准。种貉圈舍内设产仔箱，也可放在圈舍外，要求高出地面 5～10cm。

在繁殖期间，一舍可养 1 对种貉或 1 只母貉。幼貉可集群圈养，饲养密度为 1 只/m²，每圈最多养 10～15 只。为保证毛皮质量，圈舍须加盖防雨、雪的上盖，避免秋雨连绵造成毛绒缠结，严重降低毛皮质量。为防止群貉争食、浪费饲料和污染毛绒，应采用特制的圆孔、封闭式喂食器饲喂。

（3）笼舍　目前养貉多采用笼养，笼舍一般采用钢筋或角钢制成骨架，用以固定铁丝网片。笼底用 12# 铁丝网片，网眼不大于 3cm×3cm；四周用 14# 铁丝网片围成，网眼不大于 2.5cm×3cm。貉笼分为种貉笼和皮貉笼两种，种貉笼一般长 100～120cm、宽 70～

80cm、高 50～60cm，笼底距地面 45～50cm，出入口直径为 20～25cm。皮貉笼一般为 70cm×60cm×50cm。貉笼行距 1～1.5m、笼间距 5～10cm。小型养殖场也可不建棚舍，采取直接在笼舍上遮盖石棉瓦的形式，但要注意石棉瓦尽可能宽一些，以做到遮阴良好。

（4）窝箱 产仔窝箱一般是用木板、竹子或砖制成，规格为 60cm×50cm×45cm，出入口直径 20～23cm，窝箱出入口下方要设有高出箱底 5cm 挡板，以便窝箱保温、垫草并能防止仔貉爬出（图 3-2），窝箱与笼舍相通的出入口处，设插门，以备产仔检查或捕捉时做隔离用。皮貉也可设休息用窝箱，规格 40cm×40cm×35cm。

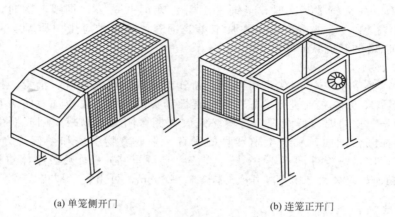

(a) 单笼侧开门　　　　　　　　　(b) 连笼正开门

图 3-2　貉的笼舍、窝箱

（5）其他建筑与设备 貉场应备有饲料贮藏加工间、毛皮初加工室、兽医室和更衣消毒室等。饲料贮藏加工间要备有秤、绞肉机、粉碎机，蒸煮、洗涤和盛装饲料的设备。貉场还应备有捕捉、维修、清扫和消毒等用具。

【复习思考题】

1. 貉的生活习性有哪些？
2. 产仔哺乳母貉的饲养管理要点有哪些？
3. 貉选种分为哪几个阶段？各阶段如何进行？

第四章　麝　鼠

【知识目标】

　　1. 了解麝鼠的生物学特性、麝鼠的选种选配技术。

　　2. 掌握麝鼠的发情鉴定及配种技术，麝鼠的取香技术以及麝鼠的饲养管理技术。

【技能目标】

　　能够进行麝鼠的雌雄鉴别，能够实施活体取香及麝鼠的日常饲养管理工作。

　　麝鼠又名青根貂、麝香鼠，因其生活在水域，善游泳，俗称水老鼠、水耗子，属啮齿目、仓鼠科、田鼠亚科、麝鼠属、麝鼠种。因其会阴部的腺体能产生类似麝香的分泌物而得名。麝鼠原产于北美洲，由于其经济价值高而引种扩散到世界各地。麝鼠在我国散放已经本土驯化成功，增殖颇快，形成了麝鼠野生资源，分布于 23 个省和自治区。

第一节　麝鼠的生物学特性

一、麝鼠的形态特征

　　麝鼠（彩图 4-1）成年体重 1.0～1.5kg，个别的可达 2.5kg。体长 35cm 左右，尾长 25cm 左右。麝鼠体躯肥胖，头部略扁平，眼小而黑亮，耳朵较小，隐于毛被之中，耳前纵褶比较发达，可随时关闭外耳道，耳孔有长毛堵塞，适于水中活动。嘴端钝圆，嘴边有稀长的胡须。上下颌各有 1 对长而锐利的门齿，突露于唇外，门齿终生生长。颈短，腹大，腰部、背部和臀部丰满。前肢短而灵活，有 4 趾，趾爪锋利，适于扒洞和抓取食物；后肢比前肢长而强壮，趾间有半蹼。尾较长，表面上覆盖着圆形鳞质片和稀疏的黑色短毛。公鼠尿生殖孔与肛门的距离 3cm 左右，阴毛长而密，龟头有时裸露，腹股沟两侧有棕黑色针毛形成的一条细带。母鼠尿生殖孔与肛门的距离 2cm 左右，尿道口下方隆起处有阴道口，阴毛稀疏，腹股沟无针毛，形成凹陷的细带。

　　麝鼠针毛长而稀，光滑耐磨，富有弹性，绒毛细短而密，质地柔软。背部毛被呈棕褐色或黄褐色，腹部呈棕灰色。夏季被毛色泽较淡，冬季较深。

二、麝鼠的生活习性

　　1. 野生栖息地和巢穴

　　麝鼠喜欢栖息在水草茂盛、隐蔽条件好、水流平缓、堤岸多弯的沼泽地、湖泊、河流沿岸，其洞穴筑在水岸，每年入冬前，修筑巢穴越冬。洞穴由洞道、盲道、贮粮仓和窝室组成。窝室是麝鼠栖息、产仔和育仔的场所，筑于地下水位之上，堆铺 5～10cm 干草，窝内清洁干燥。栖息地没有筑洞条件，麝鼠可在浅水的草丛中用植物枝叶和泥土筑巢。

　　2. 习性

　　麝鼠性情急躁，胆小多疑，行动机警。麝鼠的视觉较差，但听觉和嗅觉灵敏，靠听觉和嗅觉识别同类、食物及躲避天敌。麝鼠全天活动和采食，而以清晨和傍晚活动最频繁，冬季则仅在白天外出活动。麝鼠在水中活动比陆地自如，善于游泳和潜水。

麝鼠活动范围小，区域性强，活动规律，觅食、排粪和游泳地点及往来路线都比较固定。麝鼠喜以家族群居，春季公、母配对另选新居繁育后代，秋后组成家族群居，一旦因自然条件改变，栖息环境恶化，或因繁殖过快，群体密度过大时，就自然分群或迁徙。麝鼠平均寿命为4～5年，繁殖适龄为2～3年。

3. 食性

麝鼠食性很广，尤喜食带有甜味的水生植物，如芦苇、菖蒲、水花生、野茭白、莎草等的嫩根、茎叶。当水生植物缺少时，也觅食陆生植物和瓜果蔬菜。野生麝鼠在繁殖季节和冬季食物缺乏时，也捕食小鱼虾、蚌、螺等动物。麝鼠的采食量，成年麝鼠每日每只为300～500g（其中谷物籽实类25～50g），相当于其体重的1/3左右。

第二节 麝鼠的繁育技术

一、麝鼠的生殖生理

麝鼠是季节性繁殖动物，幼鼠4～6月龄性成熟。性成熟受季节、营养、遗传等因素的影响，个体差异很大。麝鼠的适宜繁殖时间为4～9月份，各地因气候和食物条件不同，繁殖时间不同。东北各省一般是4月中旬至8月底；华北平原是3月初到9月初；浙江、湖北、贵州等省一般在2月初到10月底。麝鼠在人工条件下，由于环境条件的改善，繁殖期也相应延长。

公鼠4月份进入发情期，可配种至9月末。10月份睾丸萎缩，失去配种能力，进入静止期。母鼠在繁殖季节有多个发情周期，其中，发情前期1～2天，发情持续期2～4天，发情后期2天，间情期13～19天。发情周期个体差异很大，少则1个月，多则2～3个月。3月份以后母鼠具有发育成熟的卵泡，到10月初多数停止发情。一般营养良好的母鼠在产后2～3天内发情排卵并接受交配，称血配，若血配未孕，再经过15～20天还可发情和配种。

二、麝鼠的配种技术

1. 发情鉴定

在繁殖季节，公鼠睾丸明显增大、下垂，松软而有弹性，香囊腺分泌活动加强，常追逐母鼠。母鼠发情时食欲减退，兴奋不安，出入窝室频繁，主动接近和爬拱公鼠，外阴潮红，阴门肿胀外翻，有乳白色或豆绿色分泌物流出。公、母鼠发出"哽哽"的求偶叫声。母鼠发情的第三天是配种适期，受孕率最高。

2. 配种方法

公、母鼠合笼可在仔鼠断奶分窝、秋末冬初或春季配种时进行。麝鼠性情好斗，非同一家族或非同室的个体，相遇时均会发生争斗。放对配种合笼时，要按计划将选好的一对公、母鼠装在中间隔有铁丝网的笼舍或串笼中，待双方彼此熟悉后再撤除铁丝网或把两鼠移入同一笼圈内。两鼠若同时进出小室和水池则说明合笼成功。反之，互不相让、咬斗、发出磨牙的"咯咯"作响声，则合笼不成功，要立即分开，重新组合。常用的繁殖方法有：

① 一公一母固定配种。确定配对合笼成功的公、母鼠，将其常年放在同一笼舍内，春季自然交配繁殖。

② 一公多母配种。一只公鼠与 2～5 只母鼠长时间饲养于同一圈舍内，自由交配繁殖。此法要求圈舍面积较大。

3. 配种

麝鼠交配多在早晨 4 时左右和下午 7～9 时进行。交配前，公、母鼠发出时断时续的"哽哽"叫声，频繁出入小室、运动场或小池中，嬉戏，待公鼠追上母鼠时，多在水中有时也在运动场或窝室中，公鼠乘骑于母鼠背上进行交配。每次交配时间仅数秒，但重复进行多次。交配后，公、母鼠各自整理外生殖器，并回窝室休息。次日再次重复，一般持续 1～3 天。

三、麝鼠的妊娠和产仔

母鼠妊娠期为 23～28 天。胎产仔数：初产母鼠 3～6 只，经产母鼠 7～15 只，成活率可达 99%。由于各地繁殖期长短不一，母鼠年繁窝数也不同，贵州 3 窝，浙江、湖北 4 窝，东北 1～3 窝。南方早春出生的幼鼠，当年秋季可繁殖产仔。繁殖年限公鼠 2～3 年，母鼠 4～5 年。

妊娠后，母鼠采食量增加，妊娠后期腹部明显增大，临产前行动迟缓，活动减少，喜卧于小室内休息，叼草做窝，然后堵塞出入口。公鼠移到小室外守护，频繁地向小室内叼送食物，送食后多将出入口再次封堵。麝鼠多数能够自理仔鼠，仔鼠成活率很高，所以，不必频繁检查，若检查不当，反而会造成母鼠被惊扰，遗弃仔鼠，造成死亡。

四、种鼠选择

种鼠选择一般在 3～9 月间，一般用 35 日龄至 4 月龄的一公一母组成小家庭。

1. 雌雄鉴别

麝鼠第二性征不明显，性别较其他经济动物难于辨认，掌握雌雄鉴别技术是做好选种选配工作的前提。鉴别方法如下。

① 从肛门至尿生殖孔之间的距离和毛被识别。距离远、被毛密的为公鼠；距离近（约比公鼠少 1/3）、被毛疏，尤其靠近尿道隆起的后方有一小块秃毛区，皮肤裸露的为母鼠。

② 从尿生殖孔识别。将麝鼠固定后，用拇指和食指按压尿生殖孔的两侧，使其外翻，若露出紫黑色圆形龟头的为公鼠，呈粉红色空洞的则为母鼠。

③ 从排尿方向识别。公鼠排尿向头部方向，而母鼠排尿向臀部方向。

④ 从睾丸和香腺发育识别。触摸麝鼠蹊部，有睾丸和香腺膨起感的为公鼠，无膨起感的为母鼠。

2. 种鼠选择

根据麝鼠的外貌和生理特征进行选择，成年鼠应选择系谱清楚，健康无病，食欲旺盛，体重 1000g 以上，体长 35cm 以上；毛绒致密、有光泽，呈棕栗色；公鼠应体高，四肢强健，肛门与生殖器距离大；母鼠应毛色光亮，生殖器与肛门距离近，体长与尾长基本相等（则母鼠繁殖率高、皮张大），乳头多而均匀，泌乳力强，年产 2～3 胎、胎产仔数 5 只以上。仔鼠除应具备上述外貌条件外，以 5 月中旬以前出生者为最佳。

外购麝鼠应按一公一母装一笼，便于回场分窝。运输时应在车箱底铺一层土，防止因震动损伤脚爪。车箱用篷布盖住，以防阳光直射和大风，车尾留通风空隙。路途较长，可给予胡萝卜块或饮水。

第三节 麝鼠的饲养管理技术

一、麝鼠养殖场圈舍建造

人工饲养麝鼠的方式分笼养和圈养两种。麝鼠喜寂静和暗环境，其生活又离不开水，因此，笼舍或圈舍都必须由窝室（箱）、运动场和水池三部分组成。窝室可用水泥板或砖砌成，分内、外室两部分，内室为母鼠产仔室，顶盖可开启，面积不小于45cm×45cm，外室供母鼠产仔期公鼠居住用，面积可小于内室，外室有门或洞与内室、运动场或水池相通。运动场供麝鼠活动、采食用。立式建舍时，窝室下面直接是水池，可不单独设运动场。水池供麝鼠水浴、游泳和交配用，深度应不小于30cm，并保持池水充足、清洁。为便于交配，水池斜坡可建成弧形。笼舍或圈舍可按平面式设计建造，也可按立体式（窝室在上，水池在下）修筑，立式笼（圈）舍更适合麝鼠的习性，比平面式圈舍饲养效果好。圈舍保持干燥，南方潮湿注意通风，北方寒冷可将产仔室建成半地下式利于保暖。

二、麝鼠的营养需要与日粮配方

饲料以青绿饲料、粗饲料为主，占总采食量的50%～90%，大规模养殖可种植牧草、青菜、胡萝卜等青绿多汁饲料。精料主要有玉米、豆粕、小麦、添加剂等。成年鼠的精料最好加工成颗粒饲喂，幼鼠精料按1:1加水拌湿投喂。

根据麝鼠的生物学特性和繁殖特点，可将全年的饲养管理分为准备配种期（1～3月）、繁殖期（4～10月）和越冬期（11月至翌年1月）。

我国尚无统一的麝鼠饲养标准，表4-1为经验日粮配方及营养需要，供参考。

表 4-1 麝鼠各饲养时期日粮配方及营养需要

饲养时期		越冬期（11月份至翌年1月份）	准备配种期（1～3月份）	繁殖期（4～10月份）	幼鼠育成期（5～12月份）
日粮总量/g		295	360	450～605	145～660
青粗饲料/g	日给量	265	315	400～550	130～615
	青草	—	—	300～350	50～300
	块根	200	200	50～100	25～200
	蔬菜	50	100	50～100	50～100
	干草	15	15	—	5～15
精饲料及搭配比例/%	日给量/g	30	45	50～55	15～45
	麦麸	25	20	20	10
	豆饼	10	15	15	11
	豆粉或大豆	4	4	6	4
	鱼粉	5	6	7	8.5
	奶粉	—	—	1	0.5
	玉米面	50	50	45	58
	酵母	5	5	5	7
	骨粉	0.5		0.5	0.5
	食盐	0.5		0.5	0.5
蛋白质水平/%		17.35	19.21	20.17	19.0
能量/(kJ/kg干物质)		16.82	16.95	16.86	16.95

注：表引自马丽娟，特种动物生产，2006。

三、麝鼠的饲养管理技术

1. 饲养管理要点

麝鼠在饲养管理过程中要注意以下几点：①保持饮水及水池的清洁；②注意防暑保暖；③防止逃跑；④防止互相咬斗；⑤注意钳牙；⑥加强驯化，合理组合。

引进的种鼠，应隔离饲养 2 周，然后按一公一母放在窝内，引进初期对环境不熟悉、胆小怕惊，常躲在窝内，此时，应保持场内安静，待其有采食行为时投喂新鲜的青草、青菜，投喂时间最好在下午或晚上，投喂量每天每只青绿饲料 250～500g、精饲料 40～50g。引进后及早水浴，水池水中加 0.5％高锰酸钾溶液，对种鼠及水体消毒。

2. 仔鼠的养育

初生仔鼠两眼紧闭，皮肤裸露呈粉红色，出生 3 天内，始终紧咬母鼠乳头。3～5 日龄生出细毛，5 日龄左右长出门牙，10 日龄左右睁眼，7 日龄可采食青绿多汁饲料，12 日龄下水游泳，20 日龄采食精料。哺乳期 20～25 天，可分期分批断奶，35 日龄可分窝。断奶后也可不分窝，不影响母鼠下一胎产仔，但必须保证有充足的青绿多汁饲料，同时增加精料量。若同窝仔鼠多于 6 只，应采取寄养和人工哺乳等措施，以提高仔鼠成活率。管理上要勤换水、勤打扫、勤补饲。仔鼠能下水游泳时要将水池充满，以防不能上岸而溺死。

3. 育成鼠饲养管理

36 日龄到 6 月龄为育成期。4 月龄前为育成前期，5 月龄至 6 月龄为育成后期。育成前期可群饲，密度 10～15 只/m²，留种鼠每天每只投喂青绿饲料 150g 左右、精饲料 35g 左右。取皮商品鼠应增加精料喂量，促进毛皮生长。100 日龄针毛长齐，体重达 800g 左右即可取皮。育成后期每天每只投喂青绿饲料 200g 左右、精饲料 45g 左右。5 月龄后发现麝鼠经常啃咬铁丝磨牙，即进入发情期，可配对分窝。

4. 成鼠饲养管理

（1）准备配种期的饲养管理　麝鼠体况与繁殖力有密切关系，过肥、过瘦均不利于繁殖。此期饲养管理的主要任务是调整体况，一般公鼠体重控制在 1.0～1.2kg、母鼠 0.8～1.0kg，对过瘦的要加强营养，过肥则减少精料投喂量。适当增加青绿饲料投喂量，以满足维生素 A、维生素 E 的需要，促进生殖器官的迅速发育，保证配种期有正常的性机能。在管理上，做好育成鼠的分窝配对工作，勤打扫笼舍、及时更换垫草，若水池不结冰，应保持池水充满。

（2）配种期的饲养管理　配种期种鼠食欲有所减退且消耗大，必须加强营养，喂给新鲜适口的饲料。保证水池贮水充满、清洁。保持周围环境安静，光线要暗。公、母鼠交配后，若已妊娠则转入妊娠期饲养管理。若交配后约 30 天，仍不见母鼠有妊娠表现，应取出公鼠将此鼠放入其他发情鼠圈舍内，并对此公鼠进行触摸睾丸、观察性行为等，然后，再使用或淘汰。原来的母鼠若再次发情，要另选一只公鼠与之配对。

（3）妊娠期的饲养管理　麝鼠一胎多仔，胚胎发育快，营养需要量大，此期关键是饲喂品质好的饲料，新鲜多汁，保证蛋白质、维生素、矿物质的需要，可在 1kg 母鼠精料中加一个生鸡蛋或适量奶粉。为了防止流产，应供给母鼠新鲜、营养全价的饲料，防止机械损伤，保持安静，忌惊扰。产前打扫窝室，铺好垫草，加固圈舍，营造安定的产仔环境。

（4）产仔期的饲养管理　在产前1～2天，公鼠向室内运草，用草把通向运动场的门封堵，意味着母鼠将要临产。当听到小鼠"吱吱"叫声，可认定已产仔。母鼠产仔后，一周左右不出产窝，而公鼠十分繁忙，不断给母鼠送饲料，用草堵门。产仔哺乳期应适当增加精饲料和矿物质的供给，以促进泌乳。

（5）越冬恢复期管理　从11月到第二年1月为越冬恢复期。越冬恢复期麝鼠活动减少，营养消耗相对较少，采食量亦相应减少，每天除喂些多汁饲料外，也可加喂一些青干草，此外，每天每只喂40g精料。另外，麝鼠有贮食的特性，投喂草料时不必每日投入，精料每2～3天投喂一次。管理上，维修圈舍，窝室内多铺干草，利于保温。清理水池，防冻裂。麝鼠冬天活动量减少，容易产生疾病，应特别注意。采食减少容易发生门齿过长，应经常检查，如过长应及时用钳子剪掉过长部分。

第四节　麝鼠的取香技术

一、麝鼠的取香

1. 死体取香

麝鼠处死、剥皮，将香囊小心地剥下。麝香囊位于公鼠尿生殖孔前方的腹中线两侧，取囊时，先用镊子或止血钳将开口一端也就是尿道口掐住，小心剥离，防止剥坏，褪去上面薄膜，然后边拉边剥，从根部取下，将香囊取出。

2. 活体取香

用铁丝网卷制成保定笼，笼呈圆锥形，长30cm，上部的开口5cm，下部开口15cm。将雄鼠一手提尾，把头送入保定笼内，当其钻入到上开口时，迅速连笼掐住鼠的颈部保定好。另一人用拇指和食指摸到香囊的准确位置，先轻轻地按摩一会儿，然后把排香管开口处捏挤几下，使排香口通畅，再从香腺囊的上部向下部逐段按摩和捏挤，香液从包皮口处流出，用试管或玻璃瓶承接香液。一侧采香后，再采另一侧。采香时用力要适度，以免造成麝鼠疼痛而抑制泌香。保定笼取香，麝鼠活动受限，取香不彻底。

温馨取香法，抓出麝鼠后，沿背部顺毛轻轻抚摸，使其安静，提起麝鼠轻轻按摩香囊腺，然后攥住香囊取香，比普通取香法多取香10滴左右。

3. 取香的时间和次数

取香的时间是4月份至10月份，5～7月泌香量较高。一般每次每只可取香0.5～1.2g，每只麝鼠年采香15～18次，每次采香间隔15天左右，年产麝鼠香15g左右。

二、麝鼠香的收藏

麝鼠香应用玻璃或陶瓷容器盛装，忌用金属制品。麝鼠香采集后，密封，放在低温冰箱中保存。

【复习思考题】

1. 简述麝鼠不同时期的饲养管理要点。
2. 如何进行麝鼠的雌雄鉴别？
3. 如何对种鼠进行选择？

第五章　家　兔

【知识目标】

1. 了解家兔的生物学特性以及家兔的品种。
2. 掌握家兔的繁育技术以及饲养管理技术。

【技能目标】

能够识别家兔的品种，能够实施家兔的配种及饲养管理工作。

第一节　家兔的生物学特性

一、家兔的分类

家兔起源于欧洲野生穴兔，经人类长期驯养，不断选育而形成了不同的类型和品种。家兔属哺乳纲、兔形目、兔科、兔亚科、穴兔属、穴兔种、家兔变种。根据经济用途，可分为肉用、皮用、毛用、皮肉兼用和观赏用几类；按体重大小分为大型、中型、小型和微型几类。

二、家兔的生物学特性

1. 家兔的生活习性

（1）昼伏夜行、胆小怕惊　家兔白天安静、嗜睡，采食量小，夜间却十分活跃，采食频繁，占全天采食量的 70%～75%，饮水量占 60% 左右。因此，饲养家兔白天应环境安静，夜间供给足够的饲料和饮水。

家兔活动时十分警惕，时常竖耳静听，靠其灵敏的听觉判断情况。突然的声响和喧闹声都会使其表现出精神紧张，后脚拍打地面，出现乱跑、乱撞等"惊群"现象，严重者可导致流产、死亡、不哺乳或咬死仔兔现象，同时表现出食欲减退和泌乳力下降。因此，要保持兔舍环境的安静，饲养管理要定时、定人。

（2）穴居性强、群居性差　家兔仍保留打洞穴居的本能，养兔生产中应合理选材，建筑牢固的兔舍，以便管理。家兔性格孤僻，成年家兔混群饲养时，常发生咬斗，特别是新组成的兔群或成年公兔之间，出现被咬伤或咬死现象。因此，幼兔期若混群饲养，在性成熟前应单独饲养，做到一兔一笼，既可防止争斗又可避免早配和乱配。

（3）啮齿性　家兔的门齿终生生长，为了保持牙齿的适宜长度和牙面的吻合，需经常啃咬磨损牙面。因此，应经常喂些坚硬的饲料，如树枝、青干草等，粉料可制成颗粒料，以避免家兔啃咬笼舍，缩短笼舍的使用年限。

（4）喜干怕湿，耐寒怕热　家兔体小娇弱，对疾病的抵抗力较差，一旦感染疾病，轻者影响生长繁殖，重者造成大批死亡。当兔舍阴暗、潮湿、污秽、高温时，病原微生物及寄生虫易于孳生繁殖，导致家兔发病，如巴氏杆菌病、球虫病、疥癣等疾病。此外，家兔被毛浓密，汗腺不发达，耐热能力差，而耐寒能力较强，适宜的温度范围为 15～25℃。因此，生产中，应保持兔舍的清洁、干燥，通风良好，避免潮湿，对兔舍内外经常进行清扫和消毒。

（5）嗅觉、味觉、听觉灵敏，视觉较差　家兔以灵敏的嗅觉来识别仔兔和饲料。家兔的听觉也很灵敏，非常微弱的声音便会引起家兔的反应。家兔视力较差，尤其是白色兔。

2. 家兔的食性和消化特点

（1）食草性和耐粗饲性　家兔以植物性饲料为主。门齿发达，上唇分为两片，便于啃食低矮植物，喜欢幼嫩的枝叶。家兔有一对发达的盲肠和结肠，似牛羊瘤胃，共生着大量微生物，是消化粗纤维的主要场所。在回肠和盲肠相连接处有一个圆小囊，为家兔所特有，不断分泌碱性液体，以中和微生物活动产生的有机酸，保证微生物的正常活动，促进其对粗纤维的消化。因此，家兔的饲料应以植物性饲料为主，动物性饲料在日粮中所占的比例不超过 5%，否则会影响家兔的食欲。家兔喜食用粉料加工成的颗粒料，且喜食含脂肪及带有一定甜味的饲料。

（2）食粪性　家兔有吃自己所排软粪的特性。正常情况下家兔排出两种粪便：一种是白天排出的颗粒状粪便，称硬粪；另一种为夜间排出的来自盲肠的团状粪便，称软粪。排软粪时，家兔直接从肛门处取食，稍加咀嚼便吞下，此为家兔的正常生理现象。家兔可从软粪中获得其所需要的部分 B 族维生素和各种氨基酸。

（3）消化特点　粗纤维对维持家兔正常的消化功能、减少肠道疾病具有重要的意义，如果日粮中的粗纤维含量不足，会影响家兔的消化功能，严重的会引起腹泻。家兔的肠壁很薄，当家兔尤其是幼兔的消化道发生炎症时，其肠壁渗透性增加，消化道内的物质极易被吸收，造成中毒，这是腹泻幼兔容易死亡的原因。因此，应加强幼兔饲养管理，减少肠炎的发生。

3. 家兔的换毛特点

兔毛的脱换有以下两种形式。

（1）年龄性换毛　第一次约从 30 日龄开始，到 110 日龄结束；第二次约从 130 日龄开始，到 190 日龄结束。

（2）季节性换毛　当幼兔完成两次年龄性换毛之后，即进入成年兔时期，每年春、秋两季各换毛一次，称为季节性换毛。春季换毛在每年的 3～4 月间，秋季换毛在 9～11 月份。春季换毛时，被毛生长快，换毛期短，枪毛多，绒毛少，被毛稀疏；秋季，被毛生长缓慢，换毛期较长，绒毛多，枪毛少，被毛浓密、牢固、整齐、美观。皮用兔可在第二次年龄性换毛后屠宰取皮。季节性换毛一般为 30～45 天，换毛时，头部由鼻端开始，体躯部从脊背处以长条形开始，以后似水波纹层层向外扩展。

第二节　家兔的品种

家兔的品种有 60 多个，有 200 多个品系。我国目前饲养有 30 多个品种。

一、肉用兔品种

1. 新西兰兔

新西兰兔原产于美国，是近代世界最著名的肉用品种之一。

（1）外貌特征　新西兰兔全身被毛纯白，眼睛粉红色，体型中等，两耳短小直立，耳端较圆宽。后躯滚圆，腰肋丰满，四肢较短，健壮有力，全身结构匀称，发育良好，具有肉用品种的典型特征（彩图 5-1）。

（2）生产性能　该品种最大的特点是早期生长发育快，在良好的饲养条件下，8 周龄体重可达 1.8kg，10 周龄体重可达 2.3kg，成年母兔体重 4.5～5.4kg、公兔 4.1～5.0kg。产肉率高，屠宰率可达 50%～55%，肉质细嫩。该品种繁殖力高，年产 4～5 胎，胎产仔 8 只以上。较耐粗饲，饲料利用率高，适应性和抗病性较强。该品种有丰厚的脚毛，脚皮炎的发病率较低，适合规模化养殖。

2. 加利福尼亚兔

加利福尼亚兔原产于美国加利福尼亚州，属于中型肉用品种。

(1) 外貌特征　毛色以纯白色为基础，鼻端、两耳、四肢下部和尾为黑色，俗称"八点黑兔"。其肌肉丰满，耳小直立，眼呈红色（彩图 5-2）。

(2) 生产性能　体型中等，3～4 月龄体重 2.5kg，成年公兔 3.6～4.5kg、母兔 3.9～4.8kg。早熟易肥、肉质细嫩，屠宰率高。繁殖力强，胎产仔 6～8 只。母兔性情温顺，哺乳力强，可做"保姆兔"。该品种遗传性稳定，耐粗饲。缺点是生长速度略低于新西兰兔，断奶前后饲养管理条件要求较高。

此外，肉用兔品种还有比利时兔、丹麦白兔、塞北兔、虎皮黄兔等。

3. 配套系肉兔

从国外引进的现代配套系肉兔，有较高的杂交优势，生产性能高，主要有齐卡、伊普吕、伊拉、布列塔尼亚（艾哥肉兔、法国大白兔）等。

伊拉配套系肉兔，从法国引进，由 A、B、C、D、E 五系组成，由加利福尼亚兔、新西兰兔、法国大白兔等九个品种，经不同杂交组合培育而来。伊拉商品兔颜色多为"八点黑"，少数纯白色。生长速度快，35 日龄断奶体重可达到 950g，75 日龄出栏平均体重为 2.5kg，料肉比 3∶1。繁殖率较高，年产 6～7 胎，胎产仔 10 只左右，母性好，仔兔成活率较高，抗病力强。屠宰率 58%～60%，肉质好。配套系肉兔一般对饲养管理条件要求较高，对小型养殖场粗放管理适应性较差。

二、皮用兔品种

皮用兔品种是指以兔皮为主要产品的家兔品种。

獭兔原产于法国，学名力克斯兔，是由普通兔种的突变选育而成，因毛皮酷似水獭，故称为獭兔。獭兔的毛皮具有短、平、细、密、美、牢六大优点，被毛色型有 40 余种，以白色居多，其次为海狸色、红色、黑色、蓝色、碎花色等。我国引进饲养的主要有美系、德系和法系及系间合成獭兔；色型以白色为主，及少量的海狸色、黑色、青紫蓝色、"八点黑"色、巧克力色、红色、蓝色、海豹色、紫貂色、花色、蛋白石色、山猫色、水獭色等。

1. 美系獭兔

美系獭兔（彩图 5-3）头小嘴尖，额宽，眼大而圆，耳长中等直立，颈部稍长，肉髯明显，腹部紧凑，腹部发达，背似弓形，臀部发达，肌肉丰满，毛色类型较多。美系獭兔的被毛品质好，粗毛率低。与其他品系比较，美系獭兔的适应性好，抗病力强，繁殖力高，容易饲养。其缺点是群体参差不齐，平均体重较小，被毛密度小，一些地方的美系獭兔退化较严重。

2. 德系獭兔

德系獭兔（彩图 5-4）体大粗重，头方嘴圆，尤其是公兔更加明显。耳厚而大，四肢粗壮有力，全身结构匀称。被毛丰厚、毛纤维较粗长、平整，弹性好。毛纤维长度一般为 1.8～2.2cm，密度较大。遗传性稳定，具有皮肉兼用的特点。平均妊娠期 32 天，胎均产仔数 6.8 只，初生个体重 54.7g。早期生长速度快，6 月龄平均体重 4.1kg，成年体重在 4.5kg。主要缺点是产仔数较低，其适应性远不如美系獭兔。

3. 法系獭兔

法系獭兔（彩图 5-5）体型较大，胸宽深，背宽平，四肢粗壮；头圆颈粗，嘴平齐，无明显肉髯；耳短厚；被毛浓密平齐，分布较均匀，粗毛比例小，毛纤维长度 1.6～1.8cm；生长发育快，饲料报酬高。胎产活仔数 8.5 只，胎断奶仔兔数 7.8 只。母兔母性良好，护仔能力强，泌乳量大。商品獭兔 5～5.5 月龄出栏，体重达 3.8～4.2kg，被毛质量好，具有较好的生产性能和较大的生产潜力。

4. 系间合成獭兔

为了提高商品獭兔的皮张质量和养殖效益，生产中可采用系间杂交的方式，进行二元杂交，可克服两个品系的一些缺点，获得较好的系间杂交优势，商品獭兔皮毛质量好，经济价值高；以美系獭兔为母本，以德系、法系獭兔为父本，进行三元杂交，其效果优于二元杂交。

三、兼用品种

目前我国饲养的兼用型兔主要有中国白兔、青紫蓝兔、哈尔滨白兔、日本大耳白兔等。

1. 中国白兔

中国白兔（彩图 5-6）是我国长期培育而成的一个优良皮肉兼用品种。

（1）外貌特征 中国白兔被毛颜色多为纯白色，少数为黑色、灰色、棕色。被毛短而浓密。毛长 2.5cm，枪毛多，皮板厚实。眼红色，头小嘴尖，颈短，耳小直立，耳尖圆厚，后躯健壮，善于奔跑，无肉髯，体型较小，体质结实紧凑。

（2）生产性能 该品种为早熟小型品种，仔兔初生重 40～50g，3 月龄断奶重 1.2～1.3kg，成年兔体重达到 2.5～3.0kg。繁殖力强，年产 6～7 胎，对频密繁殖适应性强，母兔性情温顺，哺乳性能好，仔兔成活率高。耐粗饲，抗寒、抗病、适应性强，皮毛质量好。

2. 青紫蓝兔

青紫蓝兔（彩图 5-7）原产于法国，体型分大（巨型）、中（美国型）、小（标准型）三种。

（1）外貌特征 青紫蓝兔毛色为灰蓝色，夹有全黑与全白的粗毛，吹开被毛呈现彩色漩涡，较为美观，被毛密度均匀，有光泽。该品种兔眼睛呈茶褐色或蓝色，眼圈和尾端、尾底为白色，耳尖及尾背呈黑色，后额三角区和腹部为浅灰色。

① 小型（标准型）青紫蓝兔，体型较小，体质结实紧凑，耳短直立，面部较圆，颌下无肉髯。成年母兔体重 2.7～3.6kg，公兔 2.5～3.4kg。

② 中型（美国型）青紫蓝兔由标准型青紫蓝兔选育而成，体型中等，腰臀丰满，成年母兔体重 4.5～5.4kg、公兔 4.1～5.0kg。

③ 大型（巨型）青紫蓝兔，体大耳长，有的一耳直立、一耳下垂，有肉髯，成年母兔体重 5.9～7.3kg、公兔 5.4～6.8kg。

（2）生产性能 青紫蓝兔性情温顺，耐粗饲，体质健壮，抗病力强。生长发育快，产肉率高，毛皮品质较好。繁殖力强，年产 4～5 胎，胎产仔 7～8 只，泌乳力好。该兔在我国分布很广，尤以标准型和美国型饲养量较大。

3. 哈尔滨白兔

哈尔滨白兔（彩图 5-8）又称哈白兔，是中国农业科学院哈尔滨兽医研究所培育的大型皮肉兼用型品种。

（1）体型外貌 公、母兔全身毛色均呈白色，有光泽，中短毛；身大，眼呈红色，尾短上翘，四肢端正。公兔胸宽较深，背部平直稍凹；母兔胸肩较宽，背部平直，乳头 8 对。体形匀称紧凑，骨骼粗壮，肌肉发达丰满。

（2）生产性能 哈白兔初生重 60～70g，90 日龄体重 2.5kg，成年公兔体重 5.5～

6.0kg。遗传性能稳定，繁殖力强，胎产仔 8～10 只，成活率 80％。早期生长发育快，屠宰率高。皮毛质量好，适应性强，耐寒，耐粗饲，抗病性强。

4. 大耳白兔

大耳白兔（彩图 5-9）也称日本大耳白兔，原产于日本，是以中国白兔为基础选育而成的中型皮肉兼用型品种，引入我国后，长期选育形成了大、中、小三种类型。

（1）外貌特征　大耳白兔毛色纯白，眼睛红色，两耳长大直立，耳根细、耳端尖、形如柳叶，耳薄，血管清晰，适于注射与采血，是理想的试验研究用兔。母兔颌下有肉髯。颈部和体躯较长，四肢粗壮。

（2）生产性能　繁殖力高，年产 4～5 胎，胎产仔 8～10 只，多达 12 只。大型兔成年体重 5.0～6.0kg，中型兔 3.0～4.0kg，小型兔 2.0～2.5kg。母兔泌乳量大，母性好；体格强健，较耐粗饲，耐寒，适应性强，生长发育较快，肉质较佳。

此外，兼用兔还有塞北兔、安阳灰兔、太行山兔等。

四、毛用兔品种

毛用兔品种是指以兔毛为主要产品的家兔品种。毛用品种只有一种，即安哥拉长毛兔（彩图 5-10），原产于土耳其的安哥拉省，各国引入后形成了不同的品系。

1. 英系安哥拉兔

（1）外貌特征　全身被毛雪白，丝状绒毛，毛质细软、蓬松似棉球。头型偏圆，额毛、颊毛丰满，耳短厚，耳尖密生绒毛。四肢及趾间脚毛丰盛。背毛自然分开，向两侧披下。

（2）生产性能　成年体重 2.5～3.5kg，年产毛量公兔为 200～300g，母兔为 300～350g，高者可达 400～500g；繁殖力较强，年产 4～5 胎，胎产仔 5～6 只，最高可达 13～15 只；缺点是被毛密度差，产毛量低，体质较弱，抗病力差；母兔泌乳力较差，有待选育提高。

2. 法系安哥拉兔

（1）外貌特征　耳部无长毛，俗称"光板"，明显区别于英系安哥拉兔。额毛、颊毛和脚毛较少，腹毛较短。身体呈椭圆形，兔头稍尖，面长鼻高，耳大直立，骨骼较粗重。

（2）生产性能　成年兔体重 3.0～4.0kg，年均产毛量 900g 左右，优秀者可达 1200g。毛长 10～13cm，最长者达 17.8cm，粗毛含量最高为 8％～15％，因粗毛多而著名。繁殖力强，年产仔 4～5 胎，胎产仔 6～8 只，母兔泌乳性能好。抗病力和适应性较强。

3. 德系安哥拉兔

该兔是目前饲养最普遍、产毛量最高的一个品系。我国自 1978 年开始引进饲养。

（1）外貌特征　全身披白色厚密绒毛，被毛有毛丛结构，排列整齐，不易缠结，有明显波浪形弯曲。面部无长毛，个别的有少量额毛和颊毛，大部分耳背无长毛，仅耳尖有一撮长毛，俗称"一撮毛"；四肢、脚部、腹部密生绒毛；四肢强健，胸部、背部发育良好，背线平直，头型偏尖削。

（2）生产性能　体型较大，成年体重 3.5～5.2kg，高者可达 5.7kg，年产毛量公兔为 1190g，母兔为 1406g，最高可达 1700～2000g；年产 3～4 胎，胎产仔 6～7 只，最高可达 11～12 只。主要缺点是对饲养管理条件要求较高，繁殖性能较低，配种比较困难，初产母兔母性较差，少数有食仔恶癖等。适应性较差，公兔有夏季不育现象。

4. 中系安哥拉兔

（1）外貌特征　中系兔的主要特征是全耳毛，狮子头，老虎爪。耳长中等，整个耳背和耳尖均密生细长绒毛，飘出耳外，俗称"全耳毛"。头宽而短，额毛、颊毛异常丰盛，似"狮子头"。脚毛丰盛，趾间及脚底均密生绒毛，似"老虎爪"。骨骼细致，胸部略窄，皮肤稍厚，体型较小。

（2）生产性能　成年体重 2.5～3.0kg，高者达 3.5～4.0kg。年产毛量公兔为 200～250g，母兔为 300～350g，高者可达 450～500g；繁殖力较强，年产 4～5 胎，胎产仔 7～8 只，高者可达 11～12 只；适应性强，较耐粗饲；哺乳性能好，仔兔成活率高。主要缺点是体型小，生长慢；产毛量低，被毛纤细，结块率较高，一般可达 15％左右，公兔尤高，有待进一步选育提高。

20 世纪 80 年代中期以来，国际市场对含粗毛率 15％以上的兔毛需求增加，为适应这种形势，江苏、浙江、安徽等省农业科学院先后选育成功宁系、苏系、浙系等粗毛型长毛兔，粗毛率在 15％以上，年产毛量 900g 左右。

第三节　家兔的繁育技术

一、家兔的繁殖生理

1. 繁殖特点

（1）繁殖力强　家兔的繁殖力极强，表现为性成熟早，妊娠期短，胎产仔数多，终年均可繁殖，不受季节影响。母兔妊娠期为 30～31 天，在集约化生产条件下，每年可产 8～9 胎，一年可提供 50～70 只仔兔。

（2）刺激性排卵　家兔属刺激性排卵动物，一年内母兔的卵巢内始终有许多处于不同发育阶段的卵泡，在某种条件刺激（如公兔的爬跨、交配，母兔的互相爬跨等）的诱导之后，方可将成熟的卵排出，这种现象称为刺激性排卵。一般母兔经刺激后 10～12h 排卵。

（3）早、晚性活动旺盛　家兔的性活动有一定的规律性。在日出前后 1h、日落前后 2h 性活动最强烈，此时配种受胎率最高。

（4）夏季不孕　在炎热夏季，公兔食欲减退，性欲降低，睾丸体积缩小，精液品质下降，表现为精液量减小，精子密度降低，精子活力下降，畸形率增加，气候炎热对母兔也有影响，如发情不明显、配种后受胎率降低等。

2. 性成熟和初配年龄

母兔性成熟为 3.5～4.0 月龄，公兔为 4.0～4.5 月龄。由于品种、性别、营养、季节、遗传因素的不同，性成熟早晚有所差异。小型品种比大型品种性成熟早；肉用品种比毛用品种性成熟早；杂种比纯种性成熟早；春季日照渐长，气温转暖，性成熟可提前。体成熟比性成熟晚一个月左右。兔的初配年龄，皮用和肉用兔的母兔 6 月龄以上，体重 3～4kg；公兔 6～7 月龄，体重 3.5～4.5kg。毛用兔生长发育慢，其初配年龄比肉用兔推迟 1～2 个月。

3. 发情

性成熟后的母兔，在没有妊娠的情况下，间隔一定时间发情一次，称为发情周期。

家兔全年都有发情表现，但以春、秋季为主。发情周期 8～15 天，发情持续期 3～4 天。饲料和营养状况对发情周期有明显影响，当营养不良及春、秋两季换毛期，母兔表现出发情不明显。季节也是影响发情周期的重要因素，4～5 月份时，发情较集中，发情周期较有规律，发情症状明显，配种受胎率也高；夏季炎热不利于母兔发情和受胎。

二、家兔的配种技术

1. 发情鉴定

准确地鉴定母兔的发情状况，适时配种，是提高配种受胎率的关键。

（1）行为观察　母兔发情时情绪不安，兴奋，食欲减退，排尿频繁，在笼内跑跳，前爪刨地，后肢叩击笼底或地面，摩擦下颌，俗称"闹圈"。有公兔追逐时，接受交配，有的甚至爬跨其他家兔。

（2）外阴检查　发情母兔阴部黏膜发生明显变化。母兔阴部黏膜苍白、干燥表示未发情；外阴潮红、湿润、肿胀是母兔发情的明显特征，是配种受胎率最高时期；外阴紫红色，发情已过。生产中有"粉红早，紫红迟，大红正当时"的经验描述。

发情的母兔经爬跨诱导后，经过 10～12h 即可排卵。卵子排出后，可维持活力 8～9h，最佳受精时间是在排卵后 2h。精子在母兔体内有受精能力的时间为 30h，而母兔卵子排出后保持受精的时间为 6h。

2. 配种方法

（1）人工控制配种　公、母兔分笼饲养，在母兔发情适宜配种时，将母兔放入公兔笼内，经几圈追逐，公兔跃起跨在母兔背部交配，瞬时歪下一边时说明交配成功。将母兔抓出，在其臀部拍打几下，促使肌肉收缩，防止精液外流，以增加受胎率。将母兔放回原笼并做好记录。公、母兔比例为 1：（8～10）。

青年公兔每隔 1 天配种 1 次，成年公兔日配 2 次，连续 2～3 天，休息 1 天。

复配及双重配：复配即发情母兔早晨配种一次后，间隔 5～6h，用同一只公兔再配一次；双重配即一只发情母兔，连续与两只不同公兔进行配种，交配间隔不超过 10min。此交配方法所生后代血统不清，只可应用于商品场。

对有些母兔发情但拒绝交配时，可采取人工辅助强制进行。如用绳系住母兔尾，以一手将绳沿母兔背向前拉紧，使兔尾翘起，并抓住兔耳，固定母兔，另一手托起母兔的腹部，迎合公兔交配。或以一手抓住母兔的两耳及颈皮，将兔固定不动，另一只手伸入母兔腹下，举起母兔臀部，让公兔爬跨交配。

（2）人工授精　公、母兔比例 1：（20～30），可提高优良种公兔的利用率，降低成本，减少疾病传播，并可使家兔的繁殖生产同期化。

3. 繁殖方式

规模化养兔生产要求每年每只母兔提供仔兔 40～50 只。传统的繁殖方式，仔兔断奶后，母兔发情配种，每年只繁殖 4 胎左右，种兔的生产效率低。为提高种兔的生产效率，可采用频密繁殖方式或半频密繁殖方式。

（1）频密繁殖　频密繁殖又叫"血配"，是根据母兔有产后发情的特性，在母兔产后 1～3 天内，进行配种，母兔泌乳和妊娠同时进行。实践证明，频密繁殖的受胎率高于正常繁殖。年龄对频密繁殖的受胎率有影响，成年兔较高，受胎率可达到 80%～90%；青年兔和老年兔较低，为 30%～40%。

频密繁殖，可在较短的时间内获得较多的仔兔。但母兔妊娠与哺乳同时进行，营养上处于负平衡，对母兔伤害较大，因此，母兔只能利用 1 年，大大缩短了种用年限。

（2）半频密繁殖　为了有效利用种兔，可根据具体情况，将半频密繁殖和正常繁殖结合实施。半频密繁殖，即在产后的 7～14 天配种。半频密繁殖的母兔，负担比频密繁殖轻，仔兔成活率高，生长发育好，生产效率较高。

在生产中，应根据母兔体况、饲养条件，将频密繁殖、半频密繁殖和延期繁殖（断奶后再配种）三种方法交替采用。

三、家兔的妊娠

1. 妊娠期

母兔的妊娠期一般为 30（29～34）天。妊娠期长短与品种、年龄、胎儿数目、营养水平等有关。一般大型品种、老年兔、胎儿数量少及营养较好的妊娠期较长。

妊娠前期应进行妊娠检查，对确定怀孕的兔加强饲养管理，而对未孕兔要查找原因，及时补救，以减少因空怀而造成的损失。妊娠的诊断要点如下。

（1）外观表现　母兔配种受孕后 8～9 天，食欲增加、采食量增大，当人抵近时发出"咕咕"叫声。15 天后，体重增加，腹围明显增大，下腹凸出。

（2）摸胎　配种后 10～15 天，用摸胎的方法确定母兔是否妊娠。在母兔空腹时，将母兔放在桌面上，左手抓住母兔颈部皮肤，右手呈"八"字状自前向后沿腹部轻轻探摸，摸到花生米大小的肉球，则可确定为胚胎。检查时注意胚胎与粪球的区别，粪球较硬无弹性，胚胎柔软有弹性。

2. 假妊娠

假妊娠是指母兔经交配或爬跨刺激排卵而未受精，卵巢形成黄体，表现出妊娠的现象。假妊娠母兔由于没有形成胎盘，妊娠 16 天后黄体退化，表现临产症状，如拉毛做窝等。早期发现可注射前列腺素，使黄体消散；再注射促性腺激素，促使母兔发情。如 16 天以后才发现假妊娠，此时配种极易受胎，可抓紧配种。

四、家兔的分娩和哺乳

1. 分娩前的准备

清扫、洗刷、消毒兔笼和用具，产仔箱彻底洗净消毒、晒干，使之没有异味，临产前 3～4 天箱内放入柔软、干净的垫草，放入母兔笼内。在临产前，不要捕捉和惊扰母兔，使其保持安静，以防流产。

2. 产前表现

母兔临产前食欲下降，乳房胀满，可挤出少量乳汁，频繁出入产室产箱，四爪刨地。临产前 1～2 天母兔叼草做窝，临产前 1 天，母兔很少采食饮水，粪便不成形，产前几小时母兔开始拉毛做窝，是分娩的前兆。若母兔不会拉毛做窝，可人工辅助，方法是把母兔腹毛拉下，放在产箱内铺好。

3. 分娩

家兔分娩多在夜间，整个过程需 20～30min，极少数母兔产程稍长。产仔时母兔弓背努责，刨地顿足，一边产仔一边吃掉胎衣，舔干仔兔身上的血迹和胎水。分娩结束后，跳出产箱，寻找饮水。母兔一般分娩顺利，不需助产，个别母兔出现超过 31 天不产仔，应及时注射催产药物。

4. 仔兔护理和哺乳

初生仔兔全身无毛、皮肤裸露、呈血红色。产后清点产仔数，检查有无死胎，清理产仔箱，将产仔时遗留的脏物、湿垫草等立即清除，换上清洁柔软垫草，或同时更换产箱及垫草，做好记录。母兔产后每天有规律地哺乳一次，时间约 5min 或更短。

五、家兔的选种选配

1. 家兔（獭兔）的选种

选种依据：根据獭兔的外貌初步判定品种纯度、生产性能、生长发育和健康状况。

（1）毛色标准　毛色纯正、有光泽，被毛平整细腻。

（2）被毛密度　越密越好，并结合被毛密度的均匀度，尤其要注意耳后颈部的三角区、腹部、大腿内侧和后肢脚毛的密度。

（3）毛长　被毛长，经济价值高。毛长 1.8～2.2cm 比较理想。

（4）个体大小　个体大，皮张面积亦大，种公兔体重 3.5kg 以上、母兔 3kg 以上。

（5）体型　种公兔要求：体型方形，头较方、颈短粗、腹部较小不下垂，后躯发达，四肢粗壮，睾丸大且匀称。母兔要求：清秀、腹部发达、乳头数 4 对以上，生长发育快，体质健康，抗病力强，母性好，繁殖率高，遗传稳定。

2. 家兔的选配

家兔的选配可分为表型选配、亲缘选配、年龄选配等。在兔群中已有了合乎理想型的种兔时，可采用同型选配（同质选配）。如果要改良兔群中某些不良性状时，需采用异型选配（异质选配）。亲缘选配只在育种场使用，商品兔场禁止使用。年龄选配要求所有母兔，均用壮年公兔交配，同时要求公兔的质量要优于母兔。

第四节　家兔的饲养管理技术

一、家兔常用饲料及调制

1. 青饲料

青饲料有野草、野菜、栽培牧草、农作物青秸秆、青绿蔓秧、青树叶、蔬菜下脚料等。青饲料应保持新鲜、清洁，带有泥土或露水的应洗净晾干后再喂，含水分多的蔬菜类及水生饲料，应晾到半干后或与其他干饲料掺和后饲喂，以防拉稀。

2. 多汁饲料

多汁饲料主要有胡萝卜及各种瓜类等，胡萝卜含有大量胡萝卜素，对妊娠母兔及仔兔有较好的饲养效果。块根类饲料可切片饲喂，有黑斑病或其他病害的不能喂兔。

3. 粗饲料

常用的粗饲料有青干草、干秸秆、干蔓秧、干树叶等。青干草可直接投喂，但浪费较大，可加工成草粉与其他饲料按比例混合后再加水拌湿喂，或加工成颗粒料饲喂。

4. 精饲料

精饲料包括麸皮、玉米、麦类、豆类及饼粕类等。大豆饼粕是饼粕类中最适合喂兔的蛋白质饲料，菜籽饼粕和棉籽饼粕适口性差且含有毒成分，喂量不能超过日粮的 5%～7%。动物性饲料如鱼粉、血粉、肉粉等，适量掺入，可促进家兔的生长发育、繁殖，但不能太多，否则影响适口性。

5. 矿物质饲料及添加剂

常用的矿物质饲料有食盐、石粉、贝壳粉、骨粉和磷酸盐类等。食盐喂量占日粮的 0.5%～1%；骨粉、石粉、贝壳粉等，喂量占日粮的 2%～5%。常用的添加剂有氨基酸添加剂、维生素添加剂、微量元素添加剂及添加剂预混料等。

二、家兔的饲养标准和饲料配方

1. 饲养标准

我国建议的家兔营养供给量见表 5-1。

2. 饲料配合

家兔配合饲料时要多样化，以达到营养互补、营养全价。混合饲料最好加工成颗粒喂给，无颗粒机也可将草粉、秸秆粉、精料等按配方比例混合，加水成湿拌料喂给。加水量为拌料后，用手抓料，指缝见水而不下滴，放手即散开为宜。根据家兔夜行性特点，晚饲时除加足颗粒或湿拌料，还应在草架上补加足量的青饲料（夏秋季）或粗料（冬春季）。颗粒料可采用定时定量或自由采食的形式饲喂，混合饲喂适用于小型养兔场，即基础饲料包括青饲料、粗饲料自由采食，补充饲料包括混合精料、颗粒料、块根块茎类分次饲喂。獭兔饲料配方见表 5-2，供参考。

表 5-1 我国建议的家兔营养供给量

营养指标	生长兔		妊娠兔	哺乳兔	成年产毛兔	生长育肥兔
	3~12周龄	12周龄之后				
消化能/(MJ/kg)	12.2	10.45~11.29	10.45	10.87~11.29	10.03~10.87	12.12
粗蛋白质/%	18	16	15	18	14~16	16~18
粗纤维/%	8~10	10~14	10~14	10~12	10~14	8~10
粗脂肪/%	2~3	2~3	2~3	2~3	2~3	3~5
钙/%	0.9~1.1	0.5~0.7	0.5~0.7	0.8~1.1	0.5~0.7	1.0
总磷/%	0.5~0.7	0.3~0.5	0.3~0.5	0.5~0.8	0.3~0.5	0.5
赖氨酸/%	0.9~1.0	0.7~0.9	0.7~0.8	0.8~1.0	0.5~0.7	1.0
胱氨酸+蛋氨酸/%	0.7	0.6~0.7	0.6~0.7	0.6~0.7	0.6~0.7	0.4~0.6
精氨酸/%	0.8~0.9	0.6~0.8	0.6~0.8	0.6~0.8	0.6	0.6
食盐/%	0.5	0.5	0.5	0.5~0.7	0.5	0.5
铜/(mg/kg)	15	15	10	10	10	20
铁/(mg/kg)	100	50	50	100	50	10
锰/(mg/kg)	15	10	10	10	10	15
锌/(mg/kg)	70	40	40	40	40	40
镁/(mg/kg)	300~400	300~400	300~400	300~400	300~400	300~400
碘/(mg/kg)	0.2	0.2	0.2	0.2	0.2	0.2
维生素 A/IU	6000~10000	6000~10000	6000~10000	8000~10000	6000	8000
维生素 D/IU	1000	1000	1000	1000	1000	1000

表 5-2 獭兔推荐饲料配方 单位:%

饲料	成年兔	幼兔	哺乳兔	饲料	成年兔	幼兔	哺乳兔
草粉	32	28	—	地瓜秧	—	—	20
玉米	24	24	22	鱼粉	2	2	—
麸皮	20	23	13.8	骨粉	1	1.5	0.5
豆粕	—	—	18	食盐	0.5	0.5	0.5
花生饼	18	20	5	酵母	1	1	—
花生秧	—	—	20	预混料	—	—	0.25

三、家兔的饲养管理

1. 一般管理技术

（1）捉兔方法 捉兔时，先用手抚摸兔子头部、背部使其安静，再正确捉取。正确捉兔法：青年兔、成年兔应一手抓住耳朵及颈部皮毛提起，另一手托住臀部，注意让兔面向外，避免抓伤人；幼兔应一手抓颈背部皮毛，一手托住其腹部，注意保持兔体平衡；仔兔最好是用手捧起来。错误的操作有抓耳朵，兔子不安静，会伤及耳根；抓腰部，会伤及内脏。

（2）雌雄鉴别技术 初生兔可根据阴部孔洞形状及与肛门的距离来鉴别。凡阴部生殖孔扁平略大，距肛门较近者为母兔；生殖孔圆而略小与肛门较远者为公兔。开眼后的仔兔可根据生殖器的形状来鉴别，左手抓住颈背部皮毛，使兔腹部向上，右手托臀部且用食指与中指夹住仔兔尾巴，拇指轻轻向上推开生殖器，顶部呈"O"形、下端呈圆柱形为公兔；母兔则呈"V"形，下端裂缝延至肛门，无明显突起。3月龄以上青年兔的性别鉴定采用轻压阴部皮肤，张开生殖孔，中间有圆柱形突起者为公兔，有尖叶形裂缝朝向尾部者为母兔。成年兔看有无阴囊来鉴别公、母兔。

（3）编号 为便于管理和记录，可给种用公、母兔编号。编号部位为耳内侧，编号时间为断奶前3～5天。一般公兔在左耳，编单号；母兔在右耳，编双号。

编号方法有以下几种。

① 耳标法。先在铝片制成的标签上打好要编的号码，然后用锋利刀片在兔耳内侧上缘无血管处刺穿，将标签穿过，弯成圆环状固定在耳上扣好。用塑料耳标镶压编号简便易行，但常易勾挂丢失。

② 耳号钳法。采用兔用耳号钳和与耳号钳配套的数字钉、字母钉。先将耳号钉插入耳号钳内固定，然后在兔耳内侧无毛而血管较少处，用碘酒消毒要刺的部位，待碘酒干后涂上醋墨（墨汁中加少量食醋），再用耳号钳夹住要刺的部位，用力紧压，刺针即刺入皮内，取下耳号钳，用手揉捏耳壳，使墨汁浸入针孔，数日后即可呈现出蓝色号码，永不褪色。

（4）饲养管理的一般原则 粗料为主，精料为辅；定时定量，少给勤添；加喂夜草，自动饮水；饲料调制，注意品质；保持安静，注意卫生；分群管理，适当运动；防暑降温，防寒保暖；综合防疫，健康生长。

2. 种公兔的饲养管理

"母兔好，好一窝；公兔好，好一坡"，种公兔质量的优劣是决定整个兔群质量好坏的关键，因此生产中不应忽视种公兔的饲养管理。

（1）饲养要点 种公兔的营养水平直接影响到精液品质和配种，因此，在饲养上要注意营养的全价性，尤其是蛋白质、维生素和矿物质应满足需要。在配种期内，成年公兔每天需精料60～80g，每天给予2～3次颗粒饲料，每日中午喂一次豆粕，晚上喂一次青饲料。配种前，日投喂量为其体重的1/15～1/12。注意保持饲料品种多样化和适口性，使公兔有良好的食欲和性欲，体质健壮，体况适中。

（2）管理要点

① 保持舍内阳光充足、空气新鲜、环境卫生，温度保持在10～20℃。春夏交替或秋冬交替时，用作配种的公兔注射一次兔瘟疫苗或瘟巴二联苗。

② 合理利用，配种不可过早、过频。留种公兔达到三个月以上，要单独饲养，且不要与母兔距离太近。一般不同品种的兔性成熟时间不同，必须待其达到体成熟再配种，配种期间，要合理使用，每天可交配1～2次，配种2～3天要休息1天。

3. 种母兔的饲养管理

（1）空怀期 仔兔断奶到下一次配种妊娠前的母兔。此期的饲养管理目标是，使母兔尽快恢复体力，正常发情配种。

① 饲养要点。以青绿饲料为主，适当补喂精料。一般在哺乳期营养良好的母兔断乳后2～3天即可发情配种。营养较差、过瘦的母兔，常出现不发情或发情不明显，必须注意喂给优质青绿饲料，适当补充精饲料，促进体质尽快恢复。

② 管理要点。空怀母兔可单笼饲养，也可群养。但必须注意观察其发情状况，适时配种。空怀期的长短，依母兔生理状况和实际生产计划而定。仔兔断奶后体质瘦弱的母兔，可适当延长空怀期，否则影响母兔健康，缩短利用年限，还会影响到仔兔的成活率。

配种前三天，在母兔颈部皮下注射2mL的葡萄球菌疫苗，以防止乳房炎和皮下脓肿。另外，在春夏或秋冬季节交替时，注射一次兔瘟疫苗或瘟巴二联苗。

（2）妊娠期 母兔受孕至分娩为妊娠期。此期饲养管理的重点是，保证胎儿正常发育，防止流产，并为泌乳做准备。

① 饲养要点。当确定母兔妊娠后应饲喂营养丰富的妊娠母兔饲料，每天的饲喂量为200～250g，一般分三次喂给。15天后逐渐增加喂量，做到自由采食。每天适当补充青绿饲料，满足其营养需要，增强体质，提高产后泌乳量。临产前3～4天要减少喂量，适当补

充优质青粗料和多汁饲料，以免造成母兔便秘、难产及产后患乳房炎。

② 管理要点

a. 妊娠母兔要单笼饲养，不准随意捕捉，保持兔舍及环境安静。

b. 笼舍要保持清洁干燥，防止潮湿污秽。

c. 严禁饲喂发霉变质饲料以及有毒青草等。冬季应饮温水，水过凉会刺激子宫急剧收缩引起流产。

d. 摸胎时要小心，已断定受胎后，就不要再触动腹部。

e. 母兔临产前 3～4 天做好接产准备。临产前几小时，母兔拉毛做窝，这时要准备充足的温水，水中加少许红糖或盐，以防母兔口渴食仔。

f. 产后清点产仔数，检查有无死胎，清理产仔箱，将产仔时遗留的脏物、湿垫草等立即清除，换上清洁柔软垫草，或同时更换产箱及垫草，做好记录。

g. 对超过 31 天不产仔的母兔，应及时注射催产药物。

h. 分娩后，母兔应注射消炎药物，如长效磺胺 0.5mL 或敌菌瑞克 0.3～0.5mL，以防产后乳房炎的发生。

（3）哺乳期　母兔分娩至仔兔断奶为哺乳期，一般为 35～40 天。

① 饲养要点。母兔乳汁质量及数量是养好仔兔的关键，哺乳母兔营养消耗大，采食量大，在产仔 7 天后要逐渐增加饲料量，每天饲喂 3～4 次，吃饱不限饲，并保证充足饮水。对泌乳不足的母兔，可在每天上午补饲一次精料，用煮熟的黄豆或热水浸泡的花生直接饲喂，每只母兔 15～25 粒左右。每天下午补饲新鲜的青绿饲料，以保证母兔自身及泌乳需要。

② 管理要点

a. 母仔分养。为防止球虫病的发生，可将母仔分开饲养，一般将仔兔放在母兔对面或相邻的笼子里，以方便管理。

b. 防治乳房炎。哺乳母兔乳房炎在兔场经常发生，其中母兔奶水不足或过多是重要原因。奶水不足应及时补充精料和青饲料，奶水过多则应减少饲料量和饲喂次数。注意观察仔兔，若发现有"吱吱"叫声或到处乱爬，表现不安宁时，应检查是否奶水不足，或由于患乳房炎不哺育仔兔，找出原因，及时采取措施。

c. 保持兔笼及用具的清洁，每天清扫和洗刷，并定期消毒。

d. 母兔哺乳时，保持安静，不要惊扰，以防产生"吊奶"（母兔将仔兔带出巢外的现象）和影响哺乳。

4. 仔兔的饲养管理

出生至断奶的兔称仔兔。

（1）睡眠期　仔兔出生至 12 天左右为"睡眠期"，仔兔双眼紧闭，耳朵闭塞，体温调节能力差，消化系统发育不完全，管理不当易得病死亡。管理要点是：

① 保温防寒。保持一定的环境温度，尤其是寒冷的冬季，一般产箱温度要达到 20～25℃。

② 早吃母乳，吃足母乳。母兔产后 3 天内的乳富含维生素、矿物质、蛋白质，同时还含母源抗体，仔兔出生后数小时内应及时检查哺乳情况。每天哺乳 1～2 次，做到定时哺乳，每次哺乳后取出产箱，仔细检查仔兔是否吃饱。吃饱的仔兔腹部圆滚。实践证明，仔兔生后能及时吃到母乳、吃足母乳，其生长发育好，体质健壮，抗病力强。母兔哺喂仔兔数一般为 6～8 只，对产仔多者，进行寄养，把部分兔寄养给产仔日龄相近的哺乳母兔，或采用分批哺乳及人工哺乳。

③ 搞好产箱安全及卫生。鼠害是仔兔安全的一大隐患，应加强灭鼠工作，产仔兔笼构

造要能防鼠。对产箱内的垫草要勤更换，保持良好的卫生状况，防止仔兔沾染母兔的粪尿感染球虫病等疾病。

（2）开眼期的饲养管理 仔兔出生后 12～14 天睁眼到断乳为开眼期。

① 早补饲。仔兔开眼后，逐渐有采食行为，而此时仔兔消化机能尚不健全，因此，最初宜供给一些青嫩叶菜类，少喂勤添，喂量逐渐增加，一般 16～18 日龄开始补料，每天5～6 次，并逐渐过渡到以补料为主、母乳为辅。

② 母仔分开饲养。为了适应集约化、规模化养兔，保障仔兔的健康，可以在开眼后将母仔分开，每天定时哺乳，分离时应保持仔兔的生活环境相对稳定，减少不必要的应激。

③ 适时断奶。一般以 35～40 日龄断奶为宜。频密繁殖情况下，应在 30 日龄前断奶。断奶方法应视全窝仔兔生长发育和健康状况而定。如果全窝仔兔均匀强壮，可采用一次断乳法。如果全窝仔兔强壮不一致，生长发育不均匀，可采用分批断乳法。即先将体大健壮的仔兔分出，体质较弱的继续哺乳数日，视其健康状况再行断乳。一次断奶和分批断奶简单易行，但易至仔兔腹泻及母兔乳房炎，有条件的兔场最好采用缓慢断奶法，即 30 日龄时将仔兔分为两笼，哺乳次数改为一天一次，每天上下午各哺喂一笼仔兔；36～37 日龄时再将仔兔分成三笼，母兔一天一次哺喂其中一笼仔兔，40 日龄全部仔兔断奶。断奶以后应做到笼位、环境、饲养管理方法"三不变"。

④ 仔兔防疫。根据兔场疾病发生情况制订防疫程序。一般 23 日龄皮下注射巴氏杆菌疫苗 0.5mL，30 日龄皮下注射大肠埃希菌疫苗 1mL，40 日龄皮下注射兔瘟病毒性出血疫苗1mL 或瘟巴二联苗 1mL。

5. 幼兔的饲养管理

从断奶至 3 月龄的家兔称幼兔。本阶段是兔的整个生长期内死亡率最高的时期。由于其胃肠功能不健全而采食量却猛增，消化系统极易受到损伤，从而导致各种疾病的发生。加强幼年兔的饲养管理，可以从以下几方面入手：

（1）加强饲养 幼兔的日粮应含丰富的蛋白质、维生素、矿物质，并有一定量的粗纤维，而能量较高的饲料应限喂。定时定量，少食多餐，每日三次饲喂，喂量是其体重的1/15～1/12。供给充足的饮水。

（2）搞好管理 对幼兔应按日龄大小、体质强弱进行分群，每笼以 2 只为宜。保持兔舍内清洁、干燥、通风，并定期消毒。要经常观察兔群健康状况，发现患病兔，应及时处理，进行隔离观察和治疗。

（3）加强防疫卫生 幼兔的疾病感染率较高，尤其是兔常见的一些传染病，必须通过科学的防疫加以控制。对一般疾病，在饲料或饮水中添加药物进行预防，并定期消毒笼舍。

一般幼兔 60 日龄时注射第二次兔瘟疫苗。

6. 青年兔的饲养管理

生后 4 月龄至配种前的兔，如留种，又称为后备兔。不留种的转入商品兔饲养。

（1）饲养 青年兔对粗饲料的消化能力和抗病力增强，采食量大，每日 2～3 次饲喂颗粒料，并加喂青绿饲料，满足其营养需要。一般在 4 个月龄之内，喂料不限量，5 个月龄以后，留种兔适当控制喂量，防止过肥。

（2）管理 为降低成本，满 3 月龄可转入水泥固定笼饲养。青年兔已开始性成熟，为防止早配，公、母兔要分群，最好单笼饲养。獭兔体重达 1.75kg 以上，性成熟以后，为防止相互啃咬，降低毛皮商品价值，必须一笼一只，严禁合养。注意清洁卫生，做好防病措施。

商品獭兔在 100～110 日龄完成第一次换毛，为节约饲养成本，即可出栏上市，上市时应单笼运输，减少毛皮损伤。

肉兔育肥在驱虫，育肥前，按 10mg/kg 体重在晚上和第 2 天早上分别喂给丙硫苯咪唑。公兔去势。预防接种，育肥前每只兔注射瘟巴二联苗 1mL。出栏，当肉兔体重达到 2.5kg 左右时即可适时出栏。

7. 毛用兔的饲养管理要点

毛用兔的主要产品是兔毛，因此饲养管理应以提高兔毛的质量和剪毛量为重点。

（1）毛用兔的饲养　营养全价，满足含硫氨基酸水平，促进兔毛生长。

（2）毛用兔的管理

① 经常保持兔笼的清洁卫生。兔笼、产仔箱内不要有粪尿积存，饲喂时要防止草屑、饲料和灰尘污染被毛，影响经济效益。

② 合理地剪毛和拔毛。一般剪毛次数以每年 4～5 次为宜，年剪 5 次的剪毛时间可安排在 3 月上旬、5 月上旬、7 月下旬、10 月上旬和 12 月下旬。剪毛一般用剪毛剪或理发剪，剪毛顺序先是背部中线、体侧、臀部、颈部，再是颌下、腹侧、四肢和头部。剪下的毛应按长度、色泽及等级装箱。剪毛时应该紧贴皮肤，尤其是剪腹部的毛时，皮肤薄，注意母兔乳头和公兔阴囊。剪毛时应该防止"二刀毛"，剪毛时应该在晴天、无风时进行，防止剪毛后毛兔感冒。对于患有霉菌病、疥癣病的毛兔，应该单独剪毛，工具专用，防止疾病传播。

拔毛（拉毛），适用于换毛期采用。拔毛分为拔长留短和全部拔光两种，前者适于寒冬或者换毛季节，每隔 30 天拔 1 次；后者适用于温暖季节，每隔 80 天左右拔 1 次。

③ 定期梳毛。梳毛可以防止被毛缠结，使兔毛干净洁白，富有光泽。同时梳毛对皮肤能够产生良好的刺激，促进皮肤的血液循环，促进毛囊细胞的活动，加速毛的生长，正常情况下，至少每 15 天要梳毛一次。

四、兔舍及兔笼

兔场选址要求：地势高燥、背风向阳、水源充足、水质好无污染、交通便利、电力充足、周围环境好、远离居民区和生活区，家庭养殖可因地制宜。规模兔场应沿主风向和地势由高到低顺序建有生活区、管理区、生产区、粪便处理区，病兔隔离区建在下风处一侧，并严格分开。

我国各地兔舍建筑形式多样，主要形式有：半地下兔舍、棚式兔舍和笼养兔舍等。现重点介绍笼养兔舍。

1. 兔舍

兔舍包括室内笼养和室外笼养两种形式。根据兔笼的排列方式，可分为单列式、双列式、三列式和四列式。兔笼的上下层数，有单层、双层、三层和四层。根据兔舍通风情况，可分为棚式、开放式及封闭式等。

家庭兔场可因地制宜利用庭院的一部分或配房建造兔舍。

我国北方规模化兔场兔舍宜采用封闭式。兔舍坐北朝南或偏南向，建筑材料可用砖、石、水泥，比较坚固且经济实用。用彩钢夹芯板建造兔舍具有建造快捷、保温隔音、便于清扫消毒等特点，在养兔及其他养殖业中得以广泛推广。舍内地面应坚实、平整、不透水、易清扫，一般建成水泥地面；舍内排水沟、排粪沟应低于地面；墙体接近地面处开设进气口，接近屋顶处设排气口；窗的面积按采光系数 1：10 计算，窗台距地面 0.5～1m；兔舍高度 2.5～3.5m。

南方兔场兔舍可建成棚式或开放式。棚式兔舍只设顶棚而无墙壁，通风透光、空气新鲜、光照充足、造价低，但不利于冬季保温。开放式兔舍仅南面无墙壁，冬季可用塑料薄膜将南面封闭成暖棚，既有棚式的优点，又利于冬季保温。

2. 兔笼

规模化兔场宜采用全铁丝兔笼，小型兔场为节约成本也可建造前后铁丝、两边山墙的固定兔笼。兔笼设计应坚固耐用，家兔能自由活动，便于操作管理。兔笼规格的大小：一般笼宽为体长的1.5～2.0倍，笼深为体长的1.3～1.5倍，笼高为体长的0.8～1.2倍。大型品种和种兔笼一般为宽65～70cm，深55cm，高45cm；长毛兔、獭兔商品兔笼，其笼的宽、深、高可为60cm×65cm×35cm；仔兔补饲笼：60cm×45cm×30cm；肉兔育肥笼可用种兔笼，也可用单层"床式"笼实行群养。

（1）兔笼结构

① 笼门。要求启闭方便，能防兽害、防啃咬。可用竹片、打眼铁皮、镀锌冷拔钢丝等制成。食槽、草架、饮水器最好安装在笼门外，尽量做到不开门喂食。

② 笼壁。一般用水泥板或砖、石等砌成，也可用竹片或金属网钉成，要求笼壁保持平滑、坚固，以免损伤兔体和钩脱兔毛。如用砖砌或水泥预制件，需预留承粪板和笼底板的搁肩（3～5cm）；如用金属网条，则以条间距1.5～2.0cm为宜。

③ 承粪板。宜用水泥预制件或玻纤板，厚度为2.0～2.5cm，要求防漏防腐，便于清理消毒。在多层兔笼中，上层承粪板即为下层的笼顶。为避免上层兔笼的粪尿、冲刷污水溅污下层兔笼内，承粪板应向笼体前伸3～5cm，后延5～10cm，前高后低倾斜角度为15°左右，以便粪尿经板面自动落入粪沟，并利于清扫。

④ 笼底板。一般用竹片或镀锌冷拔钢丝制成，要求平而不滑，坚固而有一定弹性，宜设计成活动式，以利清洗、消毒或维修。如用竹片钉成，要求条宽2.0～2.5cm，间距1.0～1.2cm。竹片钉制方向应与笼门垂直，以防打滑。

（2）笼层高度 目前国内常用的多层兔笼，为便于操作管理和维修，兔笼以3层为宜，总高度应控制在2m以下。笼底板与承粪板之间的距离前面为15～18cm、后面为20～25cm，底层兔笼的离地高度应在30～35cm，以利通风、防潮。

3. 用具

用具包括食具、饮水器具等。

（1）食具 规模化兔场宜采用自动料槽、

图5-11 外挂式料槽

外挂式料槽（图5-11）及翻转式料槽。小型兔场可采用外挂式料槽、翻转式料槽、抽屉式料槽、竹制料槽、陶盆、瓷碗等。补饲青绿饲草采用"V"形草架，以防踩踏污染，节省饲草。

（2）饮水器 自动饮水器主要有乳头式、鸭嘴式、碗式；简易饮水器有玻璃瓶、塑料盆等。从饮水卫生、减少劳动量等方面考虑，提倡安装使用自动饮水器。

【复习思考题】

1. 家兔有哪些生活习性？食软粪对家兔有什么意义？
2. 提高仔兔成活率的措施有哪些？
3. 母兔的发情具有哪些特征？
4. 怎样进行母兔的妊娠诊断？妊娠母兔的饲养管理要点有哪些？
5. 怎样护理睡眠期仔兔？

第六章 毛皮初加工和质量鉴定

【知识目标】
1. 了解各种毛皮动物取皮的时间和方法。
2. 掌握毛皮的初加工技术和毛皮的质量鉴定技术。

【技能目标】
能够实施毛皮动物的屠宰、剥皮及初加工。

第一节 毛皮取皮及初加工

一、取皮时间与取皮方法

1. 取皮时间

毛皮动物取皮时间，取决于毛皮的成熟度，过早或过晚都会影响毛皮质量，降低其价值。各毛皮动物的毛皮成熟时间为：

水貂在 11 月下旬至 12 月上旬，其中白色貂在 11 月 10～15 日，珍珠色和蓝宝石水貂在 11 月 10～25 日，咖啡色水貂在 11 月 20～28 日，暗褐色和黑色水貂在 11 月 25 日至 12 月 10 日；狐狸在农历的冬至到小雪前后，其中蓝狐一般在 11 月下旬，彩狐、银狐一般在 12 月中下旬；海狸鼠和麝鼠在 11 月至翌年 3 月；貉在 11 月中下旬，最迟在 12 月初；毛丝鼠在 8～9 月龄时，以冬季取皮最好。

毛皮的成熟时间除品种间差异外，还因养殖场的地理位置以及气候条件、饲养水平的差异而略有不同，因此在取皮季节，必须通过鉴别来决定具体取皮毛时间。

毛皮成熟鉴别主要从以下几方面进行：

（1）观察皮肤 将毛绒分开，吹掉皮屑观察皮肤颜色，皮肤白色或粉红色时毛皮已经成熟，灰色尚未成熟。

（2）观察毛绒 观察全身毛峰是否长齐，尤其是背部、尾部和臀部。针毛长而齐整，直立，逆光时针毛具有光泽、灵活，下部绒毛厚密、蓬松，尾毛蓬松；当动物转动身体时，颈部和躯体部位毛绒出现明显"裂缝"，毛皮已成熟。

（3）试宰剥皮观察 试宰剥皮观察皮板，如躯干皮板已变白，尾部、颈部或头部皮板略青，即可取皮。

2. 取皮方法

（1）处死 毛皮已鉴定成熟方可处死，处死的原则是迅速、安全、清洁，毛皮质量不受损伤和污染而且经济实用，常用的方法有注射法、电击法、折颈法、麻醉法等。

① 注射法。向心脏内注射空气致死。助手一手用脖套套住颈部，一手抓住尾部，将头向下吊起，固定（狐狸）。找到胸腔心脏位置，摸到心脏跳动最明显处进针，如有血液回流，推入空气（狐狸 10～20mL、水貂 5～10mL），因心脏瓣膜损伤而迅速死亡。要求：注射位置要准确。

②电击法。助手一手抓尾，一手用脖套套住颈部将之倒提，肛门自然露出，左手持正极电击棒接触肛门皮肤处，右手持负极电击棒捅到口鼻处，通电后立即僵直，一两秒后死亡。此法无污染，不损伤皮毛，简便易行，因此是常见的狐狸、貉处死方法。

③折颈法。适用于小型动物，多用此法处死水貂。操作者将动物放在操作台上或桌上，左手压住动物颈背部，右手托住下颌，将头向后翻转，此时两手同时猛力向下按压头部，并略向前推，发出颈椎脱臼声，动物两腿向后伸直而死。

④麻醉法。皮下或肌内注射2%氯化琥珀胆碱水溶液，剂量1～2mL/头（水貂）。动物死亡快，不污染毛皮。

（2）剥皮　处死后，应在尸体尚有一定温度时剥皮。各种毛皮动物，都应按商品规格要求进行剥皮，以保证皮型完整，减少伤残皮。剥皮方法有以下三种：

①圆筒式剥皮法。主要用于貂、狐、貉、灰鼠、海狸鼠等。从后裆开始剥皮，使皮板向外翻出成圆筒状。

a.方法及步骤。以狐狸为例。剥皮前用无脂硬锯末或粉碎的玉米蕊，把尸体的毛被洗净，然后挑裆。按商品规格要求，保留前肢、头、尾和后肢。

b.具体操作

Ⅰ.挑裆。用挑刀将狐狸的四肢先挑开。操作时下刀不宜过深，挑透皮即可。先从狐狸两前肢开始，在前肢足垫处下刀，一手握住狐狸的前肢足垫处，一手用挑刀在前肢足垫处趾骨中间挑开，然后沿长短毛交接处，笔直平稳地挑开，挑至前肢的肘关节处，用同样的方法处理另一前肢。从后肢足垫处下刀，沿狐狸后肢长短毛交接处贴皮直线挑开，挑至肛门上缘1cm处停刀，同法处理另一后肢，与上一挑口汇合，再用挑刀分别沿肛门两侧1cm处，向后挑至狐狸的尾部，使肛门部位呈三角形露出尾骨。

Ⅱ.剥皮。从狐狸的后肢开始，在刀口处将后腿骨翻出，将后腿骨与皮毛完全剥离，再把后肢的掌心处翻转过来，将趾骨剪断。这时应按毛皮的不同用途作不同的处理，如成皮将制成狐狸围脖，应保留狐狸的足垫；如成皮将制成裘皮则不用保留足垫。继续剥离毛皮至后臀部，同样方法处理另一后肢，直到使尾骨和后臀部完全露出，从后肢股骨缝隙间将狐狸挂在铁钩上，然后翻转两后肢的毛皮做筒状，开始向下剥皮。首先剥至尿道口，用挑刀将尿道口割断，抽出尾骨，继续用力向下剥皮，但不能过猛，应转动狐身从不同方向向下剥离（雄狐剥到腹部要及时剪断阴茎，以免撕坏皮张），露出前肢后，用拇指穿过皮骨间握紧，另一只手用力向下拉，将前肢皮毛剥下至脚掌处，将趾骨翻出后剪断，同法对另一前肢进行处理。继续向下剥皮至头部，应小心谨慎，剥皮时感到费力时，应用刀一点一点地割开后，再继续向下剥。剥到耳朵处用刀紧贴头骨，将两只耳朵根部的软骨割断，向下剥至眼睛位置，沿眼睑最外沿依次割开，使眼睑完整地保留在毛皮上，直到沿鼻子的边缘和紧贴狐头嘴角的上颚用刀挑开。当耳朵、眼睑、上颚割下后，只剩下颚，再用力拉，将狐皮完全剥下。

②袜筒式剥皮法。袜筒式剥皮法，是由头向后剥离。操作时，用钩子钩住上颚，挂在较高处，用快刀沿着唇齿连接处切开，使皮肉分离，用退套方法，逐渐由头部向臀部倒剥。眼和耳根的处理同圆筒式剥皮法。四肢也采用退套方法往下脱，当脱至爪处，将最后一节趾骨剪断，使爪连于皮上，最后将肛门与直肠的连接处割断，抽出尾骨，将尾从肛门翻出，即剥成毛朝里板朝外的圆筒皮。要求保持头、眼、腿、尾、爪和胡须完整。袜筒式剥皮法，一般适用于张幅较小、价值较高的毛皮动物，如水貂皮。

③片状剥皮法。剥皮时，先沿腹部中线，从颚下开口直挑至尾根，然后切开前肢和后肢，最后剥离整个皮张。一般张幅较大的皮多采用片状剥皮法。

二、鲜毛皮的初加工

以狐为例，毛皮初加工步骤如下。

1. 刮油

剥下的皮张不要堆放，应及时刮油，放置时间过长，皮张板结刮油时极易损伤皮张。将狐毛向里的狐皮筒套在圆木楦上，鼻孔套在木楦端上的铁钉内，拽平狐皮，用专用的刮油刀分段将狐皮上的油脂刮除。

具体操作方法：双手握住刮油刀，使刀刃与狐皮形成30°的角，从头部开始刮油。头部油脂较少，轻刮即可，尤其眼睑、耳根部用力一定要轻，遇到突起部位要抬起刮刀，避免损伤皮板。脖颈处皮毛较厚，褶皱较多；前肢因翻在皮筒内，会使皮筒两侧略有隆起，这两部位刮油也应格外注意，一定要做到运刀平稳、用力均匀。狐皮的腹部皮质较薄下刀要轻，刮到尿道口要尽量避开破口，轻轻刮过即可，不可用力刮而刮坏皮质，在刮乳房或阴茎部位时，用力要稍轻，以保证狐皮完整。

2. 修剪、洗皮

狐皮的头部、口鼻处及皮张的边缘、四肢的挑裆处，会留有一些残肉、残油等不易刮掉，需修剪。用剪刀紧贴皮板依次将残油、残肉剪除掉，将狐尾用剪刀剪开。用锯末将皮张上的残油洗净，使狐皮干燥快，以利于上楦板风干。

3. 上楦

皮张一经洗完应立即上楦板风干，必须使用国家统一规格的楦板，以保证毛皮的品质。上楦板时狐毛向里套在楦板上。先将口鼻处套在楦板尖端的顶部，再把两前肢摆正，放平楦板，从背部开始用力将狐皮套紧拽平，在狐皮的尾根部用木条压紧，两端用小钉钉实。翻转楦板，将两后肢拽平拉直，交叉重叠在一起用小钉固定钉好，最后将狐皮的裆部交叉重叠，用小钉钉好固定，然后依次将上好楦板的狐皮摆放整齐进行风干。

4. 干燥

狐皮干燥的方法有自然风干法和人工干燥法。自然风干法，简便，效率较高，加工质量较好。将上好楦板的狐皮放置在通风向阳处，使狐皮均匀受光受风，晾晒5天左右，狐皮已七八成干，即可翻板。

5. 翻板

狐皮七八成干，应及时翻板，未经熟制的狐皮晾晒过干，翻板时狐皮易撕裂。取掉钉在狐皮上的所有小钉，然后翻转楦板，将楦板的尖端向下蹲几下，使狐皮的口鼻处与楦板完全分离，取下狐皮套筒。把狐皮鼻子前端向内翻进去，再用一根长度约80cm、直径3cm的圆木棍，一头顶在自己身上，另一头顶住狐皮套筒内鼻子前端，双手握住狐皮套筒，轻轻翻转，头部翻出后，把木棍拿出，用脚踩住头部，双手拉动狐皮套筒翻转，直至将狐皮绒毛完全翻出向外，整理耳朵、四肢，抖动几下狐皮使绒毛蓬松，再将狐皮套筒套入楦板（注意不能更换楦板，以防止干燥收缩的狐皮与楦板不吻合），将狐皮摆正，将口鼻处套在楦板尖端的顶部，顶紧压实，放平楦板，从背部开始用力套紧拉平，在狐皮的尾根部两侧用小钉钉上，再将狐皮两后肢拉平钉上，放在通风处再次风干。

6. 二次风干、理毛

使狐皮彻底干燥，同时进行皮毛整理。二次风干时，背部皮厚毛密，应适当增加背部的着光量，正午阳光充足时使其背部着光。每天两次对狐皮进行理毛，用铁刷从狐皮头部开始向下理毛，用力要轻，一段一段向下顺序梳理，以免伤到绒毛和针毛，经过 2～3 天的晾晒和理毛后，狐皮的毛色鲜亮，皮板干燥，针毛柔软，绒毛蓬松，即可下楦。

7. 下楦

经过二次风干狐皮已经基本干燥，就可以下板了。下板时手法一定要轻，用力过猛易损伤皮张。先取下固定狐皮的铁钉，然后将楦板的尖端向下蹭几下，使狐皮的口鼻处与楦板完全脱离，拉出楦板，狐皮初加工完成。

一次上楦控温鼓风干燥加工法：经刮油、修剪后，采用转鼓和转笼洗皮。先将皮筒的板面朝外放进有锯末的转鼓里，洗几分钟后取出，翻转皮筒使毛被朝外，再放进转鼓里洗。洗皮用的锯末要筛过，除去其中的细粉。转笼、转鼓速度控制在 18～20r/min，5～10min 即可。上楦时毛被朝外，干燥用 1 台电动鼓风机和 1 个带有一定数量气嘴的风箱，在室温 20～25℃条件下，1～2 天即可风干。严禁高温或暴烤。如果采用毛朝内皮朝外的上楦方法，当干至六成时需翻转至毛朝外皮朝内继续干燥，干燥后的皮板及时下楦，梳毛，擦净。

8. 毛皮的贮存

狐皮初加工完成的生皮，应按商品要求分等、包装。狐狸生皮易腐烂，吸水性强，高温易变形，应保存在清洁、通风、干燥的地方，温度控制在 5～10℃，相对湿度为 50%～60%，重点防鼠害、虫害的发生。

水貂皮的初加工、包装、贮存、运输水貂皮国家标准。

狐皮的初加工、包装、贮存、运输蓝狐皮行业标准。

貉皮的初加工、包装、贮存、运输见貉皮国家标准。

獭兔皮的初加工、包装、贮存、运输见獭兔皮国家标准。

第二节 毛皮的质量鉴定

一、被毛及皮板的质量指标

1. 毛的长度

决定整个毛被的厚度，影响毛被的美观性、柔软性。以冬季长绒达到成熟阶段的最大长度为标准。

2. 毛的密度

毛的密度指单位面积内毛的数量，决定毛皮的保暖性。

3. 毛绒的细度

毛绒较粗的毛被弹性好，但美观性较差，毛绒较细的毛被，其毛被较灵活、柔软、美观。一般来说，毛细绒足的质量好。

4. 毛被的颜色与美观度

毛被的天然颜色，在鉴别毛皮品质时起重要作用。粗毛、针毛的光泽较强。

毛被的颜色、光泽关系着毛皮的美观程度。毛色一致的兽类，要求全皮的毛色纯正一致，尤其是背、腹部毛色一致；不允许带异色毛，不应有深有浅。如果毛色是由两种以上颜色组成，应搭配协调，构成自然美丽的色调。带有斑纹和斑点的兽类，应当斑纹、斑点清晰明显，分布均匀。

5. 毛的弹性和成毡性能

弹性好的毛被灵活、松散、成毡性小，一般毛纤维越细越容易成毡。用化学药剂处理后的毛，则降低成毡性。

6. 皮板重量与面积

皮板的重量与厚度、面积成正比关系。

7. 板质和伤残

板质的好坏取决于皮板的厚度、厚薄均匀程度、油性大小、板面的粗细程度和弹性强弱等。皮板和毛被伤残的多少、面积大小及分布状况，对制裘质量影响很大。

二、影响毛皮质量的因素

影响毛皮质量的因素可分为自然因素和人为因素。自然因素主要包括种类、性别、兽龄、健康状况、地区、季节等。采取选种、加强饲养管理、创造适宜的环境条件和提高加工质量等综合措施，提高毛皮质量。

1. 自然因素

（1）动物种类　毛皮兽的皮张质量首先取决于种兽的品质。

① 毛色。要求有本品种或类型固有的典型毛色和光泽。黑褐色水貂宜向深而亮且全身毛色均匀一致的方向选育；彩色水貂应向毛色纯正、群体一致的方向选育。

② 毛质。毛质即毛被的质地，是由针、绒毛的长度以及密度和细度等性状综合决定。要求绒毛向短平齐的方向选育，针绒毛长度比适宜，背腹毛长度比趋于一致（尤其水貂要求更严格）；针、绒毛的密度则应向高的方向选育，毛细度宜向细而挺直的方向选育。

③ 毛皮张幅。毛皮的张幅是按标准值及上楦后的皮长尺码来衡量的。决定皮张尺码大小的因素主要是皮兽的体长及其鲜皮的延伸率。体长及鲜皮延伸越大，其皮张尺码亦越高。因此种兽的选育宜向大体型和疏松型体质方向选育。

（2）性别　公、母皮之间皮张大小和质量上也有较大差异。所以，产品收购中定有"公母比差"。如水貂皮公皮为 100%，母皮为 80%。

（3）兽龄　壮龄兽毛皮质量较好，老龄兽毛绒粗长，光泽差，皮板较厚硬、粗糙。

（4）地理位置对毛皮质量的影响　一般寒冷地区毛皮质量好，越高纬度地区其毛皮品质越优良。

（5）局部饲养环境对毛皮质量的影响　主要指棚舍、笼箱、场地等小气候条件的影响。暗环境饲养的皮兽较明亮环境下的毛皮质量优良；湿度适宜的饲养环境比干燥、潮湿条件下的毛皮品质优良。

2. 人为因素

（1）饲养管理对毛皮质量的影响　饲养管理对毛皮质量的影响，主要体现在饲料与营养、冬毛生长期管理和疾病防治三个方面。

① 饲料与营养。合理的饲料配方和均衡的营养供给，使毛皮优良品质得以发挥。

② 冬毛生长期管理。创造有利于冬毛生长的环境条件，增强短日照刺激、减少毛绒的污损，对换毛不佳或毛绒缠结，应及早做活体梳毛处理。

③ 疾病防治。疾病有损皮兽健康和生长发育，间接影响毛皮的品质。加强疾病防治，也是提高毛皮质量的重要措施。

（2）加工技术对毛皮质量的影响　毛皮初加工和深加工对其质量亦有很大影响。初加工中特别应注意下列几个问题。

① 毛皮成熟鉴定和适时取皮。应准确进行皮兽个体的毛绒成熟鉴定，成熟一只取一只，成熟一批取一批。

② 开裆要正。

③ 刮油要净。

④ 上楦。上楦要使用标准楦板，上正并规范商品皮型。

⑤ 干燥。干燥的温湿度适宜。最好采用吹风干燥，如果用热源干燥时，温度和湿度均勿超高，否则闷板而脱毛，将严重降低皮张的质量。

⑥ 正确整理和包装。干燥好的皮张及时下楦、洗皮、整理和包装。洗皮不仅除去毛绒上的尘埃污物，而且明显增加美观度。整理包装切勿折叠和乱放，保持皮张呈舒展状，勿用软袋类包装。

三、毛皮的质量鉴定

毛皮鉴定时，以毛绒和板质质量为主，结合伤残（或缺损）程度、尺码大小，全面衡量，综合定级。感官鉴定，通过看、摸、吹、闻等方法，凭实践经验，按加工要求和等级规格标准进行质量鉴定。毛的长度、细度、伸长率，毛绒密度，皮板厚度、撕裂强度、崩裂强度等可通过仪器进行测定。

1. 鉴定毛绒质量

（1）鉴定方法　一抖、二看、三摸、四吹、五闻。

① 抖皮。将毛皮放在检验台上，先用左手握住皮的后臀部，再用右手握住皮的吻鼻部，上下轻轻抖动，同时观察毛绒品质。

② 看。毛绒的丰厚、灵活程度及其颜色和光泽，毛峰是否平齐，背、腹毛色是否一致，有无伤残或缺损及尾巴的形状和大小等。

③ 摸。用手触摸，了解皮板瘦弱程度和毛绒的疏密柔软程度。

④ 吹。检查毛绒的分散或复原程度和绒毛生长情况及其色泽（白底绒或灰白底绒）。

⑤ 闻。毛皮贮存不当，出现腐烂变质时，有一种腐烂的臭味。

（2）毛绒品质的优劣，通常有如下三种表现。

① 毛足绒厚（毛绒丰足）。毛绒长密，蓬松灵活，轻抖即晃，口吹即散，并能迅速复原。毛峰平齐无塌陷，色泽光润，尾粗大，底绒足。

② 毛绒略空疏或略短薄。毛绒略短，轻抖时显平状，欠灵活，光泽较弱。中背线或颈部的毛绒略显塌陷。针毛长而手感略空疏，绒毛发黏。

③ 毛绒空疏或短薄。针毛粗短或长而枯涩，颜色暗，光泽差，绒毛短稀或长而稀少，手感空疏，尾巴较细。

2. 鉴定皮板质量

检查皮板厚薄、弹性强弱，查看板面的颜色、油性大小和细韧程度。

板质好的毛皮，应该达到板面细致、厚薄均匀、油润，呈白色或浅色。质量差的皮板，枯弱瘦薄或厚硬、厚薄不匀，板面粗糙、无油性、呈深色。

板质较弱者为晚春皮和初秋皮。皮板较厚硬，呈紫红色或青色，弹性较差。

板质差者为夏皮或体况差、患病兽的皮张，皮板薄弱、韧性差、脂肪含量极少。

3. 对伤残处理

一般原则是：①在收购规格允许的范围内，对硬伤要求宽，对软伤要求严；②对分布在次要部位的伤残要求宽，对分布在主要部位的伤残要求严；③对集中的伤残要求宽，对分散的伤残要求严。

定皮价时应考虑4个比差：等级比差、尺码比差、公母比差、颜色比差。

水貂皮的质量标准、检验方法、检验规则见水貂皮国家标准。

狐皮的质量标准、检验方法、检验规则见蓝狐皮行业标准。

貉皮的质量标准、检验方法、检验规则见貉皮国家标准。

獭兔皮的质量标准、检验方法、检验规则见獭兔皮国家标准。

【复习思考题】

1. 如何确定毛皮兽的取皮时间?
2. 简述圆筒式剥皮法的操作要领。
3. 鲜毛皮的初加工需哪些步骤?
4. 被毛及皮板的质量指标主要有哪些?
5. 影响毛皮质量的因素主要有哪些?

第二篇

药用动物养殖技术

第七章 茸 鹿

【知识目标】
1. 了解茸鹿的主要品种、生物学特性以及鹿茸的加工技术与质量鉴定技术。
2. 掌握茸鹿的繁殖特点及饲养管理技术。

【技能目标】
能够识别茸鹿的主要品种，能够实施茸鹿的配种、饲养管理和鹿茸的采收工作。

第一节 茸鹿的生物学特性

一、茸鹿的分类

鹿属哺乳纲、偶蹄目、鹿科、鹿属。茸角有药用价值的鹿称为茸鹿。我国驯养的茸鹿主要有梅花鹿、马鹿、白唇鹿、黑鹿、坡鹿。梅花鹿、马鹿主要产于我国东北、西北及内蒙古等地；白唇鹿是我国青藏高原特有的野生动物；黑鹿主要分布于我国南方各省；坡鹿分布于海南省的部分地区。目前我国驯养最为普遍的茸鹿主要有梅花鹿和马鹿两种。

二、茸鹿的形态特征

1. 梅花鹿

中型鹿，雄性肩高 100cm，体长 100cm，体重 120kg；雌性肩高 90cm，体长不到 100cm，体重 70kg。头小，耳稍长、直立，颈毛发达，四肢匀称，主蹄狭尖，副蹄细小，尾短。雌、雄鹿眼下均有一对泪窝，眶下腺比较发达，呈裂缝状（彩图 7-1）。

梅花鹿毛色随季节变化而变化，夏毛短稀，无绒，呈红褐色，鲜艳美丽；冬毛厚密，栗棕色，冬、夏均有白斑点，由于鹿身上的白斑似梅花状，故称为梅花鹿。

公鹿有角，母鹿无角。公鹿生后第二年长成锥形角，第三年生分枝角，发育完全的成为四杈形，通常不超过五杈，其特点是眉杈不发达，不从角基部前伸，而在靠上部分出，斜向前伸与主枝成一钝角，第三分支在高处。

2. 马鹿

（1）东北马鹿 东北马鹿体型较大，雄性肩高 130～140cm，体长 140cm，体重 230～300kg；雌性肩高 120cm，体重 160～200kg。臀部有一块黄褐色大斑，又称黄臀鹿（彩图 7-2）。

东北马鹿冬毛厚密，灰褐色，夏毛呈浅赭黄色，初生马鹿的白色斑点与梅花鹿相似，白斑随着生长发育逐渐模糊不清，至 5～6 个月基本消失。

（2）天山马鹿 肩高 140cm，体重 250～300kg。背毛、体侧毛为棕灰色，腹毛深褐色，头部和颈部毛色较深，颈毛发达，背中线不明显。臀部斑块不宽阔，呈深黄褐色，周围有一圈黑毛。

马鹿鹿茸的眉枝从角基上部几乎与主干同时分生（称坐地分枝），紧靠第一分支连续分生第二分支（冰枝），第三分支正好在茸角的中部分生，所以称其为中枝。东北马鹿的茸角最多能分生6～7支、天山马鹿可分生7～9支。

三、茸鹿的生活习性

1. 野性

由于茸鹿驯养的时间较短，所以仍保留野生习性，听觉、视觉发达，胆小易惊，一有惊动便迅速逃跑。一般公鹿比母鹿好斗（公鹿仅生茸期行动谨慎），尤其是在配种期。仔鹿在生后几十分钟就能站立，生后几天就能跑跳，1月龄左右若不加以驯化很难捕捉。

2. 草食性

鹿为草食性动物，有四个胃，具有反刍的生理功能。常年以各种植物为食。夏、秋季采食各种植物的嫩绿部分，而早春和冬季主要吃各种乔灌木枝条、枯叶、浆果等，春季常到盐碱地补充盐分。在人工饲养条件下，豆粕、玉米、麸皮、青草、各种树叶及农作物的茎秆等作为主要饲料。

3. 群居性

鹿在自然条件下，大部分时间成群活动，少则十几头，多则几十头。可利用这一特性进行驯养和放牧。

4. 换毛季节性

鹿的被毛每年更换两次，春夏之交脱去冬毛换夏毛，秋冬之交换上冬毛。夏毛稀短，毛色鲜艳；冬毛密长，毛色灰褐无光泽。

5. 繁殖季节性

鹿为季节性多次发情动物，9～11月份发情配种，第二年春末夏初产仔。

第二节 茸鹿的繁育技术

一、茸鹿的繁殖

1. 性成熟与初配年龄

鹿的性成熟时期与种类、栖息条件及个体发育状况等因素有关。梅花鹿和马鹿的性成熟期一般在16～18月龄。

在生产群，生长发育良好的母鹿满16～18月龄（即生后第二年的秋季），体重达成年母鹿的70％以上时，即可参加配种。身体发育差，不足16个月不能参加配种。为了培育高产鹿群，育种用母鹿的初配年龄应比一般生产群延迟一年。公鹿的性成熟一般在2.5～3岁，参加配种的公鹿年龄以4～5岁为宜。

2. 发情规律

鹿为季节性多次发情动物。公、母鹿发情配种时期为每年秋季的9～11月份，梅花母鹿发情旺季在10月中旬，而母马鹿则在9月中旬至9月末。发情季节母鹿表现为周期性多次发情，发情周期平均12(10～20)天，发情持续时间为1～2天。发情12h后配种容易受孕。

发情鉴定：发情初期表现烦躁不安，摇尾游走，虽有公鹿追逐，但不接受交配。发情盛期母鹿内眼角下的泪窝开张，散发一种强烈的特殊气味。外生殖器红肿，阴门流出黄色黏液并摇尾排尿，有时母鹿还发出尖叫，此时如果有公鹿追逐，便可接受交配。

成年公鹿的性活动也呈季节性。公鹿在交配期食欲减退，表现极度兴奋，颈部显著增粗，性格暴躁，用蹄扒地或顶撞围墙，并磨角吼叫，至性欲旺期则日夜吼叫。公鹿的争偶角斗在 9 月中旬表现最为激烈，强大的公鹿可占有母鹿 10 头以上。

3. 配种

（1）配种的准备工作

① 制订配种计划。在配种前，根据鹿群现状和发展情况，综合制订出配种计划。

② 合理分群与整群。根据配种计划，对公鹿进行合理分群。母鹿可按年龄和发育情况分入各群中，初产母鹿和经产母鹿要分开，配种鹿群不宜过大，一般 20～25 头为宜。结合分群要对原有鹿群进行一次整顿，对年龄过大、繁殖力低、体弱有病的母鹿，要从配种群中拨出，予以淘汰或另行配种。公鹿在配种前要进行个体品质鉴定，对于精液品质差、有疾病者应立即拨出，及时补充新的配种公鹿。

③ 圈舍、器具的检修。配种前检修鹿舍、围墙和运动场。准备好配种所用器械。

（2）配种方式

① 群公群母配种法。通常以 50 头母鹿群，按 1∶（3～4）的比例混入公鹿进行配种。在整个配种期内，无特殊原因，不再放入其他公鹿。此方式配种占用鹿圈少，简单易行，但是系谱不清，而且种鹿角斗偶尔会产生伤亡。

② 单公群母配种法。将年龄、体质状况相近的母鹿按 20～25 头分为一群，一次只放入一头公鹿任其自由交配，每隔 5～7 天更换一头公鹿。到母鹿发情旺期则 3～4 天更换一次种公鹿。在一天之内若发现种公鹿已配了三四次，仍有母鹿发情需要交配，应将该母鹿拨出与其他公鹿交配，以确保种公鹿的体况良好和提高后裔品质。这种配种方式可以减少公鹿之间的争斗，防止伤亡事故发生。目前大多数鹿场采用此种配种法。

③ 单公单母配种法。在母鹿圈内先放入试情公鹿以发现发情母鹿，然后拨出该母鹿，与选定的公鹿交配。这种配种方式可有计划地进行个体选配，但耗工费时，适用于育种场。

（3）配种　在发情期来临的前几天，可将公鹿按比例放入既定的母鹿圈或配种圈中，以使鹿相互熟悉，并能诱引母鹿提早发情。鹿交配时间短，且配种多发生在清晨、黄昏。应注意观察鹿群，只要母鹿发情症状明显，应保证其获得交配的机会。在配种过程中，严禁粗暴对待、惊吓以及其他不良刺激。群公群母配种时，配种圈要经常有人看护，发现争斗应及时解救。在王鹿经常"霸占"母鹿群时，应注意哄赶和协助其他公鹿进行配种。

配种的母鹿，应注意观察受配后的表现，是否在下个发情周期再次发情，如再次发情，待确定未受孕后应重新复配。

在配种季节，公鹿小群饲养管理，并按配种计划安排公鹿的配种。

4. 妊娠与产仔

（1）妊娠　鹿的妊娠期因鹿种、个体发育情况及驯养方式的不同而有所差异。梅花鹿多为 220～240 天，马鹿多为 223～250 天。一般情况下，老龄鹿比年轻鹿妊娠期长，圈养鹿比放养结合的妊娠期长 3 天左右，怀母羔比怀公羔的妊娠期长，怀双羔的妊娠期最长，平均在 240 天左右（梅花鹿）。

在鹿生产中，可根据母鹿的生理、形态上的变化和行为表现来判定母鹿是否妊娠和妊娠的大致天数，并结合兽用 B 超诊断等妊娠诊断技术进行确定，减少空怀率。

（2）产仔

① 临产症状。母鹿产前半个月左右乳房开始膨大，行动谨慎，产前 1～2 天腹部下垂，欺窝凹陷，初产母鹿表现不甚明显。临产前拒食，在鹿舍内沿墙角来回走动或起卧不安，不时回视腹部。当外阴部呈现红肿，流出长 10～20cm 牵缕状、蛋清样黏液时，即将产仔。

母鹿产前须注意观察，一旦发现有临产症状，应及时拨入产仔圈，以便顺利产仔。

② 产仔经过。母鹿呈躺卧或站立姿势产仔，随着子宫阵缩不断加强，胎儿进入产道，

羊膜外露，破水后随即产出。正常多为头位产出，产程一般为 30～40min，最长 2h 左右。胎盘在产后 0.5～1h 排出，多由母鹿自行吃掉。

③ 产后仔鹿的护理。及时清除仔鹿鼻腔附近的黏液；在距仔鹿腹壁 8～10cm 处用消毒过的粗线结扎、剪断脐带，在剪断处涂以碘酒；及早使仔鹿吃到初乳；对母性不强或有恶癖的母鹿要加强看管，并把仔鹿放在保护栏里。及时填写登记卡片，尽早打耳标。

二、茸鹿的选种

为改善鹿群状况，应重视对种鹿的选择。从生产力、年龄、体质外貌及遗传性等几个方面综合考虑评定。

1. 种公鹿的选择

（1）按生产力选择　即根据个体的产茸量与质量来评定公鹿的种用价值。一般选留公鹿的产茸量应高于本场同龄公鹿平均单产 20％以上，同时鹿茸的角向、茸形、皮色及毛地等均应优于同龄鹿群。

（2）按年龄选择　种公鹿应在 4～7 岁的壮年公鹿群中选择。个别优良的种公鹿可用到 8～10 岁。种公鹿不足时，可适当选择一部分 4 岁鹿作种用。

（3）按体质外貌选择　种公鹿必须具备该鹿种的典型性。体质结实，结构匀称，强壮雄悍，性欲旺盛，膘情中上等。

（4）按遗传性选择　根据系谱资料进行选择。选择父母生产力高、性状优良、遗传力强的后代作为种公鹿。对所选个体后裔也要进行必要的测定，以做进一步的选择。

2. 核心母鹿群的选择

选择健康体大，体况良好，四肢强壮有力；皮肤紧凑，被毛光亮，气质安静温和，母性强，不扒仔伤人；乳房及乳头发育良好，泌乳性能好，无难产和流产史的母鹿。年龄上从 5～10 岁的壮龄母鹿中选择。

鹿的育种以纯种繁育为主，即主要采用本品种选育的方法，培育生产力强、产茸量高、适应性强的鹿群，为防止近亲繁殖，可引进相同种类的良种公鹿进行血缘更新，以提高鹿群质量。

第三节　茸鹿的饲养管理技术

良好的饲养管理是提高鹿群健康水平、提高成年鹿生产能力、促进幼鹿生长发育、防止和减少疾病的发生以及减少死亡的重要条件之一。在鹿生产中，应不断完善饲养管理技术，以获得茸鹿养殖的高效益。

一、公鹿的饲养管理

饲养公鹿的目的是为了生产优质高产的鹿茸和获得良好的繁殖性能。根据公鹿的生理特点和营养需要，一般分为生茸前期、生茸期、配种期和恢复期四个阶段。

由于我国南北地理环境和气候条件的差异，四个时期的划分时间亦有不同，见表 7-1。

表 7-1　梅花鹿公鹿饲养时期的划分

地区	生茸前期	生茸期	配种期	恢复期
北方	1 月中旬至 3 月上旬	3 月中旬至 8 月下旬	9 月上旬至 11 月中旬	11 月下旬至翌年 1 月上旬
南方	1 月下旬至 3 月上旬	3 月中旬至 8 月上旬	8 月下旬至 12 月上旬	12 月下旬至翌年 1 月中旬

注：马鹿的上述相应时期比梅花鹿均提前 1 旬左右。

1. 恢复期和生茸前期的饲养管理

公鹿经过配种后，体质较弱，且又逢气温较低的冬季，因此需要迅速恢复体质，为换毛和生茸提供物质基础。恢复期精料补充料粗蛋白水平18%，精料逐步增加，使公鹿恢复到7～8成膘。生茸前期精料补充料粗蛋白水平19%，精料量为恢复期的1.3倍，增膘至8～9成。精料补充料（包括能量饲料、蛋白质饲料、矿物质饲料及饲料添加剂，下同）按配方加工，青草铡短至3～5cm，干草铡至0.5～1cm，秸秆制成黄贮。

在管理上，精料每天定时投喂两次，先精后粗，均匀投料。青、粗饲料充足时，可自由采食。对体质较差的鹿应分出小群或单圈精心饲养。每日饮水两次，供温水至2月下旬。圈舍每周清扫、消毒一次。水槽每3天洗刷、消毒一次。

2. 生茸期的饲养管理

饲养公鹿的一个主要目的是为了获得鹿茸，生茸期是公鹿饲养过程的关键时期。

鹿茸的生长需要大量的蛋白质、维生素及矿物质，尤其是含硫氨基酸。精料补充料粗蛋白水平21%，喂量3kg/d以上，看槽加料。

在管理上，应均衡定时喂饲。精料每天喂3次，饮水要清洁充足，青饲料每天饲喂2次。对圈舍、运动场及喂饲用具等每周打扫、消毒。夏季气候炎热，在运动场内应设遮阴棚。

在生茸期应做好公鹿角盘脱落日期、鹿茸生长情况等资料的记录工作，同时要掌握鹿茸生长速度，及时做好收茸工作。对个别新茸已长出但角盘仍未脱落者，应人工将硬角除去，以免妨碍鹿茸生长。

从越冬恢复期开始加强亲和驯化，防生人及其他动物的惊扰，影响鹿茸的生长。有条件的鹿场，应采取小群饲养，每群以15头为宜。

3. 配种期的饲养管理

在配种期，公鹿性欲旺盛，食欲显著下降，能量消耗较大，参加配种的公鹿体力消耗更大。为此，应将配种鹿、非配种鹿分群饲养，注意改善配种公鹿饲养条件。饲养上应增加青饲料的供应，日粮保持生茸前期水平。非配种公鹿，收完二茬茸后，精料逐步减少至300～500g/d。

在管理上，精料每天定时喂饲两次，保证饮水。对个别体质差或特别好斗的公鹿最好实行单圈饲养，以防意外事故发生。运动场及栏舍要经常检查维修，清除场内一切障碍物。采用人工授精或单公群母自然配种法，自然配种公母比例为1:（13～15）。对非配种公鹿，亦应有专人轮流值班，防止顶架或穿肛。

二、母鹿的饲养管理

饲养母鹿的基本任务是为了繁殖优良的仔鹿。母鹿饲养管理可分为三个阶段：配种期（9月上旬至11月上旬）、妊娠期（11月中旬至翌年5月中旬）和哺乳期（5月下旬至8月下旬）。

（1）饲养 配种期及妊娠前、中期（妊娠的头5个月）可供给较多的青、粗饲料，配种期日粮精料补充料粗蛋白水平18%，喂量1kg/d；妊娠期18%，喂量1～1.5kg/d；哺乳期19%，喂量1.5～2.5kg/d。日喂2次，先粗后精，均匀投料，饮水充足。

（2）管理 对配种母鹿应施行分群管理，每圈不超过15头。一般先将仔鹿断乳分出后参加配种。部分母鹿产仔较迟，也可采取母鹿带仔参配的方法，受胎率亦较高。育成鹿初配年龄为16～18月龄。在配种期间应有专人值班，观察和记录配种情况并防止发生意外伤亡事故，同时注意控制交配次数，在一个发情期一般以不超过2～3次为宜。配种结束后，应与公鹿分养，保持圈舍安静，并应注意对妊娠鹿不要强行驱赶或惊吓，以防引起流产。哺乳期昼夜值班，发现扒仔、咬仔、无乳、弃子等情况，及时处理。圈舍、水槽每日清扫（洗）1次，供给充足清洁饮水。

三、幼鹿的饲养管理

幼鹿的饲养管理可分为三个阶段。一般将断乳前的小鹿称为"仔鹿"或"哺乳仔鹿"，断乳到育成前的小鹿称"幼鹿"或"离乳仔鹿"，当年生的仔鹿转年称为"育成鹿"。仔鹿从出生到生长发育完全成熟，大约需要 3 年时间。

1. 仔鹿的饲养管理

（1）及时吃到初乳　一般产后 24h 仔鹿吃上初乳。若母鹿不认仔或母鹿产后死亡吃不上母乳时，可选用性情温顺、母性强、泌乳量高、同期分娩的经产母鹿代养。代养初期，较弱的仔鹿自己哺乳有困难时，需人工辅助，并适当控制代养母鹿自产仔鹿的哺乳次数与时间，以保证代养仔鹿的哺乳量。若找不到代养母鹿，可进行人工哺乳，但要做到定时、定量、定温。仔鹿出生 3～7 天内称重、测体、标号、建档。

（2）早补饲　早期补饲能使仔鹿提早断乳，锻炼其消化器官功能，促进母鹿提早发情。出生 3 周后开始补料，混合精料须用温水调匀呈粥样，初期补饲每天 1 次，补饲量不宜过大，如有剩料及时清理。30 日龄，每头每日补饲精料约 180g。随仔鹿日龄的增长，其补饲量逐渐增加到300～400g。仔马鹿的补饲量比梅花仔鹿多 1～1.5 倍。青、粗饲料的补饲，应尽量补给青草、树叶及优质的粗饲料。仔鹿开始采食精、粗饲料后，舍内应增加饮水设备，供给充足饮水。

（3）加强管理　仔鹿随母鹿进入大群后，须有固定的栖息和补饲场所。在母鹿舍内设置仔鹿保护栏（同时也是补饲栏）是保障仔鹿安全、有效补饲、减少疾病发生及提高成活率的有效措施。保持栏内清洁，经常打扫，并注意观察，发现异常及时处理。仔鹿断奶前适时防疫。

2. 幼鹿的饲养管理

仔鹿的哺乳期一般为 90 天，仔鹿断奶多在 9～10 月份进行。仔母栏相距应远些，以免母仔呼应，造成仔鹿不安。一般 5 天后就能习惯。根据仔鹿的性别、体重等分群管理，每群 20～25头。精料补充料粗蛋白水平 20%，喂量 300～400g/d，每天喂饲 4 次，青粗饲料少喂勤添、自由采食。饲养员对仔鹿的护理应细致，进入鹿舍内，应呼唤接近，耐心驯化培育，切忌粗暴。此外，要注意鹿舍及饮水的清洁卫生，特别注意防止仔鹿下痢，发现后及时治疗。

3. 育成鹿的饲养管理

（1）饲养　要求饲料营养丰富，精、粗饲料搭配合适。先精后粗，饲料更换有适应期。精料粗蛋白水平 18%，喂量逐渐增加至 1.5～2kg/d。

（2）管理　公、母分群饲养，以防因早配而影响生长发育。有条件的鹿场对育成鹿可施行放牧，以利于其生长发育及驯化。保证有足够的运动场。初角茸长至 6～8cm 时留茬4cm 锯去上端。

四、鹿场及设施

鹿场应选择在地势高燥、排水良好、背风向阳且安静的地方。鹿舍占地面积每头鹿平均 2～3m²，运动场以每头鹿 8～10m² 为宜。鹿圈围墙高 3m，内部隔墙 2.5m，运动场内设水槽、食槽及凉棚等。

第四节　鹿茸的采收和加工

一、鹿茸的生长与采收

1. 鹿茸的生长发育规律

鹿茸是公鹿额顶生长的嫩角。末端钝圆，外面被有绒状的茸毛，茸皮脱去后骨化而形成实心的骨质角，称鹿角。

初生仔鹿额顶两侧有色泽较深、皮肤稍有皱褶及旋毛的角痕，雄性鹿更为明显。随着个体发育到一定年龄（梅花鹿为8～10月龄），公鹿在该处渐渐长出笔杆状的嫩角，上有细密的茸毛，称为"初角茸"。该茸角生长到一定时间（约至秋后），茸角表皮经摩擦而剥落，露出一锥形的硬角。直到次年，角的基部（俗称"草桩"）由于血液循环及组织学上的变化，硬角自然脱落（俗称"脱盘"），新茸角又重新开始长出，然后又重复上述的生长过程。

两岁以上的公鹿，角盘多在每年4月后脱落，在角基部形成一个"创面"，10天左右皮肤封闭愈合，并继续生长、隆起，即成"茸芽"。再约10天后茸角在前方分出一侧支（马鹿一般分出两侧支），称为"眉枝"或"眉杈"。以后茸角的主干顶端膨大，随之此处又长出另一侧支，若在这一时期收茸，称"二杠茸"。此时不收，茸角继续生长，并经20天左右，主干顶端又将长出第三侧支（马鹿此时成四杈茸），此时收获的茸，称"三杈茸"。梅花鹿由角盘脱落至长成三杈茸，需70～75天，马鹿长成四杈茸则需75～80天。收茸后，茸角基部的锯创又很快愈合，经50～60天，又可长出1～2个侧支的茸角，称为再生茸。若是野生公鹿，长成四个分杈的茸角则逐步钙化变硬，表皮脱落成为硬角。配种期以此角作为争偶角斗的武器。直至次年4月间，硬角才自然脱落并再度长出新的茸角。由角盘脱落，茸芽初冒至收茸（或长成硬角），构成茸角生长的一个周期。

2. 鹿茸的采收

初生茸：1岁公鹿当年长出的茸角（即鹿的第一对茸角）为初生茸。

二杠茸：对2～3岁的公鹿或茸干较小的茸角，宜收二杠茸（图7-3）。

三杈茸：5岁以上的公鹿，茸干粗大、丰满，宜收三杈茸。马鹿一般采收三杈茸、四杈茸。

初生茸长出杆状约15～20cm时就可采收；二杠茸以第二侧支刚长出，茸角顶部膨大裂开时采收为宜，一般在脱盘后70～75天进行。凡在7月中旬前锯过茸的4岁以上公鹿，到8月20日前后，大部分都能长出不同高度的再生茸，应在配种

图7-3　梅花鹿二杠茸

前及时采收。育成公鹿在良好的饲养条件下，6月中旬左右，当初角茸长到5～10cm即可锯尖平茬，以刺激茸的生长点，使角基变粗，有利于提高鹿茸的产量和质量，至8月下旬前，根据初角再生茸生长情况，分期分批收取。

（1）保定　鹿的保定方法有机械法和化学法两种。机械保定由小圈、保定器与连接两者之间的通道所组成。保定时先将鹿从鹿舍运动场驱赶入小圈，从小圈将鹿赶入通道后，一步步迫使鹿向前移动，并由后向前一个一个关闭侧门，最后将鹿逼入保定器内。化学保定法是使用麻醉枪（或吹管），注射肌肉松弛剂——氯化琥珀胆碱注射液，对梅花鹿的有效量为0.07～0.1mg/kg体重，肌肉弛缓期延续时间平均可达25～30min；或用眠乃宁注射液保定鹿，按每100kg体重肌内注射1.5～2.0mL，给药5min后麻醉，持续1～1.5h。

（2）锯茸　操作前锯片消毒，锯茸时锯口应在角盘上约2cm处，锯茸时应快、平、准，用力均匀，以防掰裂茸皮使鹿茸等级降低。为防止出血过多，锯前应在茸角基部扎上止血带。锯茸结束后，立即在创面上撒布止血粉，立即用催醒剂苏醒，如苏醒灵3号，用量为眠乃宁的2～3倍（体积比），耳静脉注射。

二、鹿茸的加工

鹿茸的加工目的是保持鹿茸的外形完整和易于贮存。目前主要有两种加工方法：排血

加工和带血加工。鹿茸加工的基本原理：利用热胀冷缩排出鹿茸组织与血管中的血液或水分，加速干燥过程，防止腐败变质，便于长期保存。

1. 排血茸加工

(1) 登记　将采收的鲜茸进行编号、称重、测量、拴标、登记。

(2) 排血　即鹿茸在水煮前机械性地排除鹿茸内血液的过程。方法是：用真空泵连接胶管、胶碗，将胶碗扣在锯口上把茸内血液吸出。也可用打气筒连接14~16号针头，将针头插入鹿茸尖部，通过空气压缩作用，使茸血从锯口排出。

(3) 洗刷去污　用40℃左右的温水或碱水浸泡鹿茸（锯口勿进入），并洗掉茸皮上的污物。在洗刷的同时，用手指沿血管由上向下挤压，排出部分血液。

(4) 煮炸、烘烤与风干

① 第1次煮炸（即第1天煮炸）。先将茸放在沸水中煮15~20s（锯口应露出水面），然后取出检查，茸皮有损伤时，可在损伤处涂蛋清面糊（鸡蛋清与面粉调成糊状）加以保护，以后反复多次进行水煮。

根据鹿茸的大小、老嫩和茸皮抗水能力不同决定下水的次数和时间。二杠茸第1次煮炸的下水次数为8~10次，每次下水25~50s（水煮时间以50g鲜茸煮2s为参考依据），每次冷凉时间50~100s（冷凉时间为水煮时间的2倍）；三杈锯茸第1次煮炸的下水次数为7~10次，每次下水煮炸时间30~50s（50g鲜茸煮1s），间歇冷凉时间60~100s。煮炸到锯口排粉红色血沫，茸毛矗立，沟楞清晰，嗅之有蛋黄气味时停止煮炸。擦干冷凉后放入70~75℃烘箱或烘房内烘烤2~3h，然后取出于通风干燥处平放风干。

② 第2次煮炸（即第2天煮炸）。加工时，操作程序、操作方法与第1次相同，下水次数与煮炸时间较第1次煮炸减少10%~15%，煮至茸尖有弹性为止。然后取出擦干、烘烤、风干。

③ 第3次煮炸（即第3天煮炸）。入水深度可为全茸的2/3，下水次数和煮炸时间较第2次煮炸略减一些，煮炸至茸尖由软变硬，又由硬变软，变为有弹性时为止。然后擦干、烘烤、风干。

④ 第4次煮炸（即第4天煮炸）。入水深度为全茸的1/3~1/2，下水次数与煮炸时间较第3次煮炸略减一些，煮炸至茸尖富有弹性时为止。擦干、烘烤后上挂风干。

(5) 煮头　从第6天开始，隔日煮头到全干为止。每次只煮茸尖部4~6cm处，时间以煮透为宜。煮透即指把茸尖煮软，再煮硬，有弹性时为止。每次回水煮头后，不用烘烤，上挂风干即可。

(6) 顶头　因二杠茸茸嫩含水分大，茸头易瘪，顶头加工能起美化作用。方法是：当二杠茸干燥至80%时，将茸头煮软后，在光滑平整的物体上顶压茸头，使之向前呈半圆形握拳状。三杈梅花鹿茸和马鹿茸不需进行顶头加工。

2. 带血茸加工

(1) 锯后鲜茸的处理

① 封锯口。收茸后锯口向上立放，勿使血流失，送到加工室后，立即在锯口上撒布一层面粉。面粉被血水浸湿后，再用热烙铁烙锯口，堵住血眼，然后称重、测尺、拴标、登记。

② 洗刷茸皮。先用温肥皂水或碱水洗刷茸体，彻底洗净茸皮上的油脂污物，再用清水冲洗一遍擦干。在洗刷茸体时，已封闭好的锯口不要沾水。

(2) 煮炸与烘烤　从收茸当天到第4天，每天都要煮炸1次，连续烘烤2次。从第5天开始连日或隔日回水煮头和烘烤各一次，加工至鹿茸八成干。各次煮炸、烘烤时间和温度等可根据鹿茸种类、枝头大小灵活掌握。

（3）煮头风干　带茸煮头风干的操作过程和管理，基本相同于排血茸加工后期的加工管理方法。

加工后的梅花鹿二杠茸，以干品不臭、无虫蛀，加工不乌皮，主干不存折，眉枝存折不超过一处，不暗皮、不破皮、不拧嘴，锯口有正常的孔隙结构，有正常典型分杈，主干与眉枝相称，圆粗嫩壮，茸皮、锯口有正常色泽，每只重85g以上的为优质品。

【复习思考题】

1. 鹿的配种方式有哪些？
2. 公鹿生茸期的饲养管理要点有哪些？
3. 公鹿配种期的饲养管理要点有哪些？
4. 母鹿产仔哺乳期的饲养管理要点有哪些？
5. 幼鹿的饲养管理要点有哪些？
6. 鹿茸的生长发育规律是什么？
7. 简述鹿茸的采收。
8. 鹿茸加工的原理和目的是什么？

第八章　中国林蛙

【知识目标】
1. 了解中国林蛙的生物学特性、生殖生理、捕获与林蛙油加工技术。
2. 掌握林蛙的人工孵化与催产技术以及饲养管理技术。

【技能目标】
能够捕获林蛙，能够实施林蛙的催产、人工孵化、饲养管理及林蛙油收取。

中国林蛙，俗称"蛤士蟆"、"黄蛤蟆"、"油蛤蟆"、"红肚田鸡"，是一种经济价值极高的两栖动物，其雌蛙输卵管干燥物是名贵的中药材——林蛙油，也称"田鸡油"或"蛤蟆油"。林蛙油含有丰富的蛋白质和必需氨基酸，还有数种激素，具治劳损、补虚热、强身健脑等功效。

第一节　林蛙的生物学特性

中国林蛙属脊索动物门、两栖纲、无尾目、蛙科、蛙属，主要分布于东北三省、内蒙古、甘肃、河北、河南、山西、山东、陕西等地。

一、林蛙的形态特征

中国林蛙体较宽短，头较平，头宽略大于头长，吻端略突出下唇。鼻孔一对，位于吻突背面，距吻端较近。前肢短而细、指端略尖，指较细长，指长顺序 3、1、4、2，关节下瘤明显，3、4 指基部有指基下瘤，内掌突圆而大，外掌小面狭长，后肢较发达，拉直前伸，胫跗关节超过眼部，内跖突明显，趾间蹼呈薄膜状，蹼缘凹，趾长顺序 4、3、5、2、1，3、5 趾几乎等长。中国林蛙皮肤粗糙，背部及体侧有小疣粒，排列不规则，口角后有一长形颌腺向后延伸到前肢基部，腹面光滑。不同季节不同产区体色变异较大，典型体色，在冬眠期及产卵期体背及体侧为黑褐色，少数为土黄色或灰色，夹带褐斑；鼓膜处有三角黑斑，两眼之间常有一黑横纹，或在"头后"有八字横斑，腹部均为白色。雄性口角皮下内有一对声囊，鸣时似幼儿啼叫。体型中等，四肢背面具明显黑色横斑（彩图 8-1）。

二、林蛙的生物学特性

1. 两栖性

生殖和发育在水中进行，胚胎无羊膜，幼体像鱼类一样完全在水中生活，用鳃呼吸，没有成对的附肢，用尾作为运动器官。幼体经过变态发育为成体时，开始出现一系列适应陆地生活的特征，如作为运动器官的尾消失，代之出现具有五指（趾）型的附肢，鳃呼吸改为肺呼吸等。

2. 喜水、喜湿性

林蛙的成体虽然在陆地上生活，但由于皮肤缺乏防止体内水分蒸发的结构，因此只能生活在附近有淡水、比较潮湿的环境中。

3. 变温性及冬眠性

蛙特殊的血液循环系统以及较低的新陈代谢水平，造成其体温随外界温度变化而改变，属于变温动物。9月末开始冬眠，至翌年4月结束。9月以后气温开始下降，林蛙的活动开始靠近水边，到10月下旬则钻入水底石头或砂砾下进入冬眠。在−20℃情况下，中国林蛙四肢已冻硬，胸部没有冻实，放在冷水或温水均可复苏，冬眠时不食不动，新陈代谢降到最低限度，冬眠场在山涧溪流、江河及山区水库等水域。

林蛙的寿命一般是7~8年，野生和人工半散放养殖的林蛙生长3年后即可捕捞，圈养林蛙2年后即可回收。

第二节 林蛙的繁育技术

一、林蛙的繁殖

1. 繁殖特性

林蛙24月龄达性成熟，卵生。一般在4月上旬清明前后解除冬眠，雄性早于雌性3~5天，成年早于幼年5~7天，水温适合便开始产卵，多在温暖阴雨之夜顺水到下游，在静水中雌雄抱合，异性刺激产卵和射精，体外受精。8~10天，可以孵出蝌蚪，蝌蚪经过40天变成幼蛙，幼蛙次年生殖腺成熟后繁殖。林蛙产卵最佳水温为10~11℃，每日产卵高峰期在早上5~8时。卵团外被有灰白色近于透明的保护膜，卵黄集中在卵的下部，呈灰白色或白色，为植物极。卵的黑色部分为动物极，动物极黑色素多可吸收热量，促进卵的发育，未受精的卵植物级向上，受精卵经3h后动物极向上，因此在野外采集时注意区分受精卵和未受精卵。

2. 繁殖技术

（1）采集种卵或种蛙

① 种卵的采集与运输。在天然水池、沼泽水面等静水区用捞网捞取卵团，时间宜早，每天上午6~11时为宜。同一蛙场将卵团从产卵池移送至孵化池，可用水桶盛装，并加适量清水于桶中；异地蛙场运输卵团可选用内衬聚乙烯薄膜的塑料编织袋盛装，每袋50~100团，并加入袋容积10%~20%的清水。卵团离水贮存和运输时间不得超过24h，当卵团运至孵化池后，应立即投入孵化池水中，以防时间过长造成蛙卵窒息死亡。刚产出尚未吸水膨胀或发育到尾芽期以后的卵团不可捞取或异地运输。收集蛙卵时应注意：一是不要碰保护膜；二是防止蛙卵混淆。林蛙卵的保护膜是团形，蟾蜍卵是长方形；青蛙卵虽然与林蛙卵相似，但其产卵期比林蛙迟1~2个月。

人工养殖场收取蛙卵用笼式法或圈式法，人工繁殖种蛙密度大，自然产卵较困难，因此，必须在人工控制下，强制其在产卵场内产卵。笼式法是用细铁丝或枝条编成笼子，将好的种蛙按雌雄1:1比例放入其中，然后把笼子放到产卵池中，适当调节水的深度使笼内水深保持在15cm左右。产卵笼应放在静水区，远离出水口和入水口，种蛙配对后，在水温10℃左右时，7~8h便可产卵。圈式法是在产卵池四周用塑料膜或铁丝网围住。塑料膜或铁丝网高1~1.5m，向内倾斜45°~60°角，或在上端向内折成直角，下端用土压实。按雌雄1:1比例投放种蛙，密度为10~15对/m²。为了提高配对速度，可再加入10%~20%左右的雄蛙，要注意准确掌握时间，及时把蛙卵移送到孵化池，并把产卵后的种蛙取出送往休眠场。

② 种蛙的采集、运输。春季采集：每年4月初至4月中旬出河，4月中旬到4月末到河流、沼泽等自然水域中捕捉。秋季采集：每年9月中旬到10月中旬是林蛙下山入河的时间，在此期间可捕到大量的种蛙。捕捉种蛙应以网捕、手捉和瓮子捕捉的方法，严禁用药

捕、电击等方法捕捉。

采集种蛙时，要避免损伤，种蛙必须用麻袋或篓筐盛装，长途运输时要用笼筐盛装，在笼内加盖稻草等覆盖物，并经常洒水，保持湿度；中途必须用干净河水冲洗，避免蛙体干燥造成死亡。在运输种蛙时不需要装水运输。春季运输时要掌握好运输时间，不能长途运输，如果超过 5～6 天，种蛙就会不经"抱对"而排未受精卵。

（2）蛙卵的孵化

① 散放孵化法。将卵按 3～5 团/m² 放入孵化池中，任其自然孵化、生长。8～15 天可孵化出小蝌蚪。也可将卵团放入孵化网箱自然孵化，网箱透水性好，箱内外水体可以交换，孵化密度可以大些，为 5～6 团/m²。

孵化过程中应注意以下几点。

a. 孵化时，要将卵团放在浅水区，待卵团膨胀后再移到深水区，如果直接放到深水区，由于卵团未膨胀，浮力小易沉底受污染，加之深水区水温低，孵化速度慢，蛙卵易损废。

b. 在孵化初期要采取同侧入水、出水和封闭（半封闭）式灌水法，以保持水面的稳定和水的温度。池内水深在 20～30cm，夜间因气温较低要覆盖。

c. 要注意防止卵团被污染，以蒿秸、枝条等在池面上搭成小方格，将卵团控制在一定的区域，避免漂浮到池边被污染。

d. 要注意防止天敌侵害，要及时驱逐家禽，特别是家鸭和青蛙等天敌。

e. 孵化期注意保持环境宁静，避免振动池埂，不可搅动孵化池内的蓄水。

f. 孵化期水温应控制在 10～15℃。

② 筐孵法。将直径为 80cm、高 30cm 的孵化筐密集地放到塑料薄膜孵化池里进行孵化。每筐放 10～12 个卵团，水深保持在 25～30cm。当孵化到胚胎发育的尾芽期至鳃血循环期之间时，要疏散密度，用细孔捞网将卵团捞出，按放养密度放到蝌蚪饲养池中（仍要装在孵化筐里），继续完成最后的孵化过程。

二、种蛙的选种

1. 选择时间

春季 3 月末至 4 月中旬，秋季 10 月下旬至 11 月上旬。

2. 形态标准

品种纯正，动作灵敏、无畸形、无损伤，背部皮肤黑褐色并有黑斑，背上部正脊处有一"∧"或"八"字形黑色条纹。雄蛙腹部为黄褐色，由腹至下颌渐为白色，前肢粗壮，身长 5～8cm，体重 15～30g，蛙龄为 2～4 年生；雌蛙腹大而丰满，腹部红黄色或带有土灰色，肤色明显深于雄蛙，身长 6～9cm，体重为 25～55g，蛙龄为 3～4 年生。林蛙一般怀卵量在 1500～2000 粒。2 龄的雌林蛙个体小，怀卵量少；5 龄以上的雌林蛙体弱，所以 2 龄和 5 龄以上的雌林蛙一般不用做种蛙。

第三节　林蛙的饲养管理技术

一、蝌蚪期的饲养管理

1. 放养

蝌蚪摄食完卵胶膜后移入蝌蚪饲养池饲养，池面积 30～40m² 为宜，池水深 30cm，安装防逃网。放养前将饲养池按每平方米水面用生石灰 250～300g 或漂白粉 30g 化浆，全池泼洒消毒，消毒 7 天后待药效消失方可放入蝌蚪。同一池蝌蚪变态时间差不应超过 3～5

天，饲养密度，活水池控制在 1000 只/m^3 水体，死水池控制在 500 只/m^3 水体。

2. 饵料

（1）饵料的种类及加工　饵料分精料和粗料。精料主要是玉米粉、豆饼粉、麦麸等，粗料主要是各种植物的嫩茎叶，如蒲公英、蒿草等山野菜。饵料需加工处理，粗料加工：将嫩茎叶加工成 2～3cm 的小段，煮熟滤汁冷却备用。精料加工：将玉米粉、豆粕、麦麸按 3∶1∶1 的比例，适当加入少量鱼粉、微量元素添加剂，均匀混合，加水煮成糊状，冷却，掺入调制好的粗料、鱼肝油、维生素 E 等即可投喂。

（2）饵料的投放　孵化后的蝌蚪第 7 天开始投饵，开口料用蛋黄水，每万只蝌蚪投喂 1 个蛋黄水，每天 2 次，全池泼洒。7 天以后可以投喂煮熟冷却的饲料，投放在边缘的浅水区，以便于蝌蚪采食。投放方法：用长 1m 左右的蒿秆枝条或宽 2cm、厚 1cm、长 1m 左右的窄木条，将饵料粘在其上，投放到水中，让其漂浮在水面，或者两头架起固定，既有利于蝌蚪均匀采食，又能提高饲料利用率，防止污染水质。饵料的投喂要根据蝌蚪的不同生长时期确定：7～10 日龄，每天上午投喂一次即可；10～25 日龄上、下午各投放一次；25～35 日龄食量大，每天早晨、中午、下午各投一次。饵料量按蝌蚪数量适量投喂，以每次投喂稍有剩余为标准，在 35 日龄左右，每万只蝌蚪食量可达到 2～3kg。蝌蚪到 40 日龄进入变态期，已基本停止进食，实际生产过程中要细心观察，灵活运用饲喂方式及调整饲喂量，以免饵料不足或过剩。

3. 管理

（1）灌水　蝌蚪初期，气温较低，需氧量少，因此水流应通过晒水池、主水渠，然后在池子同侧进水、出水，保证水的温度和池内水的相对稳定。在夜间或阴天要加大灌水量，使水深达到 50cm 左右，起到保温、防止结冰的作用。蝌蚪生长后期（30 日龄以后），气温渐高，蝌蚪耗氧量增加，所以应采取对角线式灌水法，加大灌水量，增加换水速度，既能降低温度，又能保持水质清洁，提高含氧量。

（2）巡塘　每天细心观察蝌蚪的摄食、活动以及水质、病虫害等。当蛙卵孵化结束，即卵胶膜被蝌蚪吃完时，就应向池内喷洒一次防病和杀虫药。当发现蝌蚪出现长白毛、烂尾、打转、漂浮于水面、消瘦、肿胀等现象，或蝌蚪池内有龙虱、水蜈蚣、水螳螂等害虫时应及时使用高效、安全、无公害、无残留的杀虫杀菌药进行杀灭和治疗。

二、变态期幼蛙的饲养管理

蝌蚪生长 40～50 天以后进入变态期，一般 6 月 15 日前后，少数蝌蚪进入变态期，6 月 20 日前后大批蝌蚪进入变态期，四肢长出，尾缩短，由鳃呼吸变为肺呼吸，如果不及时转为陆地生活，较长时间生活在水中就会溺水死亡。这时在池中多放一些树枝，树枝一头放入水中，一头放在池岸上作为引桥，使变态的小蛙通过引桥爬到陆地上。

1. 变态幼蛙饲养

变态池是蝌蚪变态上岸的场所，亦起到疏散的作用，均匀分布避免幼蛙上山时局部密度过大。变态池应尽量修建在朝阳山坡下，因为春天气温低，阳坡比较适宜幼蛙生长。变态池的面积以 25～30m^2，池深度在 50cm 左右为宜。整个池形呈锅底形，即池梗有一定的坡度，以利于幼蛙出水。刚变态的幼蛙在一周内基本不离开变态池，仍在四周活动，但已完全脱离水池，进入陆地生活，栖息在水池周围的草丛或遮蔽物下面，要适时喷水保湿。幼蛙的尾部完全吸收之后开始摄食，主要捕食幼小昆虫，在自然状态下，因开口食不足而大量死亡，所以要在变态池周围幼蛙集中的地方，供给幼蛙充足的饵料，每天喂食一次，平均每只幼蛙喂食 2～3 龄黄粉虫 1～2 只。变态幼蛙的天敌很多，主要是食肉昆虫和鼠类，要在水池四周进行几次药剂杀鼠。集中管护喂养一周左右，把幼蛙收集好，及时移送到植被良好、环境潮湿、昆虫丰富的林下放养场。

2. 变态幼蛙管理

放养密度为 5000 只/m² 左右。蝌蚪疏散到变态池后,应注意看管,防止山洪冲毁变态池,严防天敌危害,同时需要继续饲喂少量饵料,保证水量充足,保持水质清洁。气温低的地方可清理周围遮光树枝,增加光照,或用塑料膜铺底的办法提高水温。

三、幼蛙、成蛙的饲养管理

幼蛙、成蛙的饲养有三种方式,即全人工养殖、半人工养殖和综合养殖。综合养殖是幼蛙进行半人工养殖,二年生以上雌蛙进行全人工养殖。这样幼蛙可节省饲料,成蛙只养雌蛙,从而提高养殖效益。

1. 全人工养殖

(1) 放养前准备 养殖区消毒:一般用 5mg/L 高锰酸钾或 3mg/L 漂白粉喷洒整个养殖区,一周后将蛙放入养殖场地。

放养密度:根据环境条件、天然饲料的丰富程度等灵活掌握。一般刚登陆的幼蛙,放养 250～300 只/m²,1 个月左右为 150～200 只/m²,登陆 2 个月左右,为 80～100 只/m²。成蛙、商品蛙 40～60 只/m²,后备种蛙 20～30 只/m²。

(2) 投饵 幼蛙初期日投饵量按群体总重的 8%～10% 投喂,以后依幼蛙个体大小、气温高低、饵料质量优劣和摄食情况灵活掌握。成蛙、商品蛙日投饵量按群体总重的 10%～12% 投喂,并视具体情况酌情增减。

林蛙在一天中,4～7 时和 16～20 时活动频繁,是捕食的高峰时间,此时投喂最好,即每天投喂两次。投喂的饵料要新鲜,营养丰富全面,饲料品种多样化,严禁投喂发霉、腐败变质的饵料,做到定时、定位、定质和定量投喂。投喂时应将饵料放在固定的投饵点,不要放在阳光直接照射的地方。为避免活饵死亡和逃逸,要注意投放的数量,如每只成蛙投喂 5～6 龄的黄粉虫 3～4 条为宜。要在多点投放,分布均匀,尽量投放在林蛙经常活动的地方,以减少食物浪费。

另外,可采取措施降低养殖成本,如以灯光诱引昆虫、种植蜜源植物招引昆虫、养殖昆虫活饵等。

(3) 日常管理 注意天气变化:晴天少雨时要经常洒水,以保持场地湿润,一般在上午 10 时和下午 14 时进行。加强看护:防止人畜等对围栏的破坏,防止野鸭、鹰、乌鸦、蛇、鼠类等天敌的危害。设置防逃障防逃,阴雨天、大雾天,尤其是在大风、雷雨等恶劣天气,更要注意看护,以防损失。

2. 半人工养殖

半人工养殖的优点是:投资少,可结合承包荒山、荒地养殖。缺点是:看护较困难,易逃逸,回捕率低。

(1) 放养密度 根据放养场的位置、大小及植被情况确定放养密度,一般每公顷山林可放养林蛙 5000 只左右。

(2) 饵料 半人工养殖饵料来源为天然饵料和人工投喂饵料,以天然饵料为主。刚变态上山的幼蛙需要投放少量饵料,投放在与地面相平的木板或用塑料布做成的投饵台上,宜投喂小的饵料,如蜕皮两次的黄粉虫。当幼蛙能自动寻找食物时,可停止投喂,让其独立生存。成蛙可直接放养到山林。为增加放养场内昆虫的数量,可设置诱虫灯诱虫,或堆积一些动物粪便、杂草等招引昆虫。

(3) 日常管理 加强放养场的巡视和看护。对天敌如蛇、鼠等进行捕杀和清除,用声响、假人等驱赶害鸟;随时对人工辅助设施(如防逃障、水池等)检查维修;对非放养蛙类及卵团、蝌蚪，移出放养场放生，避免其与林蛙争夺放养场地的食物和空间。

四、越冬期的饲养管理

不同地区气温下降程度不同，林蛙冬眠时间也有所不同，一般气温下降至8℃以下时，林蛙便开始进入冬眠。在冬眠前要做好林蛙的强化饲养，准备好越冬场所，以备其安全越冬。

1. 越冬池越冬

（1）准备工作　按标准规格修建林蛙越冬池。原有越冬池应整修清理，铲除淤泥和杂草，以减少耗氧，防止有害气体发生。半人工养殖主要利用天然河流越冬，即对放养场内的山间溪流、背河湾进行拦截，使水位加深到1m左右，达到冬季冰下水不干，供林蛙越冬。水中布设林蛙藏身的掩蔽物，如草把、石块等。

（2）越冬密度　越冬池林蛙数量为200～300只/m²。

（3）满足溶解氧需求　活水越冬池，水中溶解氧能及时补充，林蛙不缺氧。若无活水流入，则越冬池溶解氧得不到补充，水中含氧量降低逐月加快，1月份时就有可能出现缺氧现象。加之水中含氧量上多下少，林蛙在水底，对林蛙正常越冬造成危害，甚至大量死亡。

解决越冬池溶解氧不足，应做好以下三方面工作：一是越冬池蓄水要充足，水深不低于2.5m，水面面积不能太小。二是蛙、鱼一池越冬时，鱼量应控制在0.2kg/m³水体，比正常量减少一半，并要尽量清除野生杂鱼，以减少耗氧。三是整个越冬期要精心看护，定期观察越冬情况。因水生动物对缺氧非常敏感，严重缺氧时，在冰眼附近可看到水蚤等水生昆虫。因此，打开冰眼时，观察水生昆虫是否上游，可作为判断水中是否缺氧的标志。

严重缺氧时，可注水补氧，水面结冰较厚应开冰孔补氧。冰孔开在深水处，每亩（667m²）水面开一个宽1.5m、长3m的冰孔，顺主风向排开，借风力提高补氧效果。为防止冰孔重新结冰，夜间可用草苫遮盖冰孔。

（4）扫除积雪　观察林蛙越冬场地冰下水位变化及林蛙动态，如面积较大的地方要扫除积雪，增加光照、增加水体中的溶解氧量。

2. 水库笼装越冬

将林蛙装入铁笼，笼的规格为70cm×60cm×（50～60）cm，铁笼四周用金属网或纱网围成，每笼可放成蛙500～700只、幼蛙1000～1200只，笼内放些草把等杂物，供蛙潜伏。将笼放入水深1.5m处，并固定。

越冬前须经浅水暂养。暂养池水深20～30cm，对角线式进、出水口，池底放树枝、瓦片等杂物供蛙栖息。将捕到的3～4龄种蛙放入暂养池，暂养密度为600～700只/m²。进入11月中旬，当水温和气温分别下降到5℃和8℃以下时，将林蛙放入铁笼中，再移到深水中越冬，冬眠适宜水温2～4℃。

3. 地窖越冬

地窖可建在室内或室外，宽2m、深2m，长度根据蛙的数量而定。窖四周用砖石砌成或仅砌成50cm左右的围墙，防止林蛙打洞钻入土壤。窖顶有通气孔，用于排放气体和调节窖内温度。窖底铺一层厚25cm的泥沙土，放些枯枝落叶。窖内温度1～5℃，2～3℃最好，相对湿度80%～90%。密度：幼蛙2000～3000只/m²，成蛙700～1000只/m²。越冬期间要注意补湿，使蛙体皮肤保持湿润，呼吸正常。也可在窖底设1/3水体，同时要防止鼠害。

4. 设施越冬池越冬

在塑料大棚或温室中修建林蛙越冬水池。一般为长方形水池，深度以能保证冰层下有近1m深的水为准，面积按300～400只/m²计算，一侧有坡度，利于第二年林蛙出水，两端设进出水口，内铺设塑料布等防止渗水，池底可放石块等隐蔽物。当池外最低气温达到

0℃，水温高于气温的情况下，林蛙即可入池越冬。

五、蛙场建设

人工养殖多采用人工繁殖、天然放养等养殖方法。

1. 繁殖场建设

（1）场址选择　选择地势平坦、背风向阳、水源充足、水质好、无污染的地方，土质以渗水性小、保水性强的黏土为好。

（2）繁殖场建设　有开放式和封闭式两种，封闭式有塑料大棚式和玻璃温室式。

① 孵化池。依蛙场有效放养面积及载蛙量等因素确定孵化池的面积，选择河流中下游便于引水区域因地制宜修建一处或多处孵化池，单池面积不小于 $40m^2$，排灌方式为单排单灌式，池深 $30\sim60cm$。

② 变态池。分散在放养场周围，单池面积不小于 $50m^2$，池深不低于 $50cm$，池埂有 $40°\sim50°$ 的斜坡，利于幼蛙登陆。也可直接用孵化池养蝌蚪至变态上山。亦可利用山间天然"泉眼"、池塘、湿地改扩建来修建变态池，变态池在蝌蚪变态期要确保不干涸。

2. 放养场

放养场应建在森林覆盖率在 60% 以上，以阔叶林和针阔叶混交林为主的地方，东北三省主要以桦、杨、榆、槭、山胡桃、柞树为主的杂木林，树龄在 $15\sim20$ 年。森林层次结构明显，各层植物茂盛，林下光线暗淡、湿度大，小动物资源丰富。根据养殖计划划出养殖场的范围，划分方法一般以天然分水岭为界，可两山夹一沟或三面环山，河谷平坦，无洪水泛滥。放养场内必须有充足的流水，如常年不干涸的小河或溪流，宽 $1\sim3m$，水深 $20\sim30cm$。河底的土质以泥沙质为好，多岩石的河底不利于捕捉林蛙。附近无工矿企业和居民区，有林蛙分布的地方，最适合建场。放养场距越冬场 $500\sim1500m$，二者之间不应有大面积农田等较大的隔离带，否则当秋季遇到干旱时，林蛙返回越冬场所很困难。

放养场每个养蛙单位（$50hm^2$ 有效面积），根据场内河流、林木、植被土壤、天然饵料、野生动物等情况，可放养当年变态幼蛙 10 万～40 万只；2 年生蛙 3 万～10 万只，回捕量（即 2 年生以上雌、雄蛙合计）不足 1 万至 5 万只不等。

3. 越冬场

越冬场是林蛙冬眠的场所。由于林蛙水下群集冬眠，越冬场必须保持一定的水位。越冬场分为天然越冬场和人工越冬场两种。

（1）天然越冬场　如江河、湖泊、小溪，严冬枯水期不断流，水流量不低于 $0.02m^3/s$，稳水区水深 $1m$ 左右，深水湾区 $1.5m$ 以上。一般水深 $1m$，面积在 $10\sim15m^2$ 的水域可容纳数千只的林蛙越冬。

（2）人工越冬场

① 水库。在河流沿岸一侧，避开主河道和洪水泛滥之处，距主河道 $10m$ 左右，每隔 $500\sim800m$ 修建一座面积 $100\sim200m^2$、水容量 $200\sim500m^3$ 的小型水库，有水闸控制入水深 $2m$，每年清理一次淤泥。水库越冬最好分两阶段进行，9 月中旬至 10 月末水温不稳定期间可用暂养池暂存一段时间，再将林蛙放入水库。

② 地窖。在离繁殖场不远的地方，选择一处地下水不渗漏、土质疏松的地方，挖一个长 $2m$、宽 $2m$ 的地窖，窖底铺 $0.25m$ 的泥沙。窖顶覆盖 $0.5m$ 厚的土，留一个直径 $8cm$ 的通气孔和一个 $0.5m×0.5m$ 的窖门。

③ 越冬池。在蛙场内选择沿河、易于引水的低洼地域或适于拦河筑坝的河道修建越冬池。依沟系长度，池间隔 $200\sim1000m$，池水深不低于 $1.5m$，单池面积不低于 $200m^2$。同时应确保越冬池冬季有流水，且池底、池边不渗、不漏。

第四节 林蛙捕捞与林蛙油收取

一、林蛙的捕捞

秋季林蛙体大肥硕、蛙油质量好、经济价值高，林蛙成集群性下山入河，是回捕林蛙的最佳时期。

人工养殖林蛙的捕捉方法，目前主要有塑料膜拦截法和瓮子捕捉法，回捕率高，对林蛙伤害小，且捕捞简单，成本低。此外还可采用翻石法、网捞法、草把诱捕法等进行捕捉。

1. 塑料膜拦截法

在林蛙下山的路线上设塑料膜围墙拦截捕捉。在选好的山林边缘，用塑料膜围高1.5m，向内（林蛙下山一面）倾斜45°～60°角，下端用土压实，围墙内清理宽0.5～1m、深50cm的沟道，9月中旬到10月初的阴雨天气里，在沟道里便可拦捕大量林蛙。

2. 瓮子法

用柳条、榆树条等编成的鱼坞子形状的笼子，每年的8月末在坡度大、流速快的地方修建倒"八"字形的瓮子口，9月中旬把瓮子安装好，可捕到大量的林蛙。

不论采取何种方法，都要尽量避免损伤林蛙，并做认真挑选，选留一定量的种蛙越冬管理。未成龄幼蛙应迅速送到越冬场，成龄商品蛙应尽快出售或加工。

二、林蛙油的收取及分级

1. 林蛙油的收取

林蛙油的收取分为干剥法和鲜剥法两种。干剥法可随用随剥，油的形态完整、不易污染，较常用。

（1）干剥林蛙油

① 林蛙处死。将林蛙放入60～70℃的热水中15～20s，烫死后捞出。

② 穿串。用细铁丝或麻绳从蛙眼处或上下颌处穿透，连成长串。穿串时，注意蛙体之间要有缝隙，否则不易晾干，易发霉腐烂。

③ 干燥。采用烘干机干燥法，温度50～55℃约经48h可完全干燥。此种方法加工出来的油块质量好。自然干燥法，是把串好的林蛙放在阳光下晒干。在晴天条件下，彻底干燥约需10天，阴雨天需放在室内或进行遮雨，夜间需要搬回室内，防止冻结。无论采用何种方法干燥，一定要做到干透，否则容易腐烂变质，失去其价值。将干燥好的蛙串放在阴凉处保存备用，随时剥取蛙油。

④ 软化。将干蛙放在60～70℃的温水中，浸泡10min（注意不要让口腔和穿串部位浸入水中，否则水浸入腹腔，蛙油膨胀，较难剥离完整）。将浸泡好的蛙取出后，放入容器里，用湿毛巾等厚布覆盖6～7h，待蛙体变软时即可剥油。

⑤ 剥离蛙油。将蛙体从腹面向后折断，从背面连同脊柱一起撕下，分开内脏，用镊子夹住并提起输卵管，切断下部与子宫的连接，再沿输卵管背面将输卵管系膜剪断，一直剪到肺根附近，将一侧输卵管全部剪下，同法剪下另一侧。剥油时要取净，同时将黏附在油块上的内脏器官、卵粒等挑出来。刚刚剥出的油块含水量较高，应进行晾晒干燥（3～5天），或用烘箱干燥（50～60℃、2～4h）。干燥后的蛙油即可进行分级，分级好的蛙油用塑料袋包装，封严袋口，防止吸潮，存放于低温、干燥的环境下，注意防止潮湿和生虫。

（2）鲜剥林蛙油

① 林蛙处死。将活蛙用50～60℃热水烫死，在冷水中冷却5～10min。

② 林蛙油剥取。经蛙体腹面正中线用剪刀剪开，再向左右各剪开一横口。分开内脏，剥取蛙油。

③ 林蛙油的干燥。同干剥林蛙油。

2. 林蛙油的分级

林蛙油以色泽、油块大小、杂物含量等指标划分为 4 个等级，其等级标准如下。

一等：油色金黄或黄白，块大而整齐，透明有光泽，干净无皮、卵粒等杂物，干而不潮者。

二等：油色淡黄，皮肉、卵籽及碎块等杂物不超过 1%，无碎末，干而不潮者。

三等：油色不纯白，不变质，油块较小，碎块和卵粒、皮肉等杂物不超过 5%，无碎末，干而不潮者。

四等（等外）：油色较杂，带有红、黑等颜色，有少量皮肉、粉籽及其他杂物，但不超过 10%，干而不潮者。

【复习思考题】

1. 简述林蛙卵的采集及孵化。
2. 林蛙蝌蚪期的饲养管理要点是什么？
3. 变态幼蛙的饲养管理要点是什么？
4. 林蛙越冬期的饲养管理要点是什么？
5. 简述林蛙油的收取。

第九章 药用蛇类

【知识目标】
  1. 了解药用蛇类的生物学特性、人工养殖的主要蛇种以及蛇产品的初加工技术。
  2. 掌握药用蛇类的饲养管理以及蛇卵的人工孵化技术。

【技能目标】
  能够识别人工养殖的主要蛇种，能够实施蛇卵的人工孵化和药用蛇的饲养管理。

  蛇属脊索动物门、脊椎动物亚门、爬行纲、有鳞目、蛇亚目。蛇类具有较高的经济价值。蛇肉味道鲜美、营养丰富；蛇毒制剂对心血管病及癌症有疗效，用蛇毒制备的抗蛇毒血清可治疗毒蛇咬伤；此外，蛇油、蛇血、蛇蜕都具有较高的药用价值；蛇皮可制乐器、装饰品。

第一节　药用蛇类的生物学特性及品种

一、蛇类的生物学特性

1. 形态特征

  蛇（彩图 9-1）身体细长，呈圆筒状，通身被覆鳞片；四肢退化；无眼睑，视力低下；无耳孔，无鼓膜，但具有内耳及听骨，对地面振动声极为敏感；嗅觉十分灵敏。蛇类的体型大小相差悬殊，小的体长仅 10cm，体重只有几克，而最大的蟒蛇体长达 10m 以上，体重可达 75kg。蛇类的体色和斑纹也因种类不同而不同。

2. 生活习性

  (1) 栖息环境　蛇属于变温动物，其栖息环境因种类的不同而各不相同，大多喜欢栖息于温度适宜（20~30℃）、靠近水源、觅食方便和隐蔽性好的环境中，常见于落叶下、树枝上、岩洞内、石堆、草丛、山区水沟边及田野中，以洞穴为安身之所。

  (2) 活动规律　蛇的种类不同，其活动规律有明显的差异。昼行性蛇类如眼镜蛇、眼镜王蛇等，喜欢白天活动觅食；夜行性蛇类如金环蛇、银环蛇等，昼伏夜出；晨昏性蛇类如尖吻蛇、蝮蛇等，喜欢在弱光下活动，常在傍晚和阴雨天出来活动觅食。

  (3) 食性　蛇为肉食性动物，喜食活体动物，如昆虫、泥鳅、小杂鱼、蛙类、蜥蜴、鸟类、鸟蛋、鼠类等。此外，有些蛇种（如眼镜王蛇、王锦蛇等）也捕食其他蛇类。

  蛇的食量大，一次可吞下为自身体重 2 倍的食物，一次饱餐后可以 10 天乃至半个月以上不进食。蛇口可张大至 130°，能吞食比自己头大几倍的食物。蛇的消化能力和耐饥饿能力都很强，被其吞食的鼠类、鸟类等除毛以外，都能消化掉，在有水无食的情况下，几个月不进食也不会饿死，但无水无食时耐饥饿时间大大缩短。

  (4) 蜕皮　蜕皮是蛇类的一大特点，从头到尾，蜕去皮肤的角质层。蜕去的皮呈长管状，中医称"蛇蜕"或"龙衣"。蜕皮后，蛇的身体便随着长大。蛇每年蜕皮 3 次左右，年幼的蛇或食物丰富时，生长速度较快，蜕皮的次数也较多。

（5）冬眠和夏眠 一般气温降至13℃以下时蛇就开始冬眠，进入冬眠的时间也随性别、年龄不同而异。冬眠的场所一般都在冻土层（离地面1m）以下、干燥的洞穴中。冬眠时，蛇不食不动，缓慢消耗体内贮存的营养物质来维持生命最低需要。药用蛇类的群居冬眠特性有利于保温和维持蛇体湿润，对提高蛇的成活率和繁殖率均有益处。

与冬眠特点相似，生活在热带和亚热带的南方蛇类，往往在炎热的夏季也要休眠，称夏眠。

二、人工养殖的主要蛇类品种

人工养殖的蛇分为有毒蛇和无毒蛇两大类，毒蛇与无毒蛇的区别在于毒蛇有毒腺和毒牙。目前，我国人工养殖的经济无毒蛇种类主要有蟒蛇、黑眉锦蛇、赤链蛇、百花锦蛇、王锦蛇、乌梢蛇等；经济毒蛇种类主要有蝰蛇、滑鼠蛇、灰鼠蛇、三索锦蛇、眼镜蛇、眼镜王蛇、金环蛇、银环蛇、蝮蛇、尖吻蝮蛇等。养蛇场主要分布在江西、广西、浙江、安徽、湖北、湖南、江苏、辽宁、山东等地。

第二节 蛇的繁育技术

一、蛇的繁殖

1. 蛇的繁殖特点

蛇一般性成熟为3年。蛇的生殖有卵生、卵胎生两种。每年6~9月是蛇的产卵（仔）期，每条母蛇每年产卵（仔）1窝。蛇卵呈长椭圆形，乳白色或淡黄色，卵壳柔软而富有弹性。卵多产在隐蔽良好及有一定温度和湿度的草地、落叶中。除眼镜王蛇、尖吻蛇有护卵行为外，其他大多数蛇产完卵即离开产卵处，任其在自然条件下孵化。卵胎生的蛇，其卵在母蛇的输卵管内发育，然后产下仔蛇。

2. 蛇的繁殖技术

（1）蛇的发情交配 蛇类在春季或秋季发情交配，在繁殖季节，雌蛇皮肤和尾基部的腺体能散发出特殊的气味，雄蛇凭借这种气味追踪雌蛇，两蛇相互缠绕，交配时，雄蛇从泄殖孔伸出两侧的半阴茎，但只将一侧半阴茎伸入雌蛇泄殖腔内，射精后，雄蛇尾部下垂，经过一段时间静止，两蛇分开。在繁殖季节，雌蛇只交配一次，精子在3年内有受精能力，一条雄蛇可与多条雌蛇交配。因此，人工养蛇雌雄比例一般为8:1。

（2）蛇的产卵（仔） 几种蛇交配、产卵（仔）时间见表9-1。

表 9-1 几种蛇交配、产卵（仔）时间

名称	交配时间	产卵(仔)时间	平均产卵数
眼镜蛇	5~6月份	6~8月份	8~12枚
银环蛇	5~6月份	6~8月份	6~7枚
金环蛇	4~5月份	5月份	10~18枚
黑眉蛇	5~6月份	7月份	21~23枚
竹叶青蛇	—	7~8月份	10~12枚
尖吻蛇	4~5月份、10~12月份	6~8月份	2~6枚
白眉蝮蛇	5月末、8~9月份	8~9月份	8~12枚
乌梢蛇	5~6月份	7~9月份	3~15枚

① 产卵。产卵过程是间断性的，产程30~50min，有的达到2h。产程的长短与蛇的体

质及环境的干扰有关，体质弱的蛇产程达 20h 甚至更长。产卵时受干扰，产程延长或终止，剩余的卵两周后会被慢慢吸收。

② 产仔。卵胎生蛇大多生活在高山、树上、水中或寒冷地区，受精卵在母体内生长发育，但胚胎与母体没有直接联系，其营养物质来源于卵。

产仔前，母蛇停止采食和饮水，选择阴凉安静处，身体伸展呈假死状，腹部蠕动，尾部翘起，泄殖孔变大，流出少量稀薄黏液，退化的卵壳形成透明膜。当产出一半时，膜破裂，仔蛇突然弹伸，头部扬起，慢慢摇动，向外挣扎。同时母蛇收缩，仔蛇很快产出，5min 后可向远处爬行。白眉蝮蛇仔蛇全长 16～20cm。

（3）蛇卵孵化技术　人工孵化蛇卵，可提高孵化率。产下的卵要及时收集，防止阳光照射，并尽快放入陶缸或木箱内孵化。孵化缸置于阴凉干燥的房间内，缸内放入含水量约为 20％的细沙土（沙与土的比例为 3：1，厚度 30cm 以上），卵平放沙土上，铺盖新鲜树叶或青草，3～4 天更换新鲜树叶或青草，缸口盖上有孔的竹筛或铁丝网，以防老鼠吃卵或小蛇出壳后逃逸。发现萎缩、变色的死胎，及时捡出。

整个孵化期，保持室温 25～30℃，相对湿度 60％～70％。孵化期因蛇的种类不同而有所差异，如金环蛇卵孵化期为 40～47 天、银环蛇为 45 天左右、眼镜蛇为 47～57 天、尖吻蝮蛇为 26～29 天。同时，孵化时间与温、湿度密切相关，在适温范围内，温度越高，孵化时间越短。采用自动孵化器可提高孵化效率。

二、蛇的选种

1. 蛇的雌雄鉴别

一是从外形上区别，一般雄蛇头部比雌蛇大，躯干比雌蛇细，尾部比雌蛇细长；二是用两指由后向前紧捏蛇的泄殖腔孔时，雄蛇会露出两根"半阴茎"，即一对交接器，雌蛇的泄殖腔孔显得平凹。

2. 选种

种蛇的选择应从建场初期就开始逐步进行，对幼蛇、育成蛇、成年蛇分阶段进行选择。选择体型大、无伤残、无病、体格健壮、食欲正常、生长发育快的蛇作为种蛇，同时还要注意花纹、色泽、泌毒量和产卵等指标。

第三节　蛇的饲养管理技术

一、蛇场建造

饲养场地应选择在远离居民区、土质致密、树多草茂、水源充足、环境幽静、有一定坡度的地方。饲养场的周围用砖砌成高 1.6～2.0m 的围墙，内壁用水泥抹光，内角做成弧形，使蛇无法攀缘，墙基 0.5～1.0m 以上，防止老鼠打洞致蛇外逃。围墙不设门窗，可用活动梯进出蛇场。

蛇场内应建筑蛇窝、水池、水沟等设施，并摆放乱石，使蛇有觅食、栖息与繁殖的场地。水池内可种植一些水草，放养泥鳅、小杂鱼、青蛙等动物，供蛇自由捕食；池顶架设荫棚以防池水晒热；水沟与水池宜引进自然溪水或自来水，保持水质清洁卫生，供蛇洗浴和饮用。蛇窝的建造要适合于蛇的活动和冬眠，能防水、通气、保温，可建成不同的形式，如地洞式、圆丘式、方窖形等。一般蛇窝可用砖石砌成或瓦缸倒置外周堆些泥土，窝高和直径为 0.5m 左右，开设两个供蛇出入的洞口，顶上加活动盖防雨，并便于观察和取蛇，底层一部分深入地下，窝内铺些沙土和干草。

二、药用蛇类饲养管理

1. 引种

蛇的引种一般选择春、秋两季。蛇的规格为：小型品种 100～200g、中型品种 150～350g、大型品种 250～600g。引种时做好蛇的健康检查，避免引进不健康的蛇。健康蛇的标准：皮肤有光泽、色泽标准、肌肉丰满、凶猛有神、伸缩较快。

蛇在入场前要进行药浴，严防病菌入场，可用硼酸、新洁尔灭、高锰酸钾等消毒液稀释后浸泡蛇体 2～5min。浸泡时蛇的头部要远离药液，以免药液误入蛇的口中。

2. 饵料

蛇的食性虽广，但不同蛇种的食性也不尽相同，应根据养殖蛇种的食性，结合当地具体条件选择饵料。如银环蛇喜食泥鳅、小杂鱼、蛙类、鼠类等；眼镜蛇喜食青蛙与其他小蛇；尖吻蝮蛇爱吃蛙类、蟾蜍、蜥蜴、鼠类和鸟类。

投喂的饵料要新鲜卫生，投喂时间随蛇种的活动规律而定，如金环蛇喜欢夜间活动，应在夜间出洞前将饵料投在蛇窝附近，让蛇容易找到。

多数蛇类对食物需求量大的月份是 5 月、7 月和 10 月。5 月份是怀卵期，对营养要求高；7 月份是产卵期，产完卵后，身体虚弱，需大量摄食以补充营养；10 月份处于冬眠前夕，需要蓄积营养御寒和越冬。满足这三个阶段的营养需要是养好蛇的关键。

3. 越冬与过夏

蛇是变温动物，不同蛇种对环境温度的要求稍有差别，但大多数蛇类适宜的温度为 15～35℃，最适宜的温度为 20～30℃，当环境温度低于 13℃以下时，即进入休眠状态，如果管理不当常会造成死亡，因此越冬管理是蛇场重要的工作。包括：①入冬前抓好蛇的增膘复壮工作，让蛇多吃、吃饱、吃好，体内多蓄积脂肪。如果是毒蛇，则在入冬前 1 个月内不取或少取蛇毒。②蛇的越冬温度应控制在 6～9℃，窝房内放一盆清水，调节湿度并供蛇苏醒时饮用，湿度维持在 30％～50％。③留优去劣，保证越冬的成活率。

炎热夏季，当外界气温超过 35℃时，蛇场应搭设荫棚，或喷洒凉水防暑降温。

4. 幼蛇的饲养管理

蛇自卵中出壳或自母体产出至第一次冬眠出蛰前为幼蛇期。幼蛇第 1～2 个月内，可饲养于水缸或木箱内，底铺沙泥、草皮，放置砖瓦、水盆，供幼蛇藏身、饮水。

幼蛇 1～3 日龄以吸收卵黄囊的卵黄为营养而不进食，4 日龄起开始主动进食。4 日龄的幼蛇活动能力弱，开食需人工诱导。方法是：在其活动区投放幼蛇喜食的幼体、活体饵料，饵料为幼蛇数量的 2～3 倍，让其主动捕食。也可用液体饵料，如卵黄、牛奶等，并加入活体饵料引诱其开食。开食时注意观察，对体弱不能主动进食的幼蛇要分隔开来，并用洗耳球强制灌喂液体饵料。开食后再过 3～7 天第一次投饵，可投给蝌蚪、幼蛙、乳鼠以及各种人工组合饵料；21 日龄后即可投给较大的饵料动物，如小鼠、大鼠、成蛙、蟾蜍等，投饵数量为幼蛇数量的 4～7 倍。自开食起，每次投饵量均以幼蛇一天内吃完为准。

幼蛇管理：蛇房、蛇池温度保持在 23～28℃，相对湿度 30％～50％。饲养密度根据蛇种、日龄等确定，一般蛇体总面积约占养殖场地面积的 1/3。

蜕皮期是幼蛇饲养的关键阶段。幼蛇出生后 7～10 天开始第一次蜕皮，第 13 天蜕第二次皮。蜕皮时，蛇不食不动，刚蜕完皮的幼蛇皮肤易感染病菌，必须精心管理，注意保持适宜的温、湿度。

5. 育成蛇饲养管理

育成蛇是指第一次冬眠出蛰至第二次冬眠出蛰前的蛇，时间约为 1 年。

育成蛇管理比较粗放，可在蛇箱内饲养，也可在蛇房、蛇池饲养。饲养密度一般为

$10\sim15$ 条/m²。投饵周期一般为 $5\sim7$ 天，投饵量每蛇每次 $30\sim70$g，饵料注意质量，做好搭配。

6. 成蛇的饲养管理

第二次冬眠出蛰后的蛇为成年蛇，开始进入繁殖期。在进入交配前 $2\sim3$ 周，应将种雄蛇按"2雄10雌"的比例放入雌蛇箱内，随时观察种蛇交配情况，待雌蛇已全部交配，及时取出雄蛇。

种雌蛇交配后 2 个月左右产卵，卵胎生蛇类 $3\sim4$ 个月产仔。为提高蛇卵孵化率，要随时收集蛇卵，放入孵化器中人工孵化。

商品蛇的育肥：加大投饵频率，每 3 天投喂一次，投饵量为蛇体重的 1/5，经 $1.5\sim3$ 个月育肥，可作为食用或药用产品出栏。

7. 卫生与安全

蛇场、蛇窝要经常打扫，清除食物残渣、粪便等，注意饲料、饮水卫生，发现病蛇及时隔离治疗。搞好安全防范措施，进场穿防护衣裤，携带捕蛇工具，不宜徒手捕捉，管理中要防止被蛇咬伤，养殖场应常年备有蛇伤急救药品，一旦被蛇咬伤要及时治疗，切勿延误。要注意防止蛇的天敌（如鹰、刺猬等）进入蛇场。经常检修围墙、门窗，发现洞隙应立即修补。放养蛇的数量，应经常查对，发现缺少要立即查明原因，如毒蛇逃走，应及时追捕以免伤人。

第四节 蛇产品加工技术

一、蛇毒的采集和初加工

1. 采毒时间

一般 $6\sim9$ 月为采毒期，南方可延长至 10 月，$7\sim8$ 月为采毒高峰期。采毒间隔时间以 $20\sim30$ 天为好。

2. 采毒方法

常用的是"咬皿法"。一般由两人操作。事先准备 60mL 烧杯 1 只，并固定在操作台上，助手将蛇从笼中取出保定，操作者用右手轻握蛇的颈部，迫使蛇张口，然后让其咬住杯口，使毒牙位于烧杯内缘。同时，用左手指在毒腺部位轻轻挤压，即可采得毒液。

3. 采毒注意事项

（1）抓蛇采毒，精神要高度集中，抓准部位，轻抓轻放，切实做好自身安全工作。放蛇时，先放蛇身后放蛇头，防止松手放开时蛇回头咬人。

（2）采毒前 1 周不供食，只供水，以提高采毒量。凡进食后 24h 以内、冬眠前 1 个月内和即将产卵的母蛇均不宜采毒，否则会影响蛇的健康。

（3）不同蛇种的蛇毒不能混合。

（4）经常采毒的蛇易患口炎，要注意防治。

4. 蛇毒的初加工

新鲜的毒液置于常温下很容易变质，即使放在普通冰箱内也只能保存 $10\sim15$ 天。因此，蛇毒必须进行真空干燥。干燥的方法是：把新鲜蛇毒离心除去杂质，然后放入冰箱冷冻。再将放有冰冻蛇毒的玻璃皿移至真空干燥器中。干燥器的底层放一些硅胶或氯化钙作为干燥剂，干燥剂上面覆盖几层纱布，纱布上面放置装有蛇毒的玻璃皿。接着用真空泵抽气。抽气过程中随时注意观察，若发现蛇毒表面产生大量气泡，需暂停片刻再抽，直至基本干燥。再静置 24h，使蛇毒彻底干燥，变成大小不等的结晶块或颗粒，即为粗制干毒。刮下干毒分装在小瓶中，用蜡熔封，外包黑纸，注明蛇种、制备日期，置于冰箱保存。

二、金钱白花蛇干的加工

7 天左右的银环蛇幼蛇，经过加工即为金钱白花蛇干的药用商品。

加工方法是：把幼蛇浸泡在 60％的酒精中致死，用小刀从头到尾剖开腹部，取出内脏，洗净，再浸入酒精中 24h，取出晒至半干，盘成圆形，头在内、尾在外，头稍翘起，将尾端夹于蛇口内，然后用两支细竹签呈"十"字形交叉插进蛇身，并保持圆形，烘晒至全干。

三、蛇皮加工

活蛇致死后，用绳系住蛇颈悬挂起来，环切颈部皮肤，然后由前向后剥离，剥下的皮囊中再填充细沙使其均匀扩张，晾干后倒出细沙，从腹中线剪开备用。

四、蛇胆加工

双脚踩住蛇的头端与尾端，腹部朝上，从蛇腹由头部至尾部轻轻滑动触摸，若摸到一个滚动的小硬物，便是蛇胆，用剪刀剪开一个 2～3cm 的小口，挤出蛇胆，连同胆管一起剪下，并用细线系紧胆管，放入 50°以上的白酒中保存。也可用注射器从活体中抽取，1 个月左右抽取一次。可制成蛇胆酒、蛇胆丸、蛇胆川贝液（末）。

【复习思考题】

1. 蛇类有哪些主要经济价值？
2. 在建造蛇场时有哪些技术上的要求？
3. 养蛇过程中有哪些个人安全防护技术？
4. 蛇的繁殖方式有哪些？
5. 蛇卵的人工孵化技术有哪些？
6. 如何护理刚孵出的仔蛇？

第十章　蛤　　蚧

【知识目标】
　　1. 了解蛤蚧的生物学特性以及蛤蚧的采收和初加工技术。
　　2. 掌握蛤蚧的繁殖技术和饲养管理技术。

【技能目标】
　　能够实施蛤蚧的饲养管理。

　　蛤蚧，又名"大壁虎"、"仙蟾"、"大守宫"，属爬行纲、有鳞目、蜥蜴亚目、壁虎科。蛤蚧分布于亚洲南部各国，我国主要分布在广东、广西和云南各地。蛤蚧的药用部位为其除去内脏的干燥全体，药材名"蛤蚧"，具益精壮阳、补肺益肾、定喘止咳、消渴功效，主治虚劳、阳痿、遗精、老年虚弱性喘咳以及神经衰弱等。人工养殖较多的体长在10～20cm之间，如多疣壁虎、无蹼壁虎、蹼趾壁虎等，加工后的全体药材名为"天龙"，味咸，性寒，有小毒，有祛风、活络、散结之功效，主要用于治疗中风瘫痪、风湿关节痛、骨髓炎、淋巴结结核、肿瘤等病症。

第一节　蛤蚧的生物学特性

一、蛤蚧的形态特征

　　成年蛤蚧体长30～35cm，体重60～150g。头稍扁而大，略呈三角形。口大，上下颌有许多细小牙齿。眼大而突出，不能闭合。尾部有6～7条白色环，尾的长度与体长相等。四肢短小，脚有5趾，能吸附峭壁。皮肤颜色和色斑与其生长环境有关。皮肤缺腺体，干燥而粗糙，全身披有粒状细鳞和颗粒状疣粒（彩图10-1）。

二、蛤蚧的生活习性

　　野生蛤蚧多栖息在石缝、树洞、房屋墙壁顶部避光处，常数条栖息于一处。适宜于地势高和温热的环境，昼伏夜出捕食活虫，包括蟋蟀、蚱蜢、蜘蛛、蟑螂、蚊虫、蚕蛹、土鳖虫等，死的和不动的昆虫则不食。蛤蚧耐饥饿，小蛤蚧孵出后可耐120～135天；大蛤蚧饱食后可耐140～145天。由于鸣声像"蛤蚧"，所以得名。每年3～9月初，是蛤蚧活动时期。蛤蚧视力不强，畏光，但听力强，能游水，体色能变，在阳光下变成灰褐色，暗条件下，变成黑褐色。蛤蚧怕冷忌热，生活最适温度为28～30℃，相对湿度在75％左右。当气温降至20℃时，只有10％的蛤蚧出来活动；至15℃以下时，均不活动；立秋以后即进入冬眠状态。

第二节　蛤蚧的繁殖技术

一、蛤蚧的繁殖特点

　　在一般情况下3～4年性成熟，繁殖季节为3～8月份，每次产卵1对，产后又发情交配，隔 50 天左右又可产卵 1 对，年产 4 对。

二、蛤蚧的配种

通常采用小群配种法，即在一个产卵室中放入一只雄蛤蚧、4～6 只雌蛤蚧，雌雄交尾通常在夜间进行。

三、蛤蚧的孵化

蛤蚧卵在相对湿度 70%～80%、温度 30～32℃的条件下，经 50～60 天即可自行孵出小蛤蚧。秋末所产的卵，气温达不到孵化温度，第二年才行孵化。

第三节　蛤蚧的饲养管理技术

一、养殖场建造

饲养场地应选择在通风良好、冬暖夏凉、便于诱虫的林荫地。场四周砌 2m 高砖墙，顶部用铁丝网（网眼为 0.8cm×0.8cm）封罩以防逃。铁丝网罩下悬挂 2～3 盏黑光灯夜间诱虫。墙内壁上方距顶部 30cm 处砌若干个约一块砖大小的凹穴，供蛤蚧栖息产卵；下方距地面 1m 处砌几个方形的凹穴，饲养蟑螂供蛤蚧食用。距顶部 1m 以下的范围内挂上麻袋或硬纸遮光，为蛤蚧创造一个阴暗、宁静的环境。场地设饮水池一个。一般每平方米壁面可养 20～30 条蛤蚧。

室内饲养时，可用泥砖或石块（熟砖、水泥砖有酸性或碱性渗出物，不利于产卵）修成 4m×2.5m×2.5m 的饲养房。墙厚 40cm，开三个小窗和一道大门。墙内壁下方距地面 1m 高处砌几个饲养蟑螂的凹穴，上方钉木板架供蛤蚧栖息，天花板用铁丝网罩上，房顶部装 20W 黑光灯诱虫，灯下接收集漏斗通到房内，昆虫经漏斗落入供蛤蚧捕食。房内设饮水池一个。放养密度为每平方米壁面 30～40 条蛤蚧。

二、蛤蚧的引种

可野外捕捉或从其他养殖场选购。捕捉佳期为每年 4～8 月份，晚上 21～22 时，用手电照射出洞的蛤蚧，因其畏光不动，可戴上手套捕捉。逃进石缝中时，可用一根细竹竿前端系一铁丝钩，钩上固定一只蝗虫，因蛤蚧贪食上钩而被捕捉。到养殖场采购时宜选择一年以上、体大健壮的作种繁殖。

三、蛤蚧的饲养管理

动物性饲料除诱捕的活体昆虫外，根据实际情况可再投喂适量的活体黄粉虫、活土鳖虫。

1. 成年蛤蚧

室温超过 32℃时应加强通风，地面洒水降温。在昆虫较多的季节，每饲养 100～130 对蛤蚧，用 1～2 盏黑光灯诱虫即能满足食用。在昆虫较少的季节，应按大小分开饲养，并每条每天补充 4～5g 活的黄粉虫、土鳖虫等，以免蛤蚧由于饥饿而出现大吃小现象。

2. 繁殖期及小蛤蚧

繁殖期适合的雌雄比例为（15～30）:1。产卵期，因雄蛤蚧有食卵的习性，应在卵壳变硬后及时用纱布罩起来或收藏起来。孵化期，将室温保持在 33～35℃，相对湿度控制在 70%～80%。对晚期产出的卵，为提高成活率，可以低温保存，到来年昆虫较多的季节再孵化。

小蛤蚧孵出后，应将其与大蛤蚧分开，以防被吃掉。6天内喂些白糖水、蛋黄等，一周后可喂些小虫，体长10cm时放回饲养室饲养，半年左右体长30cm左右可捕捉加工。

四、蛤蚧的采收与初加工

1. 捕捉

可在夜间用手电照射，戴上手套徒手捉拿。饲养室内也可在白天用网捕捉，用铁丝做一个直径15～20cm的网兜，配装一根2.5～3.0m的竹柄。将网兜对准蛤蚧的头部由下往上推，蛤蚧即落入网中。

2. 蛤蚧干的加工

蛤蚧加工一般分撑腹、烘干、扎对三道工序。

（1）撑腹　蛤蚧被捕后，用锤击毙，割腹除去内脏，用干布抹干血痕，再以竹片将其四肢、头、腹撑开，并用纱纸条将尾部系在竹条上，以防断尾。

（2）烘干　在室内用砖砌一个长、宽、高分别为150cm、100cm、60cm的烘炉，内壁离地面25～30cm处，每隔20cm横架一条钢筋。炉的一面开一个宽18～20cm、高60cm的炉门（炉门不封顶）。烘烤时，在炉腔内点燃两堆炭火，待炭火烧红没有烟时，用草木灰盖住火面，在钢筋上铺放一块薄铁皮，铁皮上再铺一块用铁丝编织成的疏孔网，把蛤蚧头部向下，一只只倒立摆在疏铁丝网上，数十只一行，排列数行进行烘烤。烘烤过程中不宜翻动，炉温保持在50～60℃，待烘烤至蛤蚧体全干（一般检查头部已烘干时，则全体即干）便可取出。

（3）扎对　蛤蚧烘干后，把2只规格相同的以腹面（撑面）相对合，即头、身、尾对合好，用纱纸条在颈部和尾部扎成对，然后每10对交接相连扎成一排。

【复习思考题】

1. 蛤蚧的生活习性有哪些？蛤蚧是怎样进行繁殖的？
2. 如何对成年蛤蚧进行管理？
3. 怎样加工蛤蚧？

第十一章 蝎 子

【知识目标】
1. 了解蝎子的生物学特性以及蝎子的采收和初加工技术。
2. 掌握蝎子的繁殖技术和饲养管理技术。

【技能目标】
能够实施蝎子的饲养管理工作。

蝎子，属节肢动物门、蛛形纲、蝎目。中国盛产的东亚钳蝎为优良的蝎子品种，在中国分布最广，也是目前人工养殖的主要品种。蝎子全身都可入药，故中药称"全蝎"或"全虫"，药性平，味辛，有毒，具"熄风镇痉、解毒散结、通络止痛"等功效。蝎毒提取物有较好的抗癌作用。

第一节　蝎子的生物学特性

一、蝎子的形态特征

东亚钳蝎体表被覆高度骨化的外骨骼，雌蝎全长约 5.2cm，雄蝎全长约 4.8cm，躯干背面紫褐色，腹面、附肢及尾部淡黄色。身体分为头胸部、前腹部和后腹部三部分。其中头胸部和前腹部合称躯干，呈椭圆形；后腹部较窄，称为尾部（彩图 11-1）。

二、蝎子的生活习性

1. 栖息环境

蝎子多栖息在山坡石砾、近地面的洞穴和墙隙等处，尤其是片状岩石杂以泥土，环境不干不湿（空气相对湿度 60% 左右），有草和灌木，植被稀疏的地方。蝎窝有孔道可通往地下 20~50cm 深处，以便于冬眠。若蝎子长时间处在潮湿的环境中，身体会肿胀甚至死亡。

2. 活动

蝎子喜群居（每窝几只至几十只不等），喜温热、喜昏暗，怕强光、怕水。全年活动期 6 个多月（4 月中旬至 11 月上旬），昼伏夜出，多在温暖无风、地面干燥的夜晚出来活动。蝎子生长发育最适宜的温度为 28~39℃，低于 10℃ 进入冬眠，降至 0℃ 以下会冻死，超过 41℃ 时蝎子体内水分被蒸发极易脱水而死。蝎子视觉迟钝，胆小，同时还具有互相残杀的特性，因此在人工饲养时，要尽量做到大小蝎分开饲养，且养殖密度合理，食物充足。

3. 食性

蝎子具肉食性，喜食柔软多汁、含蛋白质丰富的黄粉虫、玉米螟、蝗虫的若虫、蟋蟀、蜘蛛、小蜈蚣等。人工养殖，饵料为黄粉虫、玉米螟幼虫、地鳖虫若虫、蝇蛆等。取食时，用触肢将捕获物夹住，用毒针注入毒液杀死，再用螯肢将食物慢慢撕开，先吸食捕获物的体液，再吐出消化液，将其组织先在体外消化后，再慢慢吸入，所以摄食的速度很慢。

4. 冬眠

蝎子有冬眠的习性，当地表温度降至 10℃ 以下时，便钻至 20～50cm 深处冬眠，冬眠历时 5 个多月，从立冬前后（11 月上旬）至第 2 年谷雨前后（4 月中旬）。蝎子冬眠适宜的条件是：虫体健壮无损伤；土层湿度在 15% 以下，温度为 2～5℃。因此，人工饲养准备的冬眠洞穴不可过深。恒温养殖控制温度在 35℃ 左右，蝎子无冬眠。

5. 蜕皮

蝎子一生需蜕皮 6 次。刚产下的蝎子为一龄蝎，蜕第 1 次皮后为二龄蝎，蜕第 2 次皮为三龄蝎，以此类推，七龄蝎即为成年蝎。蜕皮间隔时间，除二、三龄为一个月左右，其余为两个月左右。蜕皮与环境温湿度关系密切，在 35～38℃ 只需 2h、30～35℃ 需要 3h，25℃ 以下时蜕皮困难，甚至死亡。蝎子寿命可达 8～9 年。

第二节　蝎子的繁育技术

一、蝎子的繁殖

1. 繁殖特点

东亚钳蝎为卵胎生，在自然界，雌、雄蝎的数量大约为 3：1，多在 6～7 月进行交配，在自然温度下一般 1 年繁殖 1 次，恒温养殖 1 年可繁殖 2 次。雌蝎交配 1 次，可连续 3～5 年产仔。

2. 繁殖

一般雄蝎找到雌蝎后拉到僻静的地方进行交配。有时雄、雌蝎相遇后立即用角钳夹着拉来拉去，时间为 1～4h，再行交配。交配时，雄蝎从生殖孔排出精荚附于地面上，拉雌蝎后退直至精荚的上半部刺入雌蝎生殖孔内，精荚破裂逸出精液，完成交配，雄蝎避走。如双方靠近，有一方用毒刺示威而不蜇刺，1～2min 后勉强接纳也属正常。如发现有一方摆开阵势对抗，拒绝接纳，说明性不成熟，要进行更换。

雌蝎怀孕后，雌、雄蝎应分开饲养，尤其是在临产前。孕期在自然条件下需 200 天，但在恒温条件下只需 120～150 天。产仔期在每年的 7～8 月份。

临产前 3～5 天雌蝎不采食，行动缓慢，喜背光安静的场所。孕蝎每胎产仔 25 只，少则 10 只，多则 40 只，个别达 60 只。刚产下的仔蝎会顺着母蝎的附肢爬到母蝎的背上，密集地拥挤成一团。母蝎在负仔期间不吃不动，以保护幼蝎。

二、蝎子的引种与选种

1. 引种

蝎种的来源有两个途径：一是捕捉野蝎；二是向养蝎场户购买。野蝎多为近亲繁殖，其质量不如购买经过杂交培育的良种蝎。购买种蝎应在四龄后。

购买或捕捉来的种蝎，可用塑料瓶或罐头瓶运输。事先按计划备足空瓶，到达目的地后，瓶内放入 2～3cm 厚的湿土，每瓶可装种蝎 20～30 条，公、母要分开装，避免互相残杀。也可用洁净无破损的编织袋，每袋可装 500 只左右，公、母分装，将编织袋装入打好通风孔的纸箱内。运输过程中要具备良好的通风条件，避免剧烈震动，防高温和防寒。为防止逃跑和死亡，到目的地后应立即放入窝内。

投放种蝎时，每个蝎窝或蝎池最好一次投足，否则，由于蝎子的认群性，先放与后放的种蝎之间会发生争斗，造成伤亡。若确需分批投放，可先向蝎窝、蝎垛喷洒少量白酒，麻痹蝎子的嗅觉后投放，避免争斗。刚投入的蝎子在 2～3 天内会有一部分不进食，这是适应新环境的过程，要注意观察。

2. 选种

种公蝎要选择强健、敏捷、周身有光泽的，种母蝎选择腹大、肢体光亮无残缺的，蝎子后腹卷曲、尾部伸直者多为老弱病态。蝎龄，选四龄后的母蝎或孕蝎更好，低龄蝎虽成本低，但当年不能产仔。

种蝎公母比例以 1:（2～3）为宜。成蝎公母的区别是：公蝎身体细长而窄，呈条形，腹部较小，钳肢较短粗，背部隆起，尾部较粗，发黄发亮；而母蝎则相反。

第三节 蝎子的饲养管理技术

一、蝎子的养殖方式

人工养蝎的方式很多，有盆养、缸养、箱养、房养、池养、炕养及温室养等，可根据具体情况，因地制宜选择使用。少量可用盆、缸、箱等饲养，大量养殖宜用房、池养，要提高养殖效益，必须采用加温饲养的方法（如炕养、温室养和花房型等）。养蝎房高为 2～2.8m，养蝎池的大小为高 0.5m、宽 1m、长 1.5m。加温饲养的热源可用煤炉、暖气等，使养蝎房常年保持在 35℃左右恒温，蝎子无冬眠、繁殖率高、生长发育快。不论采取哪种养殖方式，都要在盆、缸、房、池内建造蝎窝。

二、蝎窝建造

蝎窝用瓦片、土坯或石板垒成，上、下可建三层，最下层用于养殖黄粉虫和保育幼蝎。窝内摆放蝎垛，蝎垛是蝎子栖息的场所。可用 36cm×36cm 的石棉瓦竖起，按瓦的条纹一竖一横交错排放，之间留空隙 1.5cm 左右。也可用纸质的鸡蛋托建蝎垛，按鸡蛋托的码放形式竖起排放，之间留空隙 1.5cm 左右。纸质材料软硬适中，能较好地保持湿度，蛋托的凹槽适合蝎子栖息，且价格低廉。在蝎房的围墙或蝎池内壁四周贴上 15～30cm 高的玻璃条或塑料薄膜，以防蝎子逃跑。饲养密度，恒温蝎房 5000 只/m²，常温养殖成龄蝎 500 只/m²、中龄蝎 1000 只/m²、二至三龄小蝎 10000 只/m²。

老鼠是蝎子的天敌，养蝎一定要做好防鼠工作。

三、蝎子的饲养管理

1. 饲料与投喂

（1）饲料 蝎子是肉食性动物，应以动物性饲料为主，如黄粉虫、蝇蛆等，配合饲料为辅，配合饲料用肉骨粉、麸皮、牛奶按 3:3:4 的比例，加适量水配合而成。

（2）投喂 喂蝎时间以傍晚为好。软体昆虫喂量为：成龄蝎 30mg、中龄蝎 30mg、幼龄蝎 10mg，约 6 只蝎投喂一条黄粉虫，一天投喂 1 次。根据剩食情况，再做下一次喂量调整。

（3）供水 一般将海绵、布条、玉米芯等用水浸透，置于塑料薄膜上，供蝎饮用，也可用浅盘注清水放在蝎垛上供蝎饮用。春、秋季 10～15 天供水一次，炎夏 2～3 天供水一次。每天对蝎窝和蝎垛喷洒清水，供蝎子腹部气孔吸收。

2. 种蝎的管理

常温养蝎多在 6、7 月间交配繁殖。繁殖期间，蝎窝要压平、压实，保持干燥，饲养密度不宜过大，以免漏配。

雌蝎经交配后，再遇雄蝎后会迅速逃避，拒绝交配，这说明雌蝎已受孕，要单独分开饲养，可用一次性塑料水杯或罐头瓶作"产房"，内装 1cm 厚的带沙黄土，然后把孕蝎捉到瓶内，投放 1～3 只黄粉虫供孕期采食。也可一次投喂一只，发现被采食后再放，让孕蝎吃饱喝足。控制温度 38℃。孕蝎怀孕后期在腹下部可见白色小点，临产前，前腹上翘，须肢合抱弯曲于地面，仔蝎从生殖孔内依次产出，如遇到干扰与惊吓，雌蝎会甩掉或吃掉部分仔蝎。产仔后要给产蝎及时供水、供食。

3. 仔蝎的饲养管理

仔蝎出生后 5～7 天在雌蝎背上蜕第一次皮，此时呈乳白色，体长 1cm，出生后 10 天左右逐渐离开雌蝎背而独立生活，这时应实行母子分养。其方法是先用夹子夹出母蝎，仔蝎原地饲养。

仔蝎饵料以小黄粉虫为好，根据仔蝎数量一窝蝎投喂 2～5 条，少喂多餐，满足营养，不浪费、不污染环境，随日龄增加适当提高喂食量。每天早晨打扫卫生，清理剩余饵料。二龄蝎应注意补喂土元（地鳖虫）等，以防蜕皮困难。

仔蝎进入三龄，应进行第一次分群。三至四龄，体型增大，可转入池养。常温养殖，冬季增温保暖，夏季控温调湿，可以加快生长；恒温养殖应控制温度为 35℃ 左右，相对湿度 70%～80%。如果蝎房过于干燥，易患枯瘦病，要及时在室内洒水，并供给充足饮水。如蝎房过于潮湿，易患斑霉病，要设法使蝎窝干燥一些。饵料腐败变质或饮水不清洁，易患黑腹病，要注意预防。如二龄仔蝎受到空气污染，则易患萎缩病，仔蝎不生长，自动脱离母背而死亡，要切实注意环境空气新鲜。

4. 商品蝎的饲养管理

不留种的仔蝎，饲养至六龄以上，淘汰种蝎，可作商品蝎。商品蝎食量大，活动范围大，因此投食量也要加大，单位面积上饲养密度要减小，每平方米不超过 500 只。一般产仔 3 年以上的雌蝎、交配过的雄蝎及有残肢、瘦弱的雄蝎，都可作商品蝎。

四、蝎子的捕收与初加工

1. 商品蝎的捕收

在深秋时节捕捉易于晾干。收捕者要做好防护工作，穿好鞋袜，戴好手套，扎紧袖口和裤管，谨防被蝎子蛰伤。准备好盛蝎子的盆、桶及扫帚、刷子、夹子等工具。根据不同饲养方式，采用不同的收捕方法，即刷扫或夹捕。

在养蝎房收捕时，可用喷雾器将白酒或酒精喷于蝎房内，关好窝门，仅留墙脚两个出气孔不堵塞并在其下放置较大的塑料盆，约经 30min，蝎子从出气孔逃窜出来，落入盆内收捕。

如遭蝎蛰出血，应立即在所蛰部位挤出血液及毒汁，然后用肥皂水或苏打水擦洗即可。

2. 商品蝎的加工

（1）咸蝎加工法 先配好盐水，每千克活蝎，用 2.5～3L 水溶解 100～200g 食盐，把活蝎放到盐水中洗去体表泥土脏物，并让蝎子喝进盐水，促使腹中泥土吐出；然后再放到盐水里浸泡 12h 左右。捞出放入浓盐水（每千克蝎子加食盐 300g）的锅中用文火煮沸，边煮边翻，煮至蝎背显出凹沟、全身僵硬挺直时，即可捞出摊在筛或席上，出售供药用。

（2）淡蝎加工法 先把蝎子放入冷水中洗泡，去掉泥土和体内粪便，然后捞出，放到淡盐水（每千克蝎子加食盐 30～100g）锅里煮，煮至全身挺直，捞出阴干。

3. 商品蝎的贮存

经过加工的咸蝎或淡蝎，把缺肢断尾的和体小的捡出来，然后分级包装贮存。包装用防潮纸，每 500g 全蝎包一个包。贮存在干燥的缸内，加盖。贮存过程要防止受潮、虫蛀及老鼠等危害。运输时要放在箱内，以防压碎。

优质药用全蝎应为：虫体干燥、黄白色且有光泽，虫体完整、大小均匀，不返卤，不含盐粒和泥沙等杂物。

4. 蝎毒的提取

（1）剪尾取毒 即处死蝎后，切下并破碎尾节，用蒸馏水或生理盐水浸取有毒组织成分。

（2）电脉冲取毒 采用取毒仪器（频率 128Hz，电压为 6～10V）。将取毒仪电极夹夹住蝎尾末端两节，毒针置于采集毒液的烧杯之上，收集毒液。烧杯内放一冰块，以保证蝎毒中活性酶的质量。采毒间隔 10～14 天。采毒后（个别蝎子采不出毒液）放回蝎房并加喂黄粉虫，不要立即饮水。

（3）人工机械刺激取毒 用一金属夹紧紧夹住蝎的 2 个前螯肢中的任意一个（切勿夹得过紧，防止夹损螯肢），收集尾刺排出的毒液。

刚采出的蝎毒为无色透明的液体，略带黏性，在常温下经 2～3h 即干，在日光照射和高温影响下，很易变质，甚至会破坏原有毒性，因此，取出的蝎毒应尽快低温真空干燥处理，处理后的白色粉末状蝎毒，放入深色玻璃瓶中，于 -10～-5℃ 低温冰箱保存。

【复习思考题】

1. 蝎子有哪些生活习性？对蝎子的饲养管理有何指导意义？
2. 如何选择蝎种？
3. 简述种蝎、仔蝎、商品蝎的饲养管理要点。

第十二章　蜈　　蚣

【知识目标】
1. 了解蜈蚣的生物学特性以及蜈蚣的采收和加工技术。
2. 掌握蜈蚣的繁殖技术和饲养管理技术。

【技能目标】
能够鉴别蜈蚣雌雄，能够实施蜈蚣的饲养管理。

蜈蚣，又名"天龙""百足虫"。属节肢动物门、多足纲、唇足目、蜈蚣科，有红头、青头、金头等20多个品种。人工饲养的品种多为少棘巨蜈蚣（金头蜈蚣）、中华红头巨蜈蚣等，具有体型较大、性情温和、行动缓慢、适应性强、生长快、繁殖率高等特点。蜈蚣味辛，性温，有毒，能祛风镇痉、杀虫解毒、消肿散结，具抗菌、抗厥、止痉、抗肿瘤作用。

第一节　蜈蚣的生物学特性

一、蜈蚣的形态特征

少棘巨蜈蚣体长12cm左右（中华红头巨蜈蚣体长15~20cm），宽0.5~1.1cm，背腹略扁。全身分头部和躯干部，躯干部20节，最后1节有生殖孔。头部金黄色，头部背面有一对眼，腹面有口器和两对小颚，头部生长1对丝状长触角，1对"颚肢"，颚肢有发达的爪和毒腺。自第二背板起，呈黑绿色或暗绿色。步足20对，最后1节步足特别大，伸向后方呈尾状（彩图12-1）。

二、蜈蚣的生活习性

蜈蚣为夜行性肉食性动物。怕光，昼伏夜出，白天隐藏，夜间寻找食物。主要捕食各种昆虫及蚯蚓、蜗牛、蛞蝓等小动物。蜈蚣食量大，每次食量可达其体重的2/5左右，也能耐饥（可达1个月）。蜈蚣有饮水的习性。

养殖的蜈蚣喜群居，同群很少争斗。胆小怕惊，稍微惊动即逃避，或卷曲不动。

蜈蚣喜欢栖息于阴暗潮湿的地方，如石块、墙角边。温度的变化对蜈蚣的活动影响很大，最适的温度为25~32℃，11~15℃时觅食减少，并停止交配和产卵，10℃以下开始冬眠，当温度降至−5℃时蜈蚣会被冻死。在炎热的天气，如33~35℃时，由于体内水分的散失，也会暂停活动，当温度升到36℃以上，蜈蚣因体内水分散失太多而引起身体干枯死亡。蜈蚣会潜伏在土下、石下10~50cm深处的向阳、避风处冬眠。人工恒温养殖可显著缩短甚至取消蜈蚣的冬眠期，延长蜈蚣的生长时间，提高养殖效益。

蜈蚣对环境土壤湿度要求为春、秋含水量20%左右，夏季为22%~25%，一般大蜈蚣比小蜈蚣要求土壤湿度大些。

第二节　蜈蚣的繁殖技术

一、蜈蚣的繁殖特点

蜈蚣雄、雌异体，性成熟一般需要 3～4 年。每年 3～6 月份交配，雌蜈蚣将精液贮存在体内，每年产卵一次，终生受孕。产卵多在夜间，每次产卵 40（30～60）粒，粘成一团。蜈蚣有孵卵和育仔的习性。8～9 月份蜕皮，第一次蜕皮后为 2 龄蜈蚣，共蜕皮 11 次（12 龄）。

蜈蚣交配多在雨后晴天的晚上 8 时到清晨进行，历时 2～5min。雌、雄蜈蚣交配后可连续几年内产出受精卵。

二、蜈蚣的产卵与孵化

5～8 月为产卵期，产卵前自行封闭槽穴或挖好浅穴，此时，雌蜈蚣不吃不喝不外出活动。产卵时蜈蚣躯体曲成"S"形，后面几节步足撑起，尾足上翘，触角向前伸张，接着成串的卵粒就从生殖孔一粒一粒地排出。一般产完卵需经 2～3h。雌蜈蚣产卵后用步足把卵粒托聚成团抱在怀中孵化，孵化期 43～50 天，在此期间雌蜈蚣一直守卫着卵粒，常分泌唾液，用颚舔舐卵团保持清洁。蜈蚣产卵、孵化期要求环境安静，不可打扰，切忌翻动窝穴，以免影响产卵及孵化。

第三节　蜈蚣的饲养管理技术

一、蜈蚣的饲养方式

人工饲养蜈蚣的方式主要有室外池养、庭院饲养、室内饲养等。

1. 室外池养

大量养殖蜈蚣可在室外建池饲养，应选择向阳通风、排水条件好而阴湿、僻静的地方，用砖或石块等材料砌成，水泥抹面，池高为 80～100cm，养殖池面积一般为 10m² 左右，池的面积大小可按养殖数量多少及场地条件而定。池的内壁用光滑材料围住或食品用塑料薄膜粘贴，池口四周用玻璃镶一圈（15cm 宽）与池壁成直角的内檐。此外，在池内靠墙壁的四周建 1 条宽 30cm、深 4cm 的水沟，并在沟的一角留 1 个排水口，沟内保持积水，可保持湿度、防蜈蚣外逃、防蚂蚁等有害动物侵入。

蜈蚣栖息床建造：池内常用的蜈蚣栖息床有堆土式栖息床、砖码型栖息床和水泥预制栖息床等。

（1）堆土式栖息床　即在养殖池底 2/3 的地面上铺一层厚 10～15cm 饲养土，上面再放上瓦片，另 1/3 的地面则是蜈蚣的活动场所。瓦片为弧形瓦，并采取拱面朝上的方向，层层叠加，层与层之间的两边垫以厚约 2cm 的海绵条。瓦片之间也可采用肩搭肩的方式排列，在搭接处垫以海绵条，使互相叠加的地方保持约 2cm 的距离，以利蜈蚣栖息。瓦片的总高度应比池壁口缘低 15cm 以上，不得超过内壁玻璃的下边缘，以免蜈蚣以此为梯逃逸。

（2）砖码型栖息床　用砖按一定的方式堆码构成的蜈蚣栖息床，砖与砖之间保留一定的缝隙作为蜈蚣的居所与通道。砖码型栖息床有三种形式：全卧式栖息床、卧-立式栖息床、屋顶形栖息床。

① 全卧式栖息床。由砖全部平放堆积，同层的砖与砖之间保持 0.5～1.0cm 缝隙，层

与层之间的砖缝呈交错状态码放，一般可码放 6～7 层，最上一层缝隙口，放上多片海绵，以供调节湿度与蜈蚣饮水。

② 卧-立式栖息床。一层平铺砖、一层直立砖相间排列，砖缝 1cm 左右。

③ 屋顶形栖息床。外围用砖码成"人"字形阶梯，中间用饲养土填充，或用与砖的规格一致的土坯填码而成。砖与砖之间、砖与土坯之间及土坯与土坯之间应保持 1cm 左右的缝隙，以供蜈蚣栖息与活动。

（3）水泥预制栖息床　长、宽、高约为 32cm、26cm、6cm 的水泥预制件，其上预制 2 排 10 个凹槽，每个凹槽长约 10cm、宽约 4cm，外侧留出入孔，槽底按里少外多铺适当厚度的饲养土，蜈蚣栖息时一槽一只，互不干扰。将该床码成上下 10 层，最上层加盖瓦片，单列排在池内，外周留空间，方便蜈蚣活动和饲养员管理。

池的上方搭盖遮阴棚或制成塑料大棚式，增加池周围的湿度，同时可以避免池内受到雨淋和阳光暴晒。

饲养土制备：选择无农药、化肥残留的新鲜黄土，粉碎，挑出石块、植物残渣，暴晒 3 天，用 1% 高锰酸钾溶液喷洒，消毒、增湿，饲养土湿度达到手攥成团、一碰即散为宜。

2. 庭院饲养

在庭院内用砖砌一圈围墙，高约 50cm，面积视引种多少确定。围墙内壁用水泥或其他黏合剂贴上约 30cm 高的玻璃，以防蜈蚣顺墙爬逃。围墙内地面预制 5cm 厚的混凝土。围墙四周留水沟排水，出水口用细铁纱网拦住，防止蜈蚣爬出或天敌侵害。围墙内建造栖息床并留一些缝隙，也可种一些花草灌木等，供蜈蚣栖息。

3. 室内饲养

饲养少量蜈蚣可采取室内建造养殖池、箱养或架养等饲养方式。

（1）室内建池　室内蜈蚣养殖池的面积一般为 $1～2m^2$，其面积大小视室内面积和饲养量大小而定。池呈长方形，池用砖和水泥砌成，池高约 50cm，内壁粘贴塑料布或池口粘贴玻璃条。池底垫一层约 10cm 厚的饲养土。在饲养土的上面堆放 5 层瓦片或在池四周的饲养土上面，用 2 片小瓦片合起来平放，瓦的两端垫上海绵条，起平稳和吸水保湿作用。其余均放单瓦片做成蜈蚣窝。池口加细铁纱网或细塑料纱网盖，防止蜈蚣爬出和有害动物入池侵害蜈蚣。

（2）箱养法　饲养少量蜈蚣可利用废旧的干净木箱饲养，箱长 100cm、宽 50cm、高 40cm。每平方米可养中蜈蚣 200～300 条、大蜈蚣 100～150 条。箱内粘贴一层食品用的塑料薄膜，以增加箱壁光滑。箱底垫上 10cm 左右厚的饲养土，箱的四周土面上堆放洗净吸水的 20 片瓦片，每 5 片 1 叠，每叠瓦片中间保持 2cm 左右的空隙，供蜈蚣栖息。箱的中间饲养土上面不放瓦片，供蜈蚣活动和觅食。

（3）架养法　此为立体集约化养殖方法，能充分利用有限的空间，饲养管理比较方便，加温经济。多层架可用木材或角铁作框架，每层高 50cm。饲养盒长宽不限，面积以 $1m^2$ 为宜，高 25cm，盒底及四周用塑料膜围住，盒底覆饲养土，摞上瓦片。

二、蜈蚣的选种与雌雄鉴别

1. 蜈蚣的选种

蜈蚣引种宜在春末夏初，此时蜈蚣已性成熟，可当年繁殖。应选择身体完好无损、体大健壮、体表光泽强、生长发育快、繁殖率高的作种蜈蚣。雄蜈蚣年龄应在一年半左右、已性成熟，雌蜈蚣达 3 龄。蜈蚣头胎繁殖率最高，过小的蜈蚣尚未性成熟；太大的蜈蚣有可能是已繁殖过一胎或二胎，以后繁殖力低。选种引种时通过测量蜈蚣的体长大小来鉴别蜈蚣的年龄，正常生长下的少棘蜈蚣，1 龄时体长为 5cm，2 龄 7cm，3 龄 9cm，4 龄

11cm，5 龄 12cm，6 龄 13cm。4 龄的蜈蚣即为成体蜈蚣，具有繁殖能力，因此，引种少棘蜈蚣的体长最好达到 10cm。中华红头巨蜈蚣 3 龄体长 13cm 左右。

2. 蜈蚣的雌雄鉴别

性成熟前的蜈蚣在外形上难以区分。性成熟后，雌蜈蚣体型较大，头部扁圆、大，头后 1～5 节略细，尾部 1～5 节略细，中间从头至尾渐粗，腹部肥厚，身体较雄体柔软，用手指轻挤生殖孔，雌蜈蚣无生殖肢。雄蜈蚣体型较小，头部稍隆起，椭圆而小，从头至尾每个体节粗细基本一致，用手指轻挤生殖孔，见有 1 对退化的生殖肢和阴茎。

三、蜈蚣的饲养管理

1. 饵料

以活体小动物为主，如黄粉虫、蝇蛆、蚯蚓、蚕蛹等，也可投喂一些新鲜鱼肉、动物肝脏等。

2. 饲养

新引入的蜈蚣按雌雄比例 3∶1 放入饲养池，自行寻找窝室栖息。为缓解运输中的缺水及不适，应及时补充水分，方法是用海绵吸足 5%～10% 的葡萄糖水放在浅盘中，供蜈蚣吸吮。每天适当投喂饵料，经 2～3 天适应期即可进入常规饲养管理。

蜈蚣成虫在活动盛期每天投喂 1 次，一般在下午 5～7 时投喂，雌蜈蚣产卵前大量进食积蓄营养，以满足 40 天左右孵育期的营养消耗，此时应增加喂食量。每天放置盛有清水的水盘，供蜈蚣饮用。孵化期间不需喂食喂水。投食盘与饮水盘保持清洁，以防蜈蚣生病。

3. 管理

蜈蚣进入繁殖期要保持环境安静和适宜的温度，如受到外界惊扰就会停止产卵或将孵化的卵粒全部吃光，温度 22～32℃。在 20℃ 以下时，孕蜈蚣迟迟不产卵，幼蜈蚣很难蜕皮，容易死亡。当气温在 10℃ 以下，进入休眠状态，不再摄食，并钻入土层越冬，人工养殖蜈蚣在气温升至 25℃ 以上时，进入配种繁殖期。蜈蚣孕产期内可不投喂，早晚向池内喷洒一些适量的水，保持室内一定湿度，使饲养土含水量为 15%～20%。

蜈蚣孵化至 20 天左右，出卵膜完成孵化过程，但发育仍不完善，需在雌蜈蚣怀抱中发育，约经 20 天的育仔期。当蜈蚣各器官发育完整，外形与成蜈蚣基本相似，体色为淡黄色时，仔蜈蚣爬出母体怀抱，出窝穴活动，进入幼蜈蚣饲养管理。此时，雌蜈蚣经整个孵育期极度衰竭，极需营养，若受刺激易咬食身边的幼蜈蚣，因此，仍不能打开窝穴观察，应及时进行分开饲养。利用幼蜈蚣喜甜食的习性，将西瓜皮等放在池内，待幼蜈蚣爬在西瓜上采食时，轻轻拿起西瓜皮将幼蜈蚣吹入盆中，移入幼蜈蚣池中饲养。

幼蜈蚣从脱离母体至冬眠约 3 个月，应加强营养，饵料以牛奶、鸡蛋为好。将牛奶、鸡蛋加水打稀放入有海绵的浅盘中，供幼蜈蚣自由采食，每天投喂一次。半月后逐渐减少牛奶、鸡蛋喂量，增加新鲜鱼肉、蚯蚓等饵料。投喂时将鱼肉切薄片，在木板上用钉固定。饮水用吸水海绵提供。

每年塑年 11 月至翌年 3 月下旬，在温度影响下进入 5～6 个月的冬眠期。温度应控制在 5～10℃，适时喷水保持饲养土温度。

幼蜈蚣结束冬眠进入育成期。每天投喂一次，保持饵料新鲜。饲养池蜈蚣应尽量个体相近，相邻雌蜈蚣窝穴的同龄幼蜈蚣放在同池内饲养，以免争斗残杀，密度约为 500 条/m²。晚间 10 时左右，用手电观察蜈蚣状况，包括活动能力、发育情况、健康状态等，发现问题及时处理。

卫生防疫工作：保持饲喂、饮水用具的清洁。饲喂木板、饮水盘经常用 1% 的高锰酸钾溶液浸泡消毒、刷洗，用清水冲洗干净。池壁常擦拭，走廊勤打扫，保持干净。定期喷洒消毒舍、池、栖息床。气温骤降时应供暖；夏季炎热时，加强通风，洒水降温。秋后低温时，蜈蚣易患消化系统疾病，病初头部紫红、腹部胀大、行动迟缓，一周后死亡。治疗：食母生 1g，加水 500g 拌匀，放入饮水盘中自由吸吮，饵料隔日投喂直至病愈。

四、蜈蚣采收与初加工

1. 采收

人工饲养的蜈蚣，主要采收雄体和老龄雌体。雄蜈蚣交配死亡后直接加工处理；雌蜈蚣 5 龄时已达药用体长标准，可采收。野生蜈蚣在清明到立夏捕获，根据栖息环境翻土扒石寻捕，用镊子等夹住，放入布袋中。

养殖、采收、野外捕捉蜈蚣，如果不慎被蜇，可把蜇伤处用手挤压，局部用 5%～10% 的苏打水或肥皂水冲洗，或用鲜马齿苋、蒲公英捣烂敷于患处，剧烈疼痛时应用止疼药物。

2. 初加工

蜈蚣成品品质主要是以长度评价。一般地，当体长达到商品规格时，在越冬前采收加工。加工时，用 70℃温水烫死，用削尖的长竹片（其长宽与蜈蚣相等）插入头部下颚和躯干末节上端，借助竹片的弹力使其伸直，晒干，按大小分级。注意保持蜈蚣躯体完整，断头、折肢的单独收集、晒干。贮存于干燥处，以防虫蛀和腐烂。

【复习思考题】

1. 蜈蚣的生活习性有哪些？
2. 饲喂蜈蚣的饲料有哪些？
3. 蜈蚣的繁殖技术有哪些？
4. 简述蜈蚣的加工方法。

第十三章 蜜 蜂

【知识目标】
1. 了解蜜蜂的生物学特性、蜜蜂的品种和养蜂机具。
2. 掌握蜜蜂的繁殖技术、饲养管理技术以及蜜蜂的病敌害防治技术。

【技能目标】
能够正确使用养蜂机具，能够实施蜜蜂的饲养管理和病敌害防治。

蜜蜂在分类学上属于节肢动物门、昆虫纲、膜翅目、蜜蜂科、蜜蜂属。我国疆域辽阔，蜜源植物种类繁多，适合发展养蜂业。我国蜂群数量、蜂产品产量居世界首位。蜂蜜、花粉、蜂王浆、蜂蜡、蜂毒、蜂胶等蜂产品是人类天然的医疗、滋补和保健品。蜜蜂对提高农作物产量具有重要作用，蜜蜂授粉使农作物增产值比蜂产品价值高出 100 多倍，素有"农业之翼"的美称。

第一节 蜜蜂的品种及生物学特性

一、蜜蜂的形态特征

蜜蜂整个躯体由几丁质的外骨骼包裹，起着支持和保护内部结构的作用；其体表密生绒毛，是感觉器官，还可保护身体并起到保温的作用。绒毛对采集、传播花粉，促进授粉结实具有特殊意义。

1. 头部

蜜蜂头部的两侧着生一对复眼，头顶有三个单眼，呈倒三角形排列。颜面中央处着生一对紧靠一起的触角。蜜蜂的口器是嚼吸式口器。

（1）眼 蜜蜂的眼分为复眼和单眼两种。复眼一对，位于头的两侧，每只复眼由几千个小眼组成；头顶有 3 个单眼，呈倒三角形排列，蜜蜂的视觉由单眼和复眼协同完成。

（2）触角 蜜蜂的触角属膝形，由柄节、梗节和鞭节构成，触角是蜜蜂最主要的触觉、嗅觉器官。

（3）口器 蜜蜂的口器是嚼吸式口器，适于咀嚼花粉和吸吮花蜜。由上唇、上颚、下唇、下颚 4 部分组成。上部口器是由一对大的上颚和上唇组成，起咀嚼作用。下部口器由一对下颚和下唇组成，并组合形成管状喙，喙是蜜蜂摄取液体食物的器官。

2. 胸部

（1）足 蜜蜂有前、中、后 3 对足，足既是运动器官，还是蜜蜂的听觉器官。工蜂的后足较长，已进化成一个可以携带花粉团的特殊装置，即花粉筐，可以用来携带花粉或蜂胶。

（2）翅 蜜蜂具两对透明膜质翅，翅上有加厚的网状翅脉，飞行时每秒可扑动 400 多次，飞翔敏捷。翅膀扇动气流可调节温、湿度，翅膀振动发声，可以进行信号传递。

3. 腹部

腹部是蜜蜂消化和生殖中心，由多个腹节组成，腹节间由节间膜相连，每一腹节由腹板和背板组成，可以自由活动伸缩、弯曲，有利于采集、呼吸和蜇刺等活动。在每一腹节背板的两侧有成对的气门。腹腔内分布着消化、排泄、呼吸、循环和生殖等器官以及臭腺、蜡腺和螯刺。蜡腺专门分泌蜡液，工蜂蜡腺细胞12～18日龄最发达。臭腺能分泌挥发性信息素，用以发出信息，招引同类。工蜂的螯针是由已失去产卵功能的产卵器特化而成的，具有倒钩，内有毒液，是蜜蜂的自卫器官。工蜂失掉螯针，不久就会死亡。

二、蜜蜂的品种

蜜蜂有6个种，即大蜜蜂、黑大蜜蜂、小蜜蜂、黑小蜜蜂、东方蜜蜂和西方蜜蜂。前4种为野生蜂种，在我国海南、广西、云南等省（区）有分布。后两种又包括许多品种，多为自然品种，即地理种或地理亚种。人工选育的蜜蜂品种多为杂交种。同种内各地品种间可相互杂交，种与种之间存在生殖隔离，不能杂交。现在人工饲养的主要有东方蜜蜂、西方蜜蜂。

1. 东方蜜蜂

东方蜜蜂有许多自然品种，如印度蜂、爪哇蜂、日本蜂以及中华蜜蜂等。

东方蜜蜂工蜂嗅觉灵敏，发现蜜源快，善于利用零星蜜源，飞行敏捷，采集积极。不采树胶，蜡质不含树胶。抗蜂螨力强，盗性强，分蜂性强，蜜源缺乏或病虫害侵袭时易飞逃。抗巢虫力弱，爱咬毁旧巢脾。易感染囊状幼虫病和欧洲幼虫病。蜂王产卵力弱，每日产卵量很少超过1000粒，但可根据蜜粉源条件的变化，调整产卵量。蜂群丧失蜂王易出现工蜂产卵。

中华蜜蜂（简称"中蜂"）对我国各地的气候和蜜源条件有很强的适应性，适于定地饲养，特别在南方山区，具有其他蜂种不可取代的地位。

2. 西方蜜蜂

（1）意大利蜂 简称"意蜂"，原产于意大利的亚平宁半岛，为黄色品种。工蜂腹板几丁质黄色，第二至第四节腹节背板前缘有黄色环带。分蜂性弱，能维持强群；善于采集持续时间长的大宗蜜源。造脾快，产蜡多。性温和，不怕光，提脾检查时，蜜蜂安静。抗巢虫力强。意蜂易迷巢，爱作盗，抗蜂螨力弱。蜂王产卵力强，工蜂分泌蜂王浆多，哺育力强，从春到秋能保持大面积子脾，维持强壮的群势。意蜂是我国饲养的主要蜜蜂品种，其产蜜能力强，产浆力高于任何蜜蜂品种，是蜜浆兼产型品种，也是生产花粉的理想品种，也可用其生产蜂胶。

（2）卡尼鄂拉蜂 简称"卡蜂"，原产于巴尔干半岛北部的多瑙河流域，大小和体型与意蜂相似，腹板黑色，体表绒毛灰色。卡蜂善于采集春季和初夏的早期蜜源，也能利用零星蜜源。分蜂性较强，耐寒，定向力强，不易迷巢，采集树胶较少，盗性弱。性温和，不怕光，提脾检查时蜜蜂安静。蜂王产卵力强，春季群势发展快。主要采蜜期间蜂王产卵易受到进蜜的限制，使产卵圈压缩。分蜂性强，不易维持强群。节约饲料。产蜜能力强，产浆力弱，是理想的蜜型品种。

（3）欧洲黑蜂 简称"黑蜂"，原产于阿尔卑斯山以西以北的广大欧洲地区，个体较大，腹部宽，几丁质呈均一的黑色。产卵力较弱，分蜂性弱，夏季以后可以形成强大群势。采集力强，善于利用零星蜜粉源，对深花管蜜源植物采集力差。节约饲料。性情凶暴，怕光，开箱检查时易骚动和蜇人。不易迷巢，盗性弱。春季产蜜量低于意蜂和卡蜂。

（4）高加索蜂 简称"高蜂"，原产于高加索山脉中部的高山谷地，个体大小、体型以及绒毛与卡蜂相似，几丁质为黑色。产卵力强，分蜂性弱，能维持较大的群势。采集力较强，性情温驯，不怕光，开箱检查安静。采集树胶的能力强于其他任何品种的蜜蜂。爱造赘脾。定向力差，易迷巢，盗性强。采胶能力强，为生产蜂胶的理想蜜蜂品种。

高蜂、意蜂、卡蜂杂交后，可表现出显著的杂种优势，收到良好的增产效果。

我国还有东北黑蜂、新疆黑蜂等优良地方品种。近年来，经过养蜂工作者的不懈努力，培育出萧山、平湖、白山 5 号、浙江农大 1 号、国蜂 213 等高产蜜蜂品种。

三、蜜蜂的生活习性

蜜蜂是社会性昆虫，营群体生活。一个蜂群通常包括一只蜂王、数千至数万只工蜂和数以百计的雄蜂组成一个高效、有序的整体（图 13-1）。蜂群是蜜蜂赖以生存的生物单位，任何一只蜜蜂脱离开群体都不能正常生活下去。

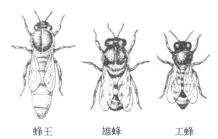

蜂王　　雄蜂　　工蜂

图 13-1　蜜蜂

1. 蜂王

蜂王是蜂群中唯一生殖器官发育完全的雌性蜂，具二倍染色体，生殖器官特别发达，在蜂群中其主要任务是产卵。

一只健全的新蜂王出房后，就到巢内各处巡视，寻找和破坏其他的王台，遇到其他蜂王时，就互相斗杀，直至仅留下 1 只。3 日后新蜂王试飞，辨认自己的蜂巢。5～7 日龄的处女王性成熟，可以交尾。蜂王的交尾飞行称为"婚飞"，通常发生在午后的 2～4 时，气温高于 20℃以上，无风或微风的情况。在一次婚飞中连续和 10～20 只雄蜂交尾，经过 1～3 日后蜂王开始产卵。除非自然分蜂、蜂群飞逃外，受孕蜂王不再飞出蜂巢。蜂王的寿命可达数年。通常 2 年以上的蜂王，其产卵力逐渐下降，在生产中一般每年更换新蜂王，随时更换衰老、残伤、产卵量下降的蜂王。

2. 工蜂

工蜂是蜂群的主体部分，由受精卵发育而成，具二倍染色体，是蜂群中生殖器官发育不完全的雌性蜂。孵化后的工蜂幼虫前 3 天由工蜂饲喂蜂王浆，而从第 4 天起就只喂蜂蜜与花粉混合物，导致工蜂生殖器官的发育受到抑制，失去正常的生殖功能。

工蜂承担巢内外一切日常劳动。工蜂的职能是随着年龄而变化的，即"异龄异职"现象。3 日龄以内的幼蜂由其他工蜂喂食，能担负保温、孵卵以及清理巢房等工作；4～5 日龄幼蜂，开始饲喂大幼虫成为哺育蜂；6～12 日龄的工蜂，王浆腺发达，分泌王浆饲喂小幼虫和蜂王；13 日龄以后王浆腺逐渐萎缩，而蜡腺逐渐成熟，开始泌蜡造脾。12～18 日龄蜡腺发育最好，因此，大多数造脾蜂是 12～18 日龄的工蜂，直到 23 日龄蜡腺才完全萎缩，失去泌蜡能力。这一时期的工蜂主要担任清理巢箱、夯实花粉、酿蜜等巢内工作。工蜂在巢内的最后一项工作是在巢门前守卫蜂巢，此后转入巢外活动，采集花蜜、花粉、水、蜂胶等，或侦察蜜源。

蜜蜂采集工作一般始于 17 日龄后。20 日龄以后工蜂采集力才充分发挥，采集花蜜、花粉、水、树胶、无机盐，直到老死。采集蜂也部分承担守卫御敌的工作。工蜂采集飞行的最适宜气温是 15～25℃，气温低于 12℃时通常不进行采集活动。采集在距离蜂巢约 1km 的范围内进行。如果蜜源场地距蜂场较远，采集半径可延伸到 2～3km 以上。

工蜂的寿命约为 6 个星期。在一年的不同时期，工蜂个体寿命有很大的差异。越冬蛰伏期的工蜂，其寿命可达 6 个月以上。

3. 雄蜂

雄蜂是由未受精卵孤雌发育而成的蜜蜂，具单倍染色体。雄蜂没有采集能力，没有螫针，也无蜡腺和臭腺。雄蜂完全依赖蜂群需求状况而决定它的命运，一般在秋、冬季会被工蜂赶出巢房，因冻饿而死。雄蜂的职能主要是在巢外空中与婚飞的处女王交配，但交尾后死亡。

四、蜜蜂的发育

蜜蜂是完全变态的昆虫，三型蜂都经过卵、幼虫、蛹和成蜂 4 个发育阶段。不同蜂种、不同型蜂的发育时间有差别（表 13-1）。掌握发育日期，了解蜂群里的未封盖子脾（卵虫脾）和封盖子脾的比例（卵、虫、蛹的比例为 1∶2∶4），就可以知道蜂群的发展是否正常。掌握蜂王和雄蜂的发育日期，就可以安排好人工培育蜂王的工作日程。

表 13-1　中蜂和意蜂发育的天数

蜂种	三型蜂	卵期/日	未封盖幼虫期/日	封盖幼虫期和蛹期/日	共计/日
中蜂	工蜂	3	6	11	20
	蜂王	3	5	8	16
	雄蜂	3	7	13	23
意蜂	工蜂	3	6	12	21
	蜂王	3	5	8	16
	雄蜂	3	7	14	24

第二节　蜜蜂的繁殖与蜜粉源植物

一、蜜蜂的繁殖

1. 人工分蜂

分蜂有两种，即自然分蜂和人工分蜂。当蜂群发展强大时，老蜂王带领蜂群中的大约一半数量的蜜蜂飞离原群，另选它处筑巢，并永不回原巢，使原蜂群一分为二。根据外界蜜粉源条件、气候和蜂群内部的具体情况，人为地将一群蜜蜂分成两群或数群，即为人工分蜂，是增加蜂群数量的一个基本方法。

常用的人工分蜂方法是将原群留在原址不动，从原群中提出封盖子脾和蜜粉脾共 2～3 张，并带有 2～3 框青年蜂、幼年蜂，放入一空箱内，蜂王留在原群内；然后将这个无王的小群搬至离原群较远的地方，缩小巢门，以防盗蜂；1 天后，再给这个无王的小群诱入一只刚产卵不久的新王。在该小群中的蜂王产卵一段时间后，从一个强群中提出适量的带幼蜂的脾和正在羽化出房的子脾补给该小群。

2. 人工育王

蜂群生产力是由蜂王以及与该蜂王交尾的雄蜂的种性决定的。但如果没有好的育王技术，好蜂种的基因型也是不可能得到充分发挥的。采用人工育王能按生产计划要求，如期地培育出新蜂王。

（1）人工育王的时间　在自然分蜂季节，气候温暖，蜜源充沛，蜂群已发展到足够的群势，巢内已积累了大量的青年、幼年工蜂，雄蜂也开始大量羽化出房，这个时期是人工育王的最佳时期。此时移虫育王幼虫接受率高，幼虫发育好，育出的处女王质量好，交尾成功率也高。华北地区 5 月份的刺槐花期，长江中下游流域 4 月份的油菜、紫云英花期，云、贵、川地区 2～3 月份的油菜花期都是人工育王的良好时期。在主要蜜源结束早、但辅助蜜粉源较充足的地区，也可在主要采集期结束后进行人工育王。

（2）父母群的选择　在挑选父母群时，除着重考虑主要蜂产品的生产性能外，还需考虑群势发展速度、维持群势的能力、抗病性、抗逆性等方面的性状。此外，还必须注重挑选那些重要形态特征比较一致的蜂群作父母群。

（3）雄蜂的培育　精选父群，及时培育雄蜂是育王的重要技术环节。雄蜂的培育应当在移虫育王前的 19～24 天开始。因为雄蜂由卵发育成成虫需 24 天，羽化出房后 8～14 天性成熟，可进行交尾。

（4）组织育王群　在移虫前 2～3 天就应将育王群组织好。育王群应是有 10～15 框蜂的强群，具有大量的采集蜂和哺育蜂，蜂数要密集，并且要蜂脾相称或蜂多于脾，巢内饲料充足。用隔王板将蜂王隔在巢箱内形成繁殖区，而将育王框放在继箱内组成育王区。育王区内放 2 张幼虫脾、2～3 张封盖子脾，外侧放 2～3 张蜜粉脾，育王群接受的王台数每次不宜超过 30 个。若在夏季育王应做好防暑降温工作，处女王羽化出房的前一天，将成熟王台分别诱入各个交尾群。

（5）大卵育王　即蜂王初生重与产卵力之间呈明显的正相关，卵的大小与由它发育成的蜂王的质量之间有着密切的关系。用大卵孵化出的幼虫培育处女王，该处女王的初生重也大。用同一只蜂王产的卵育成的处女王，初生重大的，其卵巢管数目较多，并且其交尾成功率也较高，产卵量也较高。

卵的大小与蜂王的产卵速度有关：蜂王产卵速度快时，卵的重量就会减轻，卵就会变小。因此，只要限制蜂王的产卵速度，便可获得较大的卵。

在移虫前 10 天，用框式隔王板将母本蜂王限制在蜂巢的一侧。在该限制区内放一张蜜粉脾、一张大幼虫脾和一张小幼虫脾，每张巢脾上都几乎没有空巢房，迫使蜂王停止产卵。在移虫前 4 天，再往限制区内加进一张已产过 1～2 次卵的空巢脾，让蜂王产卵，便可获得较大的卵。

另一种方法是用蜂王产卵控制器限制蜂王产卵。在移虫前 10 天，将母本蜂王放入蜂王产卵控制器内，再将控制器放入蜂群中，迫使蜂王停止产卵。在移虫前 4 天，用一已产过 1～2 次卵的空脾换出控制器内的子脾，让蜂王在这张空脾上产卵，也可产出较大的卵。

（6）移虫　先将育王框放进育王群内，让工蜂清理数小时后，再进行移虫。移虫工作最好在室内进行，室温应保持在 25～30℃，相对湿度为 80%～90%。

移虫分为单式移虫和复式移虫两种。

① 单式移虫。将经工蜂清理过的育王框从蜂群中提出，拿入室内；再从母群中提出事先准备好的卵虫脾（产卵后第 4 天的巢脾），再用移虫针将 12～18h 虫龄的幼虫轻轻沿其背部挑出来，移入人工王台基内，使幼虫浮于王台基底部的王浆上，放回育王群哺育。

② 复式移虫。把育王群哺育了一天的育王框从育王群中取出，用镊子将王台中已接受的小幼虫轻轻取出来丢弃掉，重新移入母群中 12～18h 虫龄的幼虫，再将育王框重新放进育王群中进行哺育。第一次移的小幼虫不一定是母群中的，但第二次复移的幼虫必须全是母群中的小幼虫。及时检查蜂王的接受和发育情况。

（7）交尾群的管理　交尾群是为处女王交尾而临时组织的群势很弱的小群。根据待诱入的成熟王台数量来组织相应数量的交尾群，并最迟于诱入王台的前一天组织好。交尾箱巢门上方蜂箱外壁上，应分别贴以不同颜色、不同形状的纸片作标志，以便蜂王在交尾回巢时能识别其交尾箱。交尾群的群势不应太弱，至少应有 1 框足蜂以上，否则，很难保证蜂王正常产卵。

在移虫的第 11 天（即处女王羽化出房的前一天）诱入王台，每个交尾群中诱入一个，轻轻嵌在巢脾上，并夹在两块巢脾之间。王台诱入后的第 2 天，应全面检查处女王出房情况，将坏死的王台和瘦小的处女王淘汰，补入备用王台。王台诱入后 5～7 天，若天气晴好，处女王便可交尾；交尾 2～3 天后，便开始产卵。因此在诱入王台后的第 10 天左右，全面检查交尾群，观察其交尾产卵情况。

（8）蜂王的选择 选择蜂王时，首先从王台开始，选用身体粗壮、长度适当的王台。出房后的处女王要求身体健壮，行动灵活。产卵新王腹部要长，在巢脾上爬行稳而慢，体表绒毛鲜润，产卵整齐成片。一般 1 年左右就应更换。

二、蜜粉源植物

分泌花蜜可供蜜蜂采集的植物称蜜源植物，产生花粉可供蜜蜂采集的植物称粉源植物，蜜粉源植物是养蜂业的物质基础。要对蜜粉源植物种类、分布、开花泌蜜习性、利用价值以及预测预报产蜜量等进行深入的调查研究，结合养蜂生产的具体情况，合理开发利用蜜粉源资源。我国主要蜜源植物见表 13-2。

表 13-2 我国主要蜜源植物

名称	花期 (××月～××月)	花粉	蜂群产蜜/kg	主要分布地区
紫云英	3～5	多	10～30	长江流域
柑橘	3～5	多	10～30	长江流域
荔枝	3～4	少	20～50	亚热带地区
龙眼	5	少	15～25	亚热带地区
荆条	6～7	中	20～50	华北、东北南部
椴树	7	少	20～80	东北林区
刺槐	5	微	10～50	长江以北,辽宁以南
油菜	12～4,7	多	10～50	长江流域,三北地区
橡胶树	3～5	少	10～15	亚热带地区
苕子	4～6	中	20～50	长江流域
柿树	5	少	5～15	河南、陕西、河北
紫苜蓿	5～6	中	15～25	陕西、甘肃、宁夏
白刺花	4～6	中	20～50	陕西、甘肃、四川、贵州、云南
枣树	5～6	微	15～30	黄河流域
隆缘桉	5～7	多	25～50	海南、广东、广西、云南
乌桕	6～7	多	25～50	长江流域
山乌桕	6	多	25～50	亚热带地区
老瓜头	6～7	少	50～60	宁夏、内蒙古荒漠地带
草木犀	6～8	多	20～50	西北、东北
芝麻	7～8	多	10～20	江西、安徽、河南、湖北
棉花	7～9	微	15～30	华东、华中、华北、新疆
胡枝子	7～9	中	10～20	东北、华北
向日葵	8～9	多	15～30	东北、华北
大叶桉	9～10	少	10～20	亚热带地区
野坝子	10～12	微	15～25	云南、贵州、四川
鸭脚木	11～1	中	10～15	亚热带地区

第三节　蜜蜂的饲养管理技术

一、场址选择

较理想的养蜂场应具备以下条件。

1. 丰富的蜜粉源

蜜蜂的主要饲料来源是蜜粉源植物提供的花粉和花蜜。定地饲养要求蜂场周围至少有2～3个主要蜜源植物及多种花期交替的辅助蜜源和粉源。蜜源应在距场3km以内，要求生长良好，流蜜稳定，无病虫害，无农药污染。

2. 充足干净的水源

在场地附近要有良好的水源，以保证蜜蜂采水、人工用水和蜜源植物的生长。但要注意不要紧靠大江或大河水面，以防蜜蜂溺水，最好是干净的溪水。

3. 便利的交通

距离公路较近便于蜂群的运输、蜂产品的销售，也有利于蜂产品的保鲜和贮运，便于实现养蜂机械化。

4. 安静卫生的环境

蜂场要远离铁路、工厂、机关、学校、畜牧场、农药库、食品厂和高压线下，以防因烟雾、声音、震动等引起蜂群不安，造成人、畜被蜇。为防止蜂场间的疾病传播，两蜂场间最好相距2～3km。

二、蜂机具

1. 蜂箱

制造蜂箱应选用坚实、质轻、不易变形的木材，而且要充分干燥。北方以红松、白松，南方以杉木为宜。十框蜂箱是目前国内外养蜂业使用最为普遍的蜂箱，由箱盖、副盖、巢箱与继箱、箱底、巢门及巢框、隔板和闸板等组成（图13-2、图13-3）。

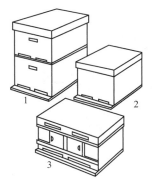
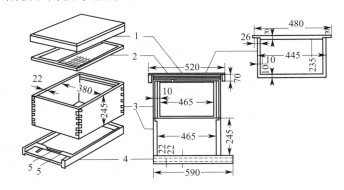

图 13-2　三种蜂箱　　　　　　　图 13-3　标准箱的结构与尺寸（单位：mm）
1—十框标准箱；2—中蜂标箱；　　　　1—箱盖；2—副盖；3—箱身；4—箱底；5—巢门
3—十六框卧式蜂箱

蜂路指巢脾与巢脾、箱壁与巢脾之间的距离。蜂路过大易造赘脾，过小则易压伤蜜蜂或影响通行。一般认为，意大利蜂单行蜂路宽度为6～8mm，双行道蜂路宽度为10mm。

前后蜂路：前后箱壁至巢框两侧条间的蜂路均为8mm，巢框前后各有2mm灵活余地，这样保持在6～10mm。

框间蜂路：巢框两上梁间蜂路也是 8～10mm。

上蜂路：副盖距上梁面的蜂路为 6mm。

下蜂路：巢框下梁与蜂箱底板之间的蜂路，其距离应为 16～19mm。

巢框由上梁、两侧条与下梁组成。巢框外围尺寸长 448mm，高 232mm；内围长 428mm，高 202mm。巢框上梁长 480mm，宽 27mm，厚 20mm。上梁的下平面正中线开一条宽 3mm，深 6mm 的巢础沟，装巢础时把巢础的一边嵌进沟槽内。侧条厚 10mm，宽 27mm。在两侧条的正中线上，钻均匀分布的 3～4 个孔，沿巢框的长度方向穿入铅丝。下梁长 448mm，宽 19mm，厚 10mm。

2. 巢础

用蜂蜡制作，经巢础机压印而成，是蜜蜂筑造巢脾的基础。供十框蜂箱使用的，规格为高 200mm、长 425mm，我国蜂具厂生产的以此为最多。

3. 养蜂用具

养蜂用具包括面网、起刮刀、蜂扫、喷烟器、隔王板等（图 13-4）。面网采用黑色的纱网、尼龙网制成。网的下端能收紧，防止蜜蜂钻入。面网可保护养蜂者的头面部和颈部。起刮刀用于撬动副盖、继箱、钉子、隔王板和巢脾等，还可刮除蜂胶、蜂蜡以及清扫蜂箱，是蜂场必备的工具。蜂扫是用来扫除巢脾上附着的蜜蜂的长毛刷。隔王板是控制蜂王产卵和活动范围的栅板，工蜂可自由通过。平面隔王板是把育虫巢和贮蜜继箱分隔开，便于取蜜和提高蜂蜜质量。框式隔王板可把蜂王控制在几个脾上产卵。喷烟器往蜂群中喷烟避免蜜蜂光骚动，使检查蜂群时顺利迅速。采收蜂蜜时，喷烟镇服蜜蜂，减少被螫。饲喂器是用无毒塑料制成的一种可装贮液体饲料（糖浆或蜂蜜）及水供饲喂蜂群时用的工具。割蜜盖刀是取蜜时用以切除蜜脾两面封盖蜡的手持刀具，简称割蜜刀。分蜜机又称摇蜜机，目前我国常用的摇蜜机是两框换面式分蜜机，适合小型的转地蜂场，借助离心力作用，分离出蜂蜜。产浆框长、高尺寸与巢框相同，框架内木台条 3～5 条，每木台条上可有 20～34 个王台。移虫针是移虫育王和蜂王浆生产中用来移取幼虫的工具。一般使用弹性移虫针，由移虫舌、塑料管、推虫杆、钢丝弹簧、塑料扎线组成。脱粉器把大部分的花粉团从蜜蜂的后腿上的花粉筐中取下来，脱落在集粉盒中。

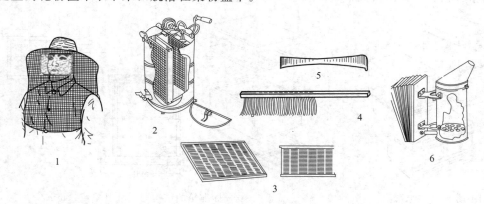

图 13-4　常用蜂具

1—面网；2—摇蜜机；3—隔王板；4—蜂扫；5—起刮刀；6—喷烟器

三、蜂群的饲养管理

1. 蜂箱排列

蜂箱排列方法应根据场地大小、不同季节和饲养方式而定，以管理方便、便于蜜蜂识别蜂箱的位置为原则。通常蜂箱间距 1～2m，各排之间相距 2～3m，前后排的蜂群位置相互交错。大型蜂场蜂群数量多，常受场地的限制，可双箱或多箱并列。转地放蜂放置蜂箱时，可采用方形或圆形排列法。有处女王的交尾群，应分散放在蜂场外围目标清晰处，巢门要相互错开。

摆放蜂箱时蜂箱左右保持平衡，后部稍高于前部，以防止雨水流入。蜂箱的巢门通常朝南或偏东南、西南方向。

2. 蜂群的检查

(1) 开箱检查　应选择晴暖无风，温度 8℃以上，避开蜜蜂出勤高峰的时候进行。检查时应穿白色或浅色干净的衣服，戴上面网，准备好记录本、起刮刀、喷烟器、割蜜刀等工具。操作时要做到轻、快、稳。用拇指、食指和中指扣紧框耳，使巢脾面与地面始终保持垂直。看虫卵时，身背阳光，才能看清房底内部情况。查看时应注意蜂王是否存在、产卵及幼虫发育情况、蜜蜂和子脾增减情况、有无病虫害等。查完后，依次恢复原状，盖好副盖和箱盖。

填写蜂群检查记录表 (13-3)。

表 13-3　蜂群检查记录表

检查日期	群号	蜂框数	子脾		饲料		空脾	蜂王情况	用脾数	处理情况	备注
			卵虫	蛹	蜜	粉					

为了减少蜂蜇，检查蜂群时应穿白色或浅色衣服，身上不要有蒜、葱、酒、香皂、汗臭等强烈刺激气味，迫不得已时才使用喷烟器。万一被蜇，应用指甲反向刮去螫针。必要时用清水或肥皂将被蜇处洗净擦干，消除蜂毒气味再检查蜂群。大多数人被蜇后，有一定的红肿、疼痛症状，一般 2～3 天后可消失，实践中发现被蜇处涂抹蜂王浆可减轻红肿热痛，效果很好。有极少数人被蜇后会发生过敏反应，全身出疹块、出现心悸等症状，遇到这种情况，应该及时送医院治疗。

(2) 箱外观察　可根据箱外观察的现象来分析和判断蜂群的情况，及时分别情况采取相应的措施。失王：天气晴暖，有些工蜂在门前振翅，来回爬动，很不安静；螨害：巢门前地上有缺翅和发育不全的幼蜂爬出；中毒：在箱前或蜂场附近有新死的工蜂，有的还携带花粉和花蜜，死后喙伸出，腹部弯曲；分蜂：巢门出现"挂胡子"现象，工蜂消极怠工，说明很快要发生自然分蜂。发现异常情况应果断采取有效措施。

3. 蜂群的饲喂

(1) 饲喂糖浆　分补助饲喂和奖励饲喂两种情况。补助饲喂是对缺蜜的蜂群喂以大量高浓度的蜂蜜或糖浆，使其能维持生存。如北方饲喂越冬饲料。奖励饲喂则是喂给少量稀薄的蜜汁或糖浆，促进产卵育虫，如春季繁殖期经常采用奖励饲喂的方式。

(2) 饲喂花粉　蜜蜂所采花粉主要用来调制蜂粮养育幼虫。在蜜蜂繁殖期内，如果外界缺乏粉源，需及时补喂花粉。可以做成粉脾或花粉饼饲喂。将花粉或代用花粉撒入巢脾的巢房中。然后往花粉房内喷灌稀蜜水，将灌好的粉脾插入蜂巢。喂花粉饼是将花粉或代用花粉加等量的蜜和糖浆（糖水比为 2:1），充分搅匀后，做成饼状，置于框架上供蜂采食。

(3) 喂盐和水　流蜜期蜜蜂一般不会缺水，待流蜜期过后气候干燥时，在蜂场附近设置饮水器补水。喂水的同时可酌情加盐，一般浓度为 0.1%。

4. 诱入蜂王

在引种、蜂群失王、分蜂、组织双王群以及更换蜂王时，都需要给蜂群诱入蜂王。分为间接诱入和直接诱入两种。如给无王群诱入蜂王，先要将巢脾上所有的王台毁除；给蜂群更换蜂王，应提早半天至一天将需淘汰的蜂王提出；给失王较久，老蜂多子少脾少的蜂群诱入蜂王，应提前 1~2 天补给幼虫脾。

(1) 间接诱入法　先将蜂王置于诱入器内，再从无王群中提出一框有蜜的虫卵脾，从脾上提 7~8 只幼蜂关进诱入器内，然后在脾上选择有贮蜜的部位扣上诱入器，并抽出其底片，放回该脾于无王群中。一昼夜后，再提脾观察，如发现有较多的蜜蜂聚集在诱入器上，甚至有的还用上颚咬铁纱，说明蜂王尚未被接受，需继续将蜂王扣一段时间；如诱入器上的蜜蜂已经散开，或看到有的蜜蜂将吻伸进诱入器饲喂蜂王，表示蜂王已被接受，可将其放出。

(2) 直接诱入法　在蜜源丰富的季节，无王群对外来的产卵蜂王容易接受时，于傍晚将蜂王轻轻地放到框顶上或巢门口，让其自行爬上巢脾；或者从交尾群中提出一框连蜂带王的巢脾，放到无王群隔板外侧约一框距离，经 1~2 天后，再调整到隔板内。

如果工蜂不接受新蜂王，有时会发生围王。许多工蜂把蜂王围起来，形成一个以蜂王为核心的蜂球的现象。通常采用向蜂球喷洒清水或稀蜜水，使围王的工蜂散开。蜂王解围后，若未受伤，可用诱入器暂时扣在脾上加以保护，蜂群接受时再释放，发现蜂王受伤，则应淘汰。

5. 合并蜂群

合并蜂群的目的是为了饲养强群，以提高蜂群的质量，有直接法和间接法。

(1) 直接合并法　用于流蜜期、蜂群越冬后还未经过认巢和排泄飞翔，或转地到达目的地后开巢门前的时候进行。将两群蜂放在同一蜂箱的两侧，中间加隔板，在巢脾上喷些有气味的水或从巢门口喷少许淡烟以消除气味差异，过两天抽掉隔板即可。

(2) 间接合并法　即将被并群与合并群放入同一蜂箱，中间用铁纱相隔，待到两群气味相投后合并到一块。

6. 修造巢脾

巢脾的数量和质量是养蜂成败的重要条件，一张巢脾通常使用 1~2 年，转地饲养的蜂场，运用标准蜂箱的每群蜂应配备 15~20 张巢脾。

镶装巢础时将巢框两侧边条钻 3~4 个孔，穿上 24 号铅丝并拉紧，用手指弹能发出清脆的声音时即可固定。将巢础的一边镶进上框梁的巢础沟内，用埋线器沿着铅丝滑动，使铅丝埋入巢础中。巢础的边缘与下梁保持 5~10mm 距离，与框耳保持 2~3mm 距离。如果外界有丰富的蜜粉饲料，蜂群内有适龄的泌蜡工蜂，即可将镶好巢础的巢框插入蜂群造脾。

巢脾在不用的情况下容易发霉、滋生巢虫、招引老鼠和盗蜂。贮藏之前，要将巢脾清理干净，然后用二硫化碳或硫黄彻底进行消毒。方法见巢脾的硫黄熏烟消毒。

7. 收捕分蜂团

分蜂开始的时候，先有少量的蜜蜂飞出蜂巢，在蜂场上空盘旋飞翔，不久蜂王伴随大量蜜蜂由巢内飞出，几分钟后，飞出的蜜蜂就在附近的树上或建筑物上集结成蜂团，再过一段时间，分出的蜂群就要远飞到新栖息的地方。当自然分蜂刚刚开始蜂王尚未飞离巢脾时，应立即关闭巢门不让蜂王出巢，然后打开箱盖，从纱盖上往巢内喷水，等蜜蜂安定后，再开箱检查，毁除所有的自然王台，飞出的蜜蜂会自动回巢。如果大量蜜蜂涌出巢门，蜂王也已出巢并在蜂场附近的树林或建筑上结团，可用一较长的竹竿，将带蜜的子脾或巢脾绑其一端，举到蜂团跟前，当蜂王爬上脾后，将巢脾放回原群，其他蜜蜂自动飞回。如果蜂团结在小树枝上，可轻轻锯断树枝，然后将蜂团抖落到箱内。

四、蜂产品生产

1. 蜂蜜的生产

蜂蜜是蜜蜂采集植物花蜜，经工蜂酿造而成，具有甜味的黏稠液体，主要成分是葡萄糖和果糖，其次是水分、蔗糖、矿物质、维生素、酶类、蛋白质、氨基酸、酸类、色素、胆碱以及芳香物质等。具有"清热、补中、解毒、润燥、止痛"等多种功能，蜂蜜不仅是传统的医疗保健药品，而且也是食用价值较高的天然营养食品。

蜂蜜成熟后，工蜂用蜡封存。取蜜作业包括抽脾脱蜂、割蜜盖、分离蜂蜜、回脾等几个步骤。

（1）抽脾脱蜂　抖蜂时，两手握紧框耳，对准箱内空处，依靠手腕的力气上下快速抖动四五下，使蜜蜂脱落在箱底。再用蜂帚扫除余下的蜜蜂。抽脾脱蜂时，要保持蜜脾垂直平衡，防止碰撞箱壁和挤压蜜蜂，以免激怒蜜蜂。

（2）割蜜盖　把封盖蜜脾的一端搁在盆面的木板上，用割蜜刀齐框梁由下而上把蜜盖切下。割蜜刀使用前要磨利，以免削坏巢房，否则易出现改造成雄蜂房的现象。

（3）分离蜂蜜　蜜脾割去蜜盖后放入摇蜜机的框笼内，转动摇蜜机将蜜分离出来。转动摇把时，应由慢到快开始，再从快到慢停止。摇完一面后再调换脾面摇另一面。对含有幼虫的蜜脾，应小心轻摇，以防幼虫被甩出；对贮满蜜的新脾，为防止房底穿孔，可先摇出一面的1/2，翻转脾面摇干净另一面，再翻过来，把原先留下的1/2摇净。摇完蜜的空脾立即送回蜂群。

摇出的蜂蜜，用滤蜜器过滤装桶。摇蜜结束以后，把摇蜜机洗净、晒干，并在机件上涂油防锈。场地和用具也要清理干净。尤其在流蜜末期要特别注意防止盗蜂。

2. 蜂王浆的生产

蜂王浆是工蜂的王浆腺分泌的，用于饲喂蜂王及幼虫的一种特殊分泌物，呈乳白色或淡黄色，具有极高的药用价值和营养价值。具有较重的酸涩、浓厚的辛辣、略微香甜的味道。蜂王浆是一种活性成分极为复杂的生物产品，几乎含有人体生长发育所需的全部营养成分，不含任何对人体有毒、有副作用的物质。

（1）预备幼虫　生产王浆需要大量18～24h的幼虫。为了不影响生产，必须在移虫前4～5天，把空脾加到新分群或双王群内，让蜂王产卵，这样移虫时，就会有成批的适龄幼虫。

（2）移虫　产浆移虫的方法与育王移虫的方法相同，首次产浆时，把王浆框放入蜂群清理半小时左右，再用蜂王浆蘸蜡碗，并移稍大一点的幼虫，可提高接受率。蜂群管理方面注意促进蜂群的繁殖，保持强群产浆，蜜粉充足，而且要密集群势。

（3）取浆　移虫后64～72h，就可以提出产浆框取浆。先把产浆框从蜂群内提出，提王浆框一端轻轻地抖掉或扫去附着蜂，继而用锋利的割蜜刀沿塑料蜡碗的水平面外削去多余的台壁，一定注意不要削破幼虫，再用镊子夹出幼虫，最后用挖浆笔挖出王浆，装入王浆瓶内，在5℃以下避光保存。取浆后王浆框密闭保存，尽早进行移虫，继续生产王浆。

3. 蜂花粉的生产

蜂花粉含有种类齐全、数量比例理想的营养物质。在国际上被称为"完全营养品""微型营养库"。含有人体必需的蛋白质、脂肪、糖类、微量元素、维生素等，还含有特殊功效的生物活性物质。

在主要粉源植物吐粉期间，一般上午8～11时安装巢门脱粉器采集，巢门踏板前放收集器，视进粉的速度每隔15～30min用小刷子清理巢门并收集花粉，晾干或进行烘干。鲜花粉也可用冷藏法保存。生产花粉季节注意一定为蜜蜂留出足够的花粉以供饲喂幼虫和蜜蜂本身的消耗。

4. 蜂胶

蜂胶是蜜蜂从胶源植物新生枝腋芽处采集的树脂类物质，经蜜蜂混入其上颚腺、蜡腺分泌物反复加工而成的芳香性固体胶状物质。其化学成分有 30 多种黄酮类物质、数十种芳香化合物、20 多种氨基酸，还含有 30 多种人体必需微量元素，以及丰富的有机酸、维生素及萜烯类、多糖类、酶类等具有天然生物活性的成分。蜂胶具有广谱的抗菌作用，还有双向调节血糖的效果，对 I 型、II 型糖尿病有很好的降糖作用，对糖尿病并发症也有较好的预防和治疗效果。还有降低血压、防治心血管系统疾病，抗衰老、排毒养颜，杀灭癌细胞、抑制肿瘤、消除息肉，治疗细菌、真菌、病毒引起的疾病的作用。目前，对蜂胶的开发与利用正在兴起。

此外，养蜂还能生产蜂蜡、蜂巢、蜂毒、蜂蛹等多种蜂产品。应用蜜蜂为温室草莓等农作物授粉也成为一项重要的农艺措施。

第四节 病敌害防治技术

一、蜂场的卫生与消毒

养蜂生产中蜂场的卫生与消毒是蜂病防治的重要环节，是预防蜜蜂疾病发生与传播的重要手段。

1. 场地的卫生与消毒

首先把蜂场内杂草铲除干净，及时清理或焚烧死亡的蜜蜂。也可喷洒 5％的漂白粉乳剂对蜂场及越冬室进行消毒。蜂群有自我卫生清理的本能，患病死亡的蜜蜂幼虫或成年蜂尸体会被蜜蜂清理出巢，落到蜂场附近。有效杀灭这些被蜜蜂清理出箱外的病死蜜蜂，可达到预防和减少疾病传播的目的。

2. 养蜂用具的卫生消毒

蜂箱、隔王板、巢框、饲喂器在保存和使用前都要进行卫生清理和消毒。保存前可用起刮刀将蜂箱、隔王板及饲喂器上的蜂胶、蜂蜡等清除干净，然后水洗风干，待进一步消毒。

（1）燃烧法 适用于蜂箱、巢框、木质隔王板、隔板等。用点燃的酒精喷灯或煤油喷灯外焰对准以上蜂具的表面及缝隙仔细燃烧至焦黄为止。这样可有效杀灭细菌及芽孢、真菌及孢子、病毒、病敌害的虫卵等。

（2）煮沸法 巢框、隔板、覆布、工作服等小型蜂机具可采用煮沸法消毒，煮沸时间根据要杀灭的病原体不同而不同。预防消毒，煮沸时间至少应在 30min 以上。

（3）日光暴晒 日光可使微生物体内的蛋白质凝固，对一些微生物有一定的杀伤作用。将蜂箱、隔王板、隔板、覆布等放在强烈的日光下暴晒 12h，能起到一定的消毒作用。

（4）化学药品消毒法 常用的化学药品有 0.1％高锰酸钾、4％甲醛、2％氢氧化钠、0.5％～1％次氯酸钠溶液、0.1％新洁尔灭、0.1％～0.2％过氧乙酸等，浸泡洗刷蜂箱、巢框、隔王板、隔板、饲喂盒等，然后用清水冲刷干净，风干。

3. 巢脾消毒与保管

巢脾是蜜蜂培育幼虫以及贮存蜂蜜和蜂粮的场所，一旦被病原物污染，很容易引起蜜蜂发生病害。巢脾存放前，先刮去巢脾上的赘蜡、蜂胶，然后按大蜜脾、半蜜脾、粉脾、空脾分类消毒保管。常用巢脾消毒方法如下。

（1）高效巢房消毒剂消毒　消毒剂主要成分为二氯异氰尿酸钠，为广谱含氯消毒剂，对病毒、细菌具有较强的杀伤力，可用来消毒被蜜蜂病毒和细菌污染的巢脾及其他蜂具。每片药兑水 200mL 溶解，用喷雾或浸泡法消毒。

（2）漂白粉溶液浸泡法　漂白粉对多种细菌均有杀灭作用，其 5% 的水溶液在 1h 内即可杀死细菌的芽孢，可用于蜂场、越冬室、蜂具等的消毒。用 0.2%～1% 的澄清液来浸泡巢脾消毒，效果良好。

（3）硫黄熏烟消毒　硫黄燃烧时产生二氧化硫（SO_2）气体，可杀死蜂螨、真菌、蜡螟成虫和幼虫。隔 7 天一次，连续 2～3 次（因为二氧化硫不能杀死蜡螟的卵和蛹，故待卵孵化成幼虫、蛹羽化为蛾后再熏治）。

熏治时每个继箱放 8～9 张巢脾，5～7 个箱体摞成一组，最下边放一个空继箱，四角用砖头垫平，内放一耐燃容器。幅宽 1m 的塑料布（密闭桶状）上端封死，展开后可正好套住两组。将木炭在炉灶上点燃，放入容器，将硫黄按每箱 3～5g 撒在炭火上，迅速推入空继箱中，将塑料布下端压实，密闭熏治 24h 以上。巢脾使用前放在通风处通风 2～3 天，以防蜜蜂中毒。

（4）二硫化碳消毒　二硫化碳（CS_2）是一种无色或微黄色液体，常温下易挥发，易燃，由于分子量较空气重而下沉。具刺激气味，有毒。可杀灭蜡螟的卵、幼虫、蛹和成虫，常用于巢脾贮存前的消毒。

（5）冰醋酸　冰醋酸（CH_3COOH），无色液体，其蒸气对孢子虫、阿米巴虫和蜡螟的卵、幼虫都有较强的杀灭作用。每箱用 96%～98% 的冰醋酸 20～30mL，密闭熏蒸 48h，消毒效果显著。

采用以上方法消毒后的巢脾不用时，要密闭保存于阴凉通风的房间中，为确保安全，巢脾在使用前还要进行一次检查消毒。

4. 饲料的卫生消毒

蜜蜂饲料的洁净卫生与蜜蜂的健康关系十分密切。从其他蜂场购买的蜂蜜、花粉可能携带病原体，用于喂蜂一定要严格消毒。

（1）饲料蜜的消毒　目前对饲料蜜的消毒多采用加温煮沸法。将蜂蜜加少量水倒入锅内加温，待煮沸后持续 30min，凉至微温即可喂蜂。

（2）花粉的消毒

① 蒸汽消毒法。将花粉加适量水浸湿搓成花粉团或直接放入蒸锅布上，蒸汽消毒 30min。

② 微波炉消毒法。将干花粉 500g 放入微波炉玻璃盘中，用中等微波火力烘烤，每盘 3min，可达到很好的消毒作用。

③ ^{60}Co 照射法。用特定的钴源，花粉经 100 万～150 万拉德（rad，1rad＝10mGy）辐射，即可杀死引发蜜蜂疾病的病原。

二、蜜蜂的病害防治

1. 雅氏瓦螨

雅氏瓦螨又称大蜂螨。雌螨在未封盖幼虫房里产卵，繁殖于封盖幼虫房，寄生于成蜂体，吸取血淋巴，造成蜜蜂寿命缩短，采集力下降，影响蜂产品的产量。受害严重的蜂群出现幼虫和蜂蛹大量死亡，新羽化出房的幼蜂翅膀残缺不全，幼蜂在蜂场到处乱爬，蜂群群势迅速削弱，严重者还会造成全群死亡。

（1）临床诊断　蜂群受害后最明显的特征是在巢门和子脾上可以见到翅膀残缺的蜜蜂爬行，有时蛹体上可发现白色若螨和成螨，即可确定为蜂螨危害。取工蜂 50～100 只，仔细检查其腹部节间和胸部有无蜂螨寄生。同时用眼科镊子揭开蜜蜂封盖巢房 50～100 个，观察蜂蛹体上及巢房内有无蜂螨寄生，计算寄生率。

（2）防控措施 利用蜂群自然断子期或采用人为断子，使蜂王停止产卵一段时间，蜂群内无封盖子脾，再用杀螨剂驱杀，效果彻底。定地养蜂可采用分巢防控的方法，先从有螨蜂群中提出封盖子脾，集中羽化后再用杀螨药剂杀螨，原群蜜蜂体上的蜂螨可选用杀螨剂驱杀。利用蜂螨喜寄生雄蜂房的特点，可用雄蜂幼虫诱杀，在螨害蜂群中加入雄蜂巢脾，待雄蜂房封盖后提出，切开巢房，杀死雄蜂和蜂螨。

治螨药剂有速杀螨、敌螨熏烟剂、甲酸、螨扑等。最好不要长期使用同一种药物，以免产生抗药性。

2. 亮热历螨

亮热历螨又称小蜂螨，对蜜蜂的危害比雅氏瓦螨更为严重。寄生于蜜蜂幼虫和蛹体上，很少寄生于成蜂体上，而且在成蜂体上存活时间很短。因此亮热历螨不但可以造成幼虫大批死亡，腐烂变黑，而且还会造成蜂蛹和幼蜂死亡，常出现死蛹，俗称"白头蛹"，出房的幼蜂身体十分衰弱，翅膀残缺，身体瘦小，爬行缓慢，受害蜂群群势迅速削弱，甚至全群死亡。

（1）诊断 从蜂群中提出子脾，抖落蜜蜂，然后将子脾脾面朝向阳光（或向脾面喷烟），这时便可观察到爬行的小蜂螨。

（2）防控措施 亮热历螨在蜂体上仅能存活1～2天，不能吸食成蜂血液、淋巴液，在蜂蛹体上最多只能活10天，可采用割断蜂群内幼虫的方法进行生物防治。具体做法是：幽闭蜂王9天，打开封盖幼虫房，并将幼虫从巢脾内全部摇出，即可达到防治目的。可采取药物防治，升华硫对防治小蜂螨具有良好的效果。将封盖子脾提出，抖去蜜蜂，将升华硫粉末均匀涂抹在封盖子脾表面或撒在巢脾之间的蜂路上，每条蜂路用药0.3g，每群用量3～4g，用药期间要保持饲料充足。

3. 蜜蜂孢子虫病

蜜蜂孢子虫病又称蜜蜂微粒子病，是成年蜂消化道传染病，是由蜜蜂微孢子虫引起，寄生于蜜蜂的中肠上皮细胞内，以蜜蜂体液为营养发育和繁殖。

（1）诊断 临床诊断以下痢、中肠浮肿无弹性呈灰白色为特征。蜜蜂发病初期病状不明显，逐渐出现行动呆滞，体色暗淡，后期失去飞翔能力，病蜂多集中在巢脾框梁上面和边缘及箱底处，腹部1～3节背板呈棕色略透明，末端3节暗黑色。病蜂中肠灰白色，环纹模糊并失去弹性。确认需进行实验室检验：从蜂群中抓取10只病蜂，拉取消化道，剪中肠放入研钵内研磨，加5mL蒸馏水制备成悬浮液，取一滴放于载玻片上，加盖玻片。在400～600倍显微镜下观察，如发现长椭圆形孢子即可确诊。

（2）防控措施

① 药物预防。根据孢子虫在酸性溶液中可受到抑制的特性，选择柠檬酸、米醋、山楂水分别配制成酸性糖浆。浓度是每千克糖浆内加柠檬酸1g或米醋50mL、山楂水50mL，早春结合对蜂群奖励饲喂时，任选一种药物喂蜂可预防孢子虫病。

② 药物治疗。在国内现有的药剂中采用保蜂健防治孢子虫病取得了较好的防治效果。使用浓度是0.2%，先将保蜂健粉剂溶于少量温水中，然后加到所需的浓度，待傍晚蜜蜂回巢后进行喷喂蜂群，每隔3～4天1次，连续防治3～4次为一个疗程，间隔10～15天再进行第2个疗程防治，可治愈。

4. 白垩病

白垩病又称石灰子病，是由蜂球囊菌寄生引起蜜蜂幼虫死亡的真菌性传染病，通过孢子传播，是蜜蜂的主要传染性病害之一。患病幼虫躯体呈白色，当形成真菌孢子时，幼虫尸体呈灰黑色或黑色木乃伊状。白垩病的典型症状是死亡幼虫呈干枯状，身体上布满白色菌丝或灰黑色、黑色附着物（孢子），死亡幼虫无一定形状，尸体无臭味，也无黏性，易被清理，在蜂箱底部或巢门前及附近场地上常可见到干枯的死虫尸体。

（1）诊断　患病中期，幼虫柔软膨胀，腹面布满白色菌丝，甚至菌丝粘贴巢房壁，后期虫体布满菌丝，萎缩，逐渐变硬，似粉笔状，部分虫体有黑色子实体盖于体表，似黑色粉笔状。虫体被工蜂拖出巢房散落于箱底、箱门口或蜂箱前。对可疑病蜂检验，挑取少许幼虫尸体表层物置于载玻片上，加1滴蒸馏水，加盖片，在低倍镜下观察，若发现白色似棉纤维状菌丝或球形的孢子囊及椭圆形的孢子，便可确诊为白垩病。

（2）防控措施　对于白垩病的防治，采取以预防为主，结合对蜂具、花粉的消毒和药物防治综合措施。消除潮湿的环境、合并弱群、选用优质饲料、消毒巢脾是主要预防措施。经换箱、换脾的蜂群，用杀白灵、优白净、灭白垩1号均有较好作用效果。

5. 美洲幼虫腐臭病

美洲幼虫腐臭病的致病菌是幼虫芽孢杆菌。幼虫芽孢杆菌通常感染2日龄幼虫，4~5日龄幼虫发病，出现明显症状，封盖幼虫期死亡。幼虫组织腐烂后具有黏性和鱼腥臭味，用镊子挑取可拉成2~3cm长的细丝。病死的幼虫尸体干枯后呈难以剥落的鳞片状物，紧贴在巢房壁下方，蜜蜂难以清除。

（1）诊断　临床诊断以子脾封盖下陷、穿孔，封盖幼虫死亡、蛹舌为特征。本病主要使封盖后的老熟幼虫和蜂蛹死亡，子脾表面房盖下陷，呈湿润和油光状，有针头大小的穿孔。死亡幼虫最初失去丰满及珍珠色的光泽，萎缩变成浅褐色，并逐渐变成咖啡色，有黏性，用镊子挑取时，可拉出细丝，有难闻的鱼腥臭味。幼虫尸体干瘪后变成黑褐色，呈鳞片状，紧贴于巢房下侧房壁上，与老巢脾颜色相近，很难取出。如蛹期发病死亡，则在蜂蛹巢房顶部有蛹头突出（称"蛹舌现象"）。

挑取可疑的病虫尸体少许，涂片镜检，若发现较大数量的单个或呈链状的杆菌以及芽孢时再进行芽孢染色法检验加以确诊。

（2）防控措施　严格检疫，杜绝病原的传入；对患病群所用的蜂箱、蜂具、巢脾都必须经过严格消毒后才能使用，一般可用0.5%过氧乙酸或二氯异氰尿酸钠刷洗，巢脾必须浸泡24h消毒，同时未发病的蜂群也要喷、喂药物防治。严重患病群尽量烧毁，轻的患病群，必须换箱、换脾消毒后再经药物治疗才能收到满意效果。

在药物治疗方面，于1kg糖浆中加土霉素5万国际单位或复方新诺明0.5g或红霉素5万国际单位进行饲喂或喷脾，隔日一次，每次每框蜂100g，治疗3~4次；用0.1%磺胺嘧啶糖浆也有较好效果。为了不使抗生素污染蜂产品，治疗时间尽可能安排在早春、晚秋及非生产季节。

6. 欧洲幼虫腐臭病

欧洲幼虫腐臭病是蜜蜂的细菌性传染病，致病菌为蜂房蜜蜂球菌。发生较普遍，常使小幼虫感病死亡，蜂群常出现见子不见蜂现象，蜂群群势下降，蜂产品产量降低。患欧洲幼虫腐臭病的幼虫1~2日龄染病，经2~3天潜伏期，幼虫多在3~4日龄未封盖时死亡。幼虫尸体无黏性，有酸臭味，虫体干燥后变为深褐色，易被工蜂清除，巢脾出现插花子脾。

（1）诊断　临床诊断以2~4日龄未封盖幼虫死亡为特征。抽取2~4天的幼虫脾1~2张，如发现虫、卵交错，幼虫位置混乱，颜色呈黄白色或暗褐色，无黏性，不拉丝，易取出，背线明显，有酸臭味，幼虫死后软化并逐渐干缩于房底，易被工蜂清出，形成"插花子脾"，即可诊断为欧洲幼虫腐臭病。

微生物学诊断可用革兰染色镜检：挑取可疑为欧洲幼虫腐臭病的幼虫尸体少许涂片，用革兰方法染色，镜检。若发现大量披针形，紫色，单个、成对或链状排列的球菌可诊断为本病。

（2）防控措施　加强饲养管理，紧缩巢脾，注意保温，培养强群。严重的患病群，进行换箱、换脾，并用下列任何一种药物消毒：①用 $50mL/m^3$ 福尔马林煮沸熏蒸一昼夜；②0.5％次氯酸钠或二氯异氰尿酸钠喷雾；③0.5％过氧乙酸喷雾。对发病蜂群，可在 1kg 糖浆中加土霉素 5 万国际单位或链霉素 20 万国际单位或红霉素 5 万国际单位进行饲喂或喷脾，隔日一次，每次每框蜂100g，防治3～4次。

三、蜜蜂的敌害防治

1. 蜡螟

常见危害蜂群的有大蜡螟和小蜡螟两种。蜡螟的幼虫又称巢虫，危害巢脾、破坏蜂巢，穿蛀隧道，伤害蜜蜂的幼虫和蛹，造成"白头蛹"。轻者影响蜂群的繁殖，重者还会造成蜂群飞逃。

防治措施 蜡螟以幼虫越冬，且又是断蛾期，幼虫又大都生存在巢脾或蜂箱缝隙处。因此，要抓住其生活史的薄弱环节，有效地消灭幼虫，保证蜂群的正常繁殖，同时要做经常性的防治。其方法是：及时化蜡，清洁蜂箱，饲养强群，不用的巢脾及时用二硫化碳熏蒸并妥善保存。

2. 胡蜂

胡蜂是蜜蜂的主要敌害之一，我国南部山区中蜂受害最大，是夏秋季山区蜂场的主要敌害。胡蜂为杂食性昆虫，它主要捕食双翅目、膜翅目、直翅目、鳞翅目等昆虫，在其他昆虫类饲料短缺季节时，集中捕食蜜蜂。

防治措施 摧毁养蜂场周围胡蜂的巢穴，是根除胡蜂危害的关键措施。对侵入蜂场的胡蜂拍打消灭，另一种办法就是捕捉来养蜂场侵犯的胡蜂，将其敷药处理后放归巢穴毒杀其同伙，最终达到毁灭全巢的目的。

蜜蜂的其他敌害还包括蚂蚁、蜘蛛、壁虎、蜥蜴、蟾蜍、啄木鸟、蜂虎、山雀、老鼠、刺猬、黑熊等。

【复习思考题】

1. 什么是蜂群？蜂群中三型蜂如何分工合作？
2. 东方蜜蜂与西方蜜蜂的主要特点各有哪些？
3. 简述蜂群一般管理的内容及操作方法。
4. 列举本地区主要的蜜源、粉源植物的种类与分布情况。
5. 养蜂主要有哪些蜂产品？如何进行生产和收集？
6. 如何判断蜜蜂遭受蜂螨危害？请列举主要防治措施。

第三篇

特禽养殖技术

第十四章　乌　　鸡

【知识目标】

1. 了解乌鸡的生物学特性和品种。
2. 掌握乌鸡的孵化技术和饲养管理技术。

【技能目标】

能够识别乌鸡品种，实施乌鸡的孵化和乌鸡的饲养管理。

乌鸡属脊索动物门、脊椎动物亚门、鸟纲、鸡形目、雉科、原鸡属、原鸡种。乌鸡肉质细嫩，味道鲜美。乌鸡肉性味甘平，有补肝肾、益气血、退虚热、调经止带等功能；对腰酸腿痛、遗精、虚损、小儿下痢和多种妇科疾病均有一定疗效，乌鸡是妇科良药乌鸡白凤丸的主要原料。

第一节　乌鸡的生物学特性及品种

一、乌鸡的形态特征

泰和乌鸡（彩图 14-1）与其他家鸡比较，体型较小，头小颈短，白色羽毛，体重较轻，成年公鸡体重不超过 2kg，母鸡体重不超过 1.5kg，因具有乌皮、乌骨、乌肉、乌眼、乌喙、乌趾等特点而得名。

二、乌鸡的生活习性

1. 适应性

成鸡对环境的适应性较强，发病少。幼雏弱小，抗病力较弱，生长速度较慢。

2. 敏感性

乌鸡胆小怕惊，异常的响声会造成鸡群惊动，尤其是雏鸡，对外界环境反应极敏感。因此，饲养环境应安静、稳定。

3. 合群性

成年乌鸡比其他家鸡的合群性强，因此，成年乌鸡可以放养，有助于个体发育，提高生活力，并能降低饲养成本，特别是在果林中、田地或菜园中放牧，能采食大量的野生饲料。

4. 就巢性

乌鸡性成熟早，母鸡就巢性强，有的产 6～8 枚蛋即就巢，一般每年就巢 6～7 次。所以，一般家庭养殖可采用母鸡进行自然孵化，一次可孵蛋 20 枚左右，大中型养殖场，采用人工孵化。

5. 杂食性

乌鸡属杂食性动物，其采食量不多，但采食能力强，喜食昆虫、青菜、杂粮。

三、乌鸡的品种

乌鸡（乌骨鸡）是我国特有鸡种，主要有泰和乌鸡及一些新的地方品种，如浙江的江山白羽、云南盐津县的盐津乌鸡、四川南部的川南山地乌鸡、湖南黔阳县的雪峰乌鸡、江西余干县的乌黑鸡等。

1. 泰和乌鸡

泰和乌鸡原产于我国江西省泰和县以及福建省泉州、厦门和闽南沿海地区，亦称丝毛鸡、竹丝鸡、松毛鸡、丝毛乌鸡等，在国际上被认定为标准品种。

该鸡性情温顺，体型小，骨骼纤细，行动迟缓。头小而长，颈短，下颌有须，耳有孔雀蓝毛，身披白色丝状绒毛。与其他品种比较，具有显著而独特的外貌特征，群众概括为"十全"或"十大特点"，即紫冠、缨头、绿耳、胡须、五爪、毛脚、丝毛、乌皮、乌骨、乌肉。雏鸡抗病力弱，育雏率较低。成年公鸡体重 1.25～1.5kg，母鸡 1.0～1.25kg；公鸡性成熟期为 160～170 天；母鸡 170～180 日龄开始产蛋，年产蛋 80 枚左右，蛋重 42g 左右，蛋壳淡褐色。年就巢 4 次，持续期平均为 17 天（7～30 天）。若饲喂全价饲料，生长发育良好的个体，年就巢次数少，且持续期较短，年产蛋量相应提高。在小群饲养中，公、母比一般为 1：（8～10），而大群饲养时公、母比为 1：（10～12），种蛋的受精率可达 92%。

2. 中国黑凤鸡

中国黑凤鸡属于药肉兼用型品种。该鸡特征为：具有"十全特征"，即全身黑色丝状绒毛、乌皮、乌肉、乌骨、丛冠、缨头、绿耳、五爪、毛腿、胡须。除此之外，其舌、内脏、脂肪、血液均为黑色。中国黑凤鸡抗病力较强，不善飞跃，无啄蛋癖，喜食青草，耗料少，食性广而杂，生长快。成年公鸡体重 1.25～1.5kg，母鸡 0.9～1.15kg；母鸡 6 月龄开产，年产蛋 140～160 枚。母鸡就巢性强，蛋壳多为棕褐色。

3. 山地乌鸡

山地乌鸡属药、肉、蛋兼用的地方良种。以体型大，肉质好，冠、喙、肉髯、舌、皮、骨、肉、内脏乌黑为主要特征。羽毛以蓝色黑羽居多。山地乌鸡成年公鸡体重 2.3～3.7kg，有的可达 4kg 以上；母鸡 2.2～2.6kg，有的可达 3.5kg。该鸡性成熟较迟，公鸡的性成熟日龄为 120～180 天；母鸡 180～210 天开产，年产蛋 100～140 枚，就巢性较强，一般年就巢 7 次左右。蛋壳以淡褐色居多。

4. 雪峰乌鸡

雪峰乌鸡产于湖南省黔阳县（现为洪江市）的雪峰山区，故称为雪峰乌鸡。该鸡特征为：乌皮、乌肉、乌骨、乌喙、乌脚。单冠，冠齿 6～8 个，4 趾。雪峰乌鸡体质结实，躯体略长，前胸发达。成年公鸡 1.63kg，母鸡 1.35kg。公鸡开啼日龄平均为 153 天，母鸡开产日龄大多为 250 天左右，最早为 156 天。年产蛋 90～150 枚。蛋壳多为淡棕黄色，也有的为白色、褐色及绿色。民间广泛用雪峰乌鸡入药，治疗体虚头晕、妇科病等，疗效甚好，深受群众喜爱，享誉市场。

5. 余干乌黑鸡

余干乌黑鸡原产于江西省余干县，属药肉兼用型品种。其特征为：周身黑色片状羽毛，喙、舌、冠、皮、肉、骨、内脏、脚趾均为黑色。余干乌黑鸡体小骨细，成年公鸡体重 1.3～1.6kg，母鸡 0.9～1.1kg。行动敏捷善飞跃、食性广杂、觅食性强，抗病力强，饲料消耗少。公鸡性成熟日龄 170 天左右；母鸡 180 天左右开产，就巢性强，年产蛋 160 枚左右，蛋重 43～52g，蛋壳呈粉红色。

6. 盐津乌鸡

盐津乌鸡主要产于云南省昭通地区盐津，故称为盐津乌鸡。该鸡的特征是冠、肉垂、眼睑、全身皮肤皆为乌黑色，喙、胫（蹠）、趾为乌色有光泽。黑羽是主要羽色，其次为黄羽、杂羽和白羽等。肉质细嫩、鲜美。成年公鸡体重为 2.75～3.60kg，母鸡为 1.35～3.00kg，是当前我国体型较大的乌鸡。盐津乌鸡性成熟中等，公鸡 180 天啼鸣，母鸡 210（180～230）天开产，年平均产蛋 160（120～190）枚，蛋重 55～65g，蛋壳有浅褐色、白色两种，以浅褐色居多。母鸡开产后一般 40 天左右就巢，自然状态下 20 天左右醒抱，醒抱后一个星期恢复产蛋。盐津当地群众对乌鸡选种有丰富经验，对公鸡要求全身毛色一致，体大背宽，行走有神，体重在 3.5kg 以上；对母鸡要求 2.5kg 以上，毛色要求不严，但耳垂的要求甚严，乌鸡的耳垂乌得越明显越优。

此外，还有浙江白毛乌鸡、陕西省的略阳乌鸡、四川金阳县的金阳乌鸡、湖北的郧阳乌鸡，都是乌鸡较好的类群和品系。

第二节 泰和乌鸡的繁育技术

一、种乌鸡的选择

选种时，首先进行外貌鉴定，然后根据个体生产性能及其系谱资料确定。选种一般分四次进行：2 月龄初选，主要根据乌鸡的生长发育和健康状况进行选留与淘汰，选留"十大特征"齐全、生长发育好、体重超过平均值的健康雏鸡；第二次在 5 月龄结合转群进行，进一步淘汰外貌特征和体重不符合品种要求的个体；第三次在 35～40 周龄进行，主要根据精液品质和产蛋性能进行选择；第四次在种鸡休产前 2～3 周进行，主要根据当年生产性能选择，优秀的第 2 年继续留种。公、母鸡均要求品种的性状典型，种公鸡要求雄性特征明显，头高昂，鸣叫声雄壮有力，健康无病，性欲旺盛，腹部柔软有弹性；母鸡以产蛋多、换羽快、就巢性弱的为佳。

二、乌鸡的繁殖

种用的乌鸡，产蛋前进行公、母的合理组群，公、母比例按 1：（8～10），种蛋受精率应达 80%～85%。一般公鸡 6～7 月龄即可配种，配种能力差的公鸡要及时淘汰。母鸡以两年左右的为好，利用年限 3～4 年，每年更换 40%～50%。

三、乌鸡的孵化

乌鸡孵化期 21 天，人工孵化见实训十二。

第三节 泰和乌鸡的饲养管理技术

一、泰和乌鸡育雏期的饲养管理

育雏效果的好坏，直接影响雏鸡的生长发育和成活率，且影响生产性能和种用价值。

1. 育雏前的准备

育雏前对育雏舍及用具进行彻底清洗、消毒，料槽和饮水器等用具（金属用具除外）可用 1% 的氢氧化钠溶液消毒、清洗后晒干备用；育雏舍密闭，有通风口，经清扫后，按每立方米用 40% 甲醛溶液 30mL、高锰酸钾 15g 混合熏蒸消毒。消毒后闲置 1～2 周再进雏。

2. 温度

雏鸡体温调节能力差，应注意防寒保暖。3 日龄前舍内温度应保持在 33～35℃，4～7

日龄 32～33℃，以后每周降低 2～3℃，直至过渡到常温，不低于 18℃。以温度计结合雏鸡行为掌握温度。雏鸡在室内分布均匀，说明温度适宜；若雏鸡扎堆或靠近热源，并发出"唧唧"叫鸣声，则表明温度偏低；若雏鸡远离热源，伸颈呼吸，两翅张开下垂，并不断饮水则表明温度偏高。温度过高或过低，应及时调整。

3. 湿度

由于乌鸡怕潮，适宜的相对湿度为第 1 周龄 65％～70％，以后为 55％～60％。湿度过大，易诱发球虫病；湿度低于 40％时，不利于羽毛生长，并且皮肤干燥，空气中灰尘增多，易诱发呼吸道疾病。生产中常出现前期干燥后期过于潮湿的现象，为此，前期可结合带鸡喷雾消毒来增大湿度，中后期可结合通风、更换垫草和防止饮水器中的水溅出，避免过湿。

4. 密度

2 周龄前 35 只/m²，3～4 周龄 30 只/m²，21～40 日龄 30 只/m²，5～6 周龄 25 只/m²，7～9 周龄 15 只/m²。

5. 光照

开放式鸡舍以自然光照为主，人工补充光照为辅。补光每平方米用 1.5～2W 光源，灯泡高 2m 为宜。一般 1～3 日龄 24h 光照，3 日龄至 2 周，每天 20～22h 光照，以后每周减 2h，逐步接近自然光照。

6. 通风换气

在不影响保温的前提下，尽量增加通风换气量，把有害气体降到最低水平，以人进入舍内不感到气闷为宜。

7. 饮水

雏乌鸡进入育雏室休息 1～2h 后饮水，第 1 次饮用 0.01％高锰酸钾水，以后温水自由饮用。每 100 只备 1～2 个饮水器。饮水一定要清洁干净，饮水器每天清洗。

8. 开食

开食在第 1 次饮水后，用肉用仔鸡料开食，3 日龄内自由采食，3 日龄后可改为定时喂料。2 周龄前，每 4h 一次，一天 6 次，每天每只 5g；3～4 周龄，早 7 时至晚 7 时每 4h 一次，白天共 4 次，夜间不投喂，每天每只 15g；5～7 周龄，早 8 时至晚 6 时每 5h 一次，日喂 3 次，每天每只 25g；8～9 周龄，3 次饲喂，每天每只 30g。

9. 断喙

为减少啄癖，可在 2 周龄左右断喙。

10. 育雏方式

（1）平面育雏
① 地面育雏。舍内设围栏，内铺垫料，以保温伞或暖气给温。
② 温床育雏。热源装置于地下，或建成火炕。
③ 网上育雏。将雏鸡养在离地面 50～60cm 高的网上，网下烟道给温。雏鸡不接触粪便，可减少疾病传染机会。
（2）立体笼式育雏一般采用 3～5 层叠层式育雏笼。

二、泰和乌鸡育成期的饲养管理

1. 转群

雏鸡 10～18 周龄为育成期。转群后做好脱温工作，采取白天停止给温，夜间仍继续给温的方式，经 6～7 日雏鸡习惯于自然温度后，停止给温。脱温时间要根据季节、天气情况而定，室外气温低、昼夜温差大，应适当延长给温时间，一般昼夜气温达到 18℃以上即可脱温。寒冷季节，应选择晴天中午转群，转群时按公母、强弱分群，同时饮水加入维生素、抗生素，防止应激反应发生，在饲料中要拌入防治球虫病的药物。

2. 日常饲养管理

夏季门窗尽量打开，保持舍内清洁干燥，空气新鲜，要严格控制饲养密度，一般从 10 周龄开始的 15 只/m² 逐渐减少至 13 周龄以后的 7～8 只/m²。此外，提早喂料，晚上加喂 1 次料。每周补加沙粒一次，10～12 周龄 450g/100 只，12～18 周龄 700g/100 只。环境温度以 15～25℃为宜，相对湿度控制在 50%～70%。同时，要定期对圈舍及用具进行消毒，保持饲养环境的清洁卫生。

更换育成期饲料，10 周龄每天每只为 35g 左右，以后每周增加 5g 左右，16～18 周龄 70g。每天早 8 时至晚 6 时三次饲喂。保持清洁充足的饮水。后备种鸡控制体重和均匀度，以免影响开产日龄及产蛋率，体重应控制在标准的 5%范围内，体重均匀度在 75%以上，10 周龄标准体重 0.2kg、11 周龄 0.3kg、14 周龄 0.4kg、18 周龄约 0.7kg，通过调整投料量控制其体重达标。

从 15 周早晚补光增加光照，每 5 天（增加）0.5h，17 周后总光照时间稳定在 14h。

3. 分群

12 周龄时，按公母 1∶(10～12) 的比例选留种鸡，淘汰多余的公鸡育肥。

4. 免疫

13 周龄注射新城疫、减蛋综合征、传染性支气管炎三联苗。

三、泰和乌鸡产蛋期的饲养管理

18 周龄转入种鸡舍，19 周龄开始产蛋。在鸡舍内应设栖架和足够的产蛋箱（或 40cm 的产蛋盆）。饲养密度 6～8 只/m²，更换产蛋期饲料，蛋白质 16%、钙 3%。19 周龄每天每只鸡平均投喂 75g，至 40 周龄结束产蛋高峰。产蛋高峰过后减料 2～3g，连续 3～4 天，结合产蛋率变化继续调整料量。

鸡舍要清洁干燥，冬暖夏凉，室温保持在 15～25℃，湿度 50%～70%。补充人工光照，每天光照不少于 16h，开放式鸡舍利用早、晚补充光照，每平方米 1～2W。光照过强会造成啄羽、啄肛和神经质等恶癖。产蛋的乌鸡对外界环境极为敏感，如声、光、色等的突然变化极易造成鸡群的惊吓应激，因此，在管理上必须消除各种应激，避免给生产带来严重损失。若密度过大、通风不良、氨气过浓，易诱发啄癖症、球虫病、呼吸道疾病等的发生。每周带鸡消毒一次。

乌鸡就巢，造成产蛋量的减少。因此，产蛋期应经常观察鸡群，一旦发现必须及时醒抱。方法有：饥饿法（饥饿 3 天）；水浸法；鸡翎穿鼻法（用 1 根鸡翎穿透鸡的两鼻孔，乌鸡受到刺激非常不安，经常用爪去抓鸡翎，也就抱不成窝。一般 2～3 天离巢觅食，10 天可恢复产蛋）；药物法（在抱窝初期口服阿司匹林 1 片，每天 2 次，连服 3 天，即可醒抱）等。

四、肉用泰和乌鸡的饲养管理

乌鸡在 2～3 月龄时增重速度比较快，利用这一生长特点，生产肉用仔鸡，以满足市场的需要。

肉用仔鸡的饲养期分为生长期和育肥期。生长期是从出壳至 5 周龄，日粮应含蛋白质较高，以促进仔鸡的生长。5～10 周龄为育肥期，日粮中的蛋白质含量应比前期低，而能量要高，以积蓄脂肪，增加体重。饲养过程中，要严格控制饲养密度，一般每平方米 15 只左右。舍内要保持清洁干燥，空气要新鲜，饮水要清洁。1 月龄以上的鸡可散养。体重 1.2kg 左右即可上市。

【复习思考题】

1. 乌骨鸡有何经济价值？
2. 怎样配制乌鸡的饲料？
3. 肉用仔乌鸡的管理要点有哪些？
4. 乌鸡产蛋期饲养管理要点有哪些？

第十五章　雉　鸡

【知识目标】
1. 了解雉鸡的生物学特性。
2. 掌握雉鸡的孵化技术和饲养管理技术。

【技能目标】
能够进行雉鸡的孵化以及雉鸡的饲养管理。

雉鸡，别名山鸡、野鸡、环颈雉。属鸟纲、鸡形目、雉科、雉属的特种珍禽。可肉用、观赏，也是主要的狩猎禽之一。雉鸡肉质细嫩鲜美，胆固醇含量极低，是高蛋白、低脂肪的野味食品。雉鸡具有一定的药用价值，有补中益气之功用，具祛痰、健脾、补脑、提神、益肝、和血、壮肾、明目之功效。雉鸡具有较高的观赏价值，用雉鸡的皮毛做成的标本，光彩鲜艳、栩栩如生、高贵典雅。雉鸡的羽毛还可制成羽毛扇、羽毛画、玩具等工艺品。

第一节　雉鸡的品种及生物学特性

一、雉鸡的分类与分布

雉鸡在我国分布极广，数量众多，除个别省少数地区外，几乎遍及全国。世界雉鸡共有 30 多个亚种，分布于我国的有 19 个亚种，其中有 16 个亚种仅为我国特有，因而称为"中华组"。

二、雉鸡的品种及形态特征

1. 雉鸡的品种

目前，我国饲养的雉鸡品种主要有以下几种：美国七彩雉鸡、河北亚种雉鸡（河北亚种山鸡）、黑化雉鸡（孔雀蓝山鸡）、浅金黄色雉鸡（浅金黄色山鸡）、白雉鸡（白山鸡）等，其中以美国七彩雉鸡、河北亚种雉鸡（河北亚种山鸡）饲养为主。

2. 雉鸡的形态特征

（1）河北亚种雉鸡（河北亚种山鸡）　也称河北山鸡，其体型比家鸡小，尾巴长而尖。公、母外貌区别明显。公鸡羽毛华丽，头部眶上有明显白眉，头顶两侧各有 1 束黑色闪蓝的耳羽簇、羽端方形；顶部是铜红色有金属绿色，脸部皮肤裸露，呈绯红色，颈下有一白色颈环，完全且较宽，胸背部为褐色，腰背呈浅蓝色，体型细长；雌鸡体型纤小，头顶草黄色，间有黑褐色斑纹，腹体颜色为黄褐色（彩图 15-1）。河北亚种雉鸡的成龄体重：雄雉为 1.2～1.5kg，雌雉为 0.9～1.1kg。一般年产蛋 26～30 枚，种蛋受精率达 87%，受精蛋孵化率 89% 左右。

（2）美国七彩雉鸡　也称中国环颈雉，是美国采用中国环颈雉与蒙古环颈雉杂交培育而成。其羽毛与河北亚种雉鸡基本相似，外貌特征为：体型较大、雄鸡头部眶上无白眉，白色颈环较窄且不完全，在颈腹部有间断，胸红褐色较鲜艳；雌鸡腹部灰白色，颜色较浅。

美国七彩雉鸡的成龄体重为：雄鸡 1.5～1.8kg，雌鸡 1.1～1.4kg。雌鸡年产蛋量一般为 70～110 枚，种蛋受精率达 85%，受精蛋孵化率达 86%。

三、雉鸡的生活习性

1. 适应性广

山鸡适应性强，分布广泛，生活环境从平原到山区、从河流到峡谷，栖息在海拔 300～3000m 的陆地各种生态环境中。山鸡耐高温、抗严寒，从－35～32℃均可正常生长。山鸡有随季节变化小范围垂直迁徙的习性，夏天栖于海拔较高的针、阔叶混交林边缘的灌木丛中，秋季迁转到海拔较低的避风向阳处。但同一季节栖息地一般固定。

2. 胆怯机警

雉鸡在觅食过程中，时常抬头机警地向四周观望，如有异常迅速隐匿。在笼养情况下，当突然遇到激烈的声响刺激时，会引起雉鸡腾空而起，撞击网壁，导致死亡。

3. 食量小，食性杂

雉鸡由于嗉囊较小，采食量也少，喜欢吃一点就走，转一圈回来再吃。雉鸡是杂食性鸟，喜食各种昆虫、小型两栖动物、谷类、豆类、草籽、绿叶嫩枝等。人工养殖的雉鸡，主要以植物性饲料为主，配以鱼粉等动物性饲料。家养雉鸡上午比下午采食多，早晨天刚亮和下午 17～18 时，是全天 2 次采食高峰；夜间不采食。

4. 性情活泼，善于奔走

雉鸡喜欢在游走中觅食，奔跑速度快，可一次行走近 80m，高飞能力差，只能短距离低飞，而且不能持久。

5. 集群性

繁殖季节以雄雉鸡为核心，组成相对稳定的繁殖群，独处一地活动，其他雄雉群不能侵入，否则展开强烈争斗。自然状态下，由雌雉鸡孵蛋，雏雉鸡出生后，由雌雉鸡带领初生的雏雉鸡活动。待雏雉鸡长大后，又重新组成群体。自然条件下冬季集体越冬，4 月份开始分群。

第二节　雉鸡的繁育技术

一、雉鸡的繁殖特点

1. 性成熟晚，季节性产蛋

在良好的人工驯养条件下，一般雄雉 9～10 月龄达到性成熟，雌雉稍晚，于 10～11 月龄性成熟。从翌年 4 月份到 6～7 月份均可交尾、产蛋，在自然环境中，6 月份孵化出的野生雉鸡。其间雉鸡的产蛋量即达到全年产量 90% 以上。在人工养殖环境中，产蛋期延长到 9 月份，产蛋量也较野生雉鸡高。种雉利用年限 1～2 年，同群种雉第 2 年死淘率明显低于第 1 年，产蛋量、受精率变化不大。

2. 雌雄合群

野生状态下，雉鸡在繁殖季节多为 1 雄配 2～4 雌形成相对稳定的"婚配群"，2～3 月开始繁殖，5～6 月是繁殖高峰期，7～8 月逐渐减少并停止。人工饲养雉鸡根据繁殖季节适时将雌雄雉鸡合群，我国北方地区一般 4 月中旬前后，南方地区一般 3 月初，交尾一般在清晨进行。

3. 雉群大小及雌雄比例

雉鸡繁殖季节群体不宜过大，一般 100～150 只为一群，饲养密度为每平方米 1 只左右，群与群之间设置遮挡视线的屏障，以免影响交配。在一般营养和管理的水平下，雄、雌比例可确定在 1∶4，受精率可达到 85% 以上，饲料营养及管理水平高，则可适当增加每只雄雉的与配雌雉数，比例变为 1∶（5～6）。

4. 产蛋

野生状态下，雉鸡年产蛋两窝，每窝 10～15 枚，人工养殖美国七彩雉鸡每年 2～3 月份产蛋，河北亚种雉鸡 4 月末到 5 月初开始产蛋，产蛋期持续至 9 月份，6～7 月份为产蛋高峰期。如第一窝蛋被移走或毁坏，雌雉可补产第二窝蛋。在产蛋期内，雌雉产蛋无规律性，一般连产 2 天休息 1 天，个别连产 3 天休息 1 天，初产雌雉隔天产 1 枚蛋的较多，每天产蛋时间集中在上午 10 时至下午 15 时。

5. 就巢性

野生雉鸡有就巢性，通常在树丛、草丛等隐蔽处营造一个简陋的巢窝，垫上枯草、落叶及少量羽毛，雌雉在窝内产蛋、孵化。在此期间，躲避雄雉，如果被雄雉发现巢窝，雄雉会毁巢啄蛋。在人工养殖条件下，可设置较隐蔽的产蛋箱或草窝，供雌雉产蛋，同时可以避免雉鸡啄蛋。

二、种雉鸡的选择

1. 表型选择

根据体型外貌特征和生理特征选择，所选择的种雉鸡必须具备本品种的明显特征，发育良好，体质健壮。

（1）雌雉鸡 体型大，结构匀称，发育良好，活泼好动，觅食力强，头宽深适中，颈长而细，眼大灵活，喙短而弯曲，胸宽深而丰满，背宽、平、长，羽毛紧贴身体，有光泽，羽毛符合品种特征，尾发达，静止站立时尾不着地，羽毛紧贴身体有光泽，羽色符合品种特征。肛门清洁，松弛而湿润，腹部容积大，两耻骨间和胸骨末端与耻骨之间的距离均较宽，产蛋量高。

（2）雄雉鸡 身体各部匀称，发育良好，脸鲜红色，耳羽簇发达直立，胸部宽深，背宽而直，颈粗，羽毛华丽，符合本品种特征。雄性特征明显，性欲旺盛，两脚距离宽，站立稳健有力，生长速度快。

2. 个体选择

根据记录成绩选择，主要指标为早期生长速度、体重、胸宽、蛋重、蛋壳品质等。

肉用雉鸡要求早期生长速度快，饲养期短，饲料报酬高，经济效益大。肉用雉鸡体重越大，产肉越多，屠宰率也愈高，胸宽，趾长、趾粗的雉鸡体型较大。肉用雉鸡的肌肉品质也很重要，应具备鲜、香、嫩等特点。肉品质与生长速度呈负相关，生长速度越快的雉鸡，相对而言，肉质风味略差。

另外，还要考虑雉鸡繁殖能力，因为雉鸡的繁殖性能越高，体重则越低。

三、种雉鸡的配种

1. 放配时间及种雉鸡利用年限

放配时间的确定必须考虑气温、繁殖季节及营养水平等因素，雉群生长发育好可以稍提早，而发育情况差的种雉可推后。适宜放配时间为经产雌雉群在 4 月中旬，初产雌雉群在 4 月末放入种雄雉，但我国疆域辽阔，南北方各地区雉鸡进入繁殖期的时间早晚相差达 1 个月，北方地区一般在 4 月中旬前后，南方地区一般在 3 月初放配；在正式合群前，可以通过试放一两只雄雉到雌雉群中，观察母雉是否乐意"领配"。也可根据雌雉的鸣叫、红脸或做巢行为来掌握合群时间。

　　配对合群时间应在雌雄比较乐意接受配种前 5～10 天为好，如果合群过早，雌雄没有发情，而雄雉则有求偶行为，雄雉强烈追抓雌雉，造成雌雉惧怕心理，以后即使发情，也不愿意接受配种，使种蛋受精率降低。合群过晚，则因雄雉间领主地位没有确立而产生激烈争斗，过多消耗体力，精液质量和受精率受到影响，同时，雌雉群也因惊吓不安而影响产蛋。

　　成年种雉达到性成熟后即可用来配种，雉鸡用于配种年龄：驯养代数少的雉鸡一般为 10 月龄，美国七彩雉鸡为 5～6 月龄。生产中一般留 1 龄的雉鸡作种用于交配、繁殖，繁殖期一过即淘汰。但生产性能特别优秀的个体或群体，雄雉可留用 2 年，雌雉留用 2～3 年。美国七彩雉鸡一般利用 2 个产蛋期。

　　2. 雌雄比例

　　雉鸡的雌雄配比一般为 4：1，可达最佳受精效果。在开始合群时，以 4：1 放入雄雉，配种过程中随时挑出淘汰争斗伤亡和无配种能力的雄雉，而不再补充种雄雉，维持整个繁殖期雌雄比例在 (6～7)：1。尽量保持种雄雉种群顺序的稳定性，减少调群造成争斗伤亡。

　　3. "王子雉"的利用

　　"王子雉"多为发育好，体型大的雄雉。"王子雉"在母雉群中享有优先交配权。雌雄雉鸡合群后，雄雉间发生强烈的争斗，几天后产生获胜者即"王子雉"。一旦确立了"王子雉"后，雉鸡群就安定下来，为了提高受精率，要注意保护"王子雉"，树立"王子雉"的优势，以控制群中其他雄雉之间的争斗，减少伤亡。

　　运动场中的栖架及小室可遮挡"王子雉"的视线，使其他雄雉均有与雌雉交尾的机会，增加种蛋受精率；同时，"王子雉"追赶时，其他雄雉有躲藏的余地，减少种雄雉的伤亡。

　　4. 配种方法

　　(1) 小群配种　雌雄雉以 (6～8)：1 的比例组成繁殖群，单独放养在小间或饲养笼内，雌、雄雉鸡均带有脚号，这种方法管理上比较繁琐，但可以通过家系繁殖，较好地观察记录雉鸡的生产性能，常用于育种工作中。

　　(2) 大群配种　在较大数量的雌雉群中按 1：4 的比例放入雄雉，任其自由交配，每群雌雉在 100～150 只左右为宜。繁殖期间，发现因争斗伤亡或无配种能力的雄雉随时挑出，不再补充新的雄雉，此法常用于生产中。

　　(3) 人工授精　可以充分利用优良种雄雉，对提高和改良品种作用很大，雉鸡人工授精，受精率可达 85% 以上。

四、雉鸡的孵化

　　雉鸡的孵化期为 24 天，人工孵化见实训十二。

第三节　雉鸡的饲养管理技术

一、雉鸡场及设备

　　1. 场址的选择

　　雉鸡场应选地势高燥、沙质地、排水良好、地势稍向南倾斜的地方。山区应选背风向阳、面积宽敞，通风、日照、排水均良好的地方。环境安静，远离居民区、工厂、主要交通干道，交通便利，有清洁的水源和可靠的电源。

　　2. 雉鸡栏舍

　　雉鸡栏舍，种雉舍为开放式鸡舍，房舍可建成单坡或双坡式，房舍内可用网、竹帘或砖墙隔成宽 4m 的小室，小室内设置产蛋箱，木制或草编，长 40～45cm、宽 35cm、高 30cm。产蛋箱出入口不宜过大，置阴暗处。小室靠运动场一侧开高 1m、宽 2m 的可开门，运动场面积是小室的 2 倍，四周设围墙，高度 50cm 左右，用砖垒砌，围墙上设围网，网墙总高度 3m 左右，网上设网罩天棚，以防逃逸。围网、网罩可用铁丝网、尼龙网、塑料网等，铁丝网易致雉鸡撞伤，最好选择尼龙网。运动场上设凉棚兼栖架，高度 1.5m 左右。运动场铺细沙。

育雏舍可建成密闭式，人工控制舍内小气候。小型养殖场也可采用简易育雏舍，用育雏伞、烟道等供暖。

食槽可用金属或木板自制。饮水器可使用鸡用饮水器。捕雉网，用 8 铁丝做成直径 40cm 的圆圈，上面固定一个网袋，铁圈固定在木柄上。

二、雉鸡育雏期的饲养管理

0～6 周龄为雉鸡的育雏期，在饲养管理上应做好以下几方面的工作。

（1）保温　刚出壳的雉鸡对外界的适应能力较差，对温度变化非常敏感，因此在育雏期一定要注意控制温度，一般 1 周龄 34～35℃，2 周后每周下调 3℃，至 6 周龄常温。如果温度适宜，雉鸡表现活泼，羽毛膨松、干净。

（2）湿度　育雏湿度过大，雏雉散热困难，易导致食欲不振，容易患白痢、球虫、霍乱等病；湿度过低，雏雉体内水分蒸发过快，卵黄吸收不良，羽毛生长受阻，毛发焦干，出现啄毛、啄肛现象。育雏期湿度 1～2 周龄 70％～65％，3～6 周龄 65％～60％。

（3）密度　1 周龄 40 只/m²，2 周龄 30 只/m²，3 周龄起每平方米每周减少 5 只，到 7 周龄时平养为 10 只/m²。

（4）光照　1 周龄内 24h 光照，2～3 周龄 22～20h，4～5 周 18～16h，6 周龄后自然光照。

（5）断喙　雉鸡有相互啄斗的恶习，到 2 周龄时，常有啄癖发生，应适时断喙。雉鸡需断喙 2 次，初断喙：10～15 日龄，7 周龄结合转群补断喙。按照喙尖至鼻孔下缘 1/2 的比例断去雏雉的上喙尖，断喙前 2 天要作好准备工作，为防止雉鸡应激，应在饮水中加入多维、电解质，连用 3 天，断喙前 2 天和断喙后 5 天应在饲料中添加适量的维生素 K_3，同时由于断喙后雉鸡采食难度增加，为了保证能够正常采食，应将料槽中加满饲料。

（6）开水　雏雉出壳 24h 内，第一次饮水，水温应与室温相近，长途运输后第一次饮水中可加 5％的葡萄糖。前三天饮水加入 0.01％高锰酸钾。

（7）开食　在雏雉开水后 1h 后开食，开食料可用鸡花料，前 3～5 天以湿拌料为好，自由采食，每次加料前应清除剩料。

（8）开青　雏雉 2～3 日龄后第一次投喂青饲料。青饲料应干净并切碎，按照 10％左右的比例拌入日粮中投喂，也可以单独投喂。随着日龄的增长，可逐步调整青饲料比例至 20％～30％。

（9）饲喂次数　1～3 日龄每天饲喂 6～7 次；4～7 日龄 5～6 次；8～30 日龄 5 次；以后每天 4 次。

（10）通风　通风换气，保持室内空气新鲜，及时清粪、清扫地面，但通风时需注意维持适宜的温度。

（11）免疫接种　接种程序应结合本场情况制定。建议免疫程序：1 日龄马立克病弱毒疫苗皮下注射；7 日龄新城疫Ⅳ系疫苗滴鼻或饮水；10 日龄传染性法氏囊炎弱毒疫苗饮水，禽痘疫苗刺种；15 日龄禽流感疫苗饮水；21 日龄传染性法氏囊炎弱毒疫苗肌内注射；35 日龄新城疫Ⅳ系疫苗滴鼻或饮水。

三、雉鸡育成期的饲养管理

雉鸡脱温后至性成熟前为育成期，是雉鸡生长速度最快的时期，平均日增重可达 10～15g。此期饲养管理的任务是保证雉鸡的正常发育，培育合格的后备种雉鸡。

1. 饲养方式

（1）网舍饲养法　网舍饲养有较大的活动空间，促进种雉繁殖性能提高。网舍饲养应在网室内或运动场上设沙地或沙池，供雉鸡自由采食和进行沙浴。

（2）散养法　因地制宜，根据雉鸡的野生群集习性，充分利用荒坡、林地、丘陵、牧场等资源条件，建立网圈，对雉鸡进行散养，成本相对较低。气温不低于 17～18℃时，雏雉脱温后即可放养，放养密度为 1～3 只/m²。散养法，雉鸡基本生活在自然环境中，空气新鲜、卫生条件好、活动范围大，既有天然野草、植物、昆虫采食，又有足够的人工投放饲料、饮水，有利雉鸡育成期的快速生长。

（3）立体笼养法　主要用于商品肉用雉鸡饲养。雉鸡的饲养密度应随鸡龄的增大而降低，结合脱温、转群疏散密度，每平方米 20 只左右，以后每 2 周左右疏散 1 次。笼养应降低光照强度，以防啄癖。

2. 饲养管理

（1）饲养

① 饲料。建议营养指标：7～12 周龄，代谢能 12.13MJ/kg、粗蛋白 20%、钙 1%、磷 0.5%；13～20 周龄，代谢能 11.50MJ/kg、粗蛋白 16%、钙 1%、磷 0.5%。适当补饲青绿饲料。

② 饲喂。5～10 周龄的雉鸡每天喂 4 次以上，11～18 周龄，每天喂 3 次。喂量每天每只 30g 左右。供给清洁饮水。

（2）及时分群　雉鸡饲养至 6～8 周龄时，由育雏舍转入育成舍，如作为种用，应在 19～20 周龄进行第二次转群，由育成舍转入产蛋舍。按大、小和强、弱分群管理，达到均衡生长。对于种用雉鸡，两次转群要结合选择，将体型外貌等有严重缺陷的雉鸡淘汰。

雉鸡在转群后，由于环境条件的突然改变，雉鸡产生应激反应，表现为惊慌不安，在舍内四角挤堆。为避免压死雉鸡，应在墙角用垫草垫成斜坡，将垫草踏实，雉鸡钻不进草下，减少了挤压的伤亡。并且在转群后的几天内，夜班人员要随时将挤堆的雉鸡及时分开。

（3）驯化　网舍饲养时，在转群的 1～2 周内，将雉鸡关在房舍内，定时饲喂，使雉鸡尽快熟悉环境及饲养员的操作动作等，建立条件反射，使之不怕人，愿意接近人。在天气暖和的中午可将雉鸡赶到运动场自由活动，下午 4 点以前赶回房舍。1～2 周后，白天将雉鸡赶到运动场自由活动，晚上赶回房舍。待形成一定的条件反射后，就可以昼夜敞开鸡舍门，使雉鸡自由出入。

（4）网养密度　育成期密度过大，鸡群生长发育不整齐，常发生啄羽。5～10 周龄 6～8 只/m²，运动场面积计算在内，3～5 只/m²，雉鸡群以 300 只以内为宜；11 周龄 3～4 只/m²，运动场面积计算在内，1.4～2.5 只/m²，按雌雄分群饲养，每群 100～200 只。

（5）光照　光照不足，影响雉鸡的产蛋量和种蛋受精率。但光照过强，种雉烦躁不安，打斗啄癖增加。种用雉鸡，应按照种鸡的光照要求，使雌雄种雉适时达到同步性成熟。肉用雉鸡，夜间增加光照促使雉鸡群夜间增加采食、饮水，提高生长速度和脂肪沉积能力。

（6）第二次断喙　育成雉生长迅速，如果营养缺乏、环境不理想或密度过大，啄癖容易发生。为防啄癖可在 7～8 周龄进行第 2 次断喙。

（7）卫生防疫　在雉鸡的育成期间，应将留种雉鸡做好防疫工作，在育成期如果是网室平养，应预防球虫病，可以在饲料中添加药物进行预防。

（8）后备种雉限饲　留种的育成雉，应控制体重，防止过肥。应通过减少日粮中蛋白质和能量水平，控制喂料量，增加青绿饲料喂量，减少饲喂次数，以及增加运动量等来达到控制目的。

四、种用雉鸡的饲养管理

育成雌雉 10 月龄性成熟，雄雉比雌雉晚 1 个月左右。雄雉一般可利用三年，雌雉利用两年，雌雉第二年产蛋量高于第一年，因此选留健康无病的经产雌雉，是提高产蛋量的关键。种雉饲养管理可分休产期和繁殖期。休产期又可分为繁殖准备期（3～4 月份）、换羽期（8～9 月份）和越冬期（10 月份至翌年 2 月份）。

1. 休产期

休产期营养指标建议为后备期标准，每天每只喂量 60g 左右，增加青绿饲料喂量。

（1）繁殖准备期　此期重点是做好种雉鸡分群、整顿、免疫等工作。

由于天气转暖，日照时间渐长，为促使雉鸡发情，应适当提高日粮蛋白质水平，补足维生素、微量元素，适当补充钙、磷，增加活动空间，降低饲养密度。整顿雉鸡群，选留体质健壮、发育整齐者，每百只左右为一群。整顿鸡舍，网室换铺沙子，设置产蛋箱。在运动场应设置石棉瓦挡板，减少雄雉争斗和增加交尾机会。鸡舍彻底消毒，按程序接种疫苗。

（2）换羽期　产蛋结束后开始换羽，为了加速换羽，可降低日粮蛋白质水平，但保证含硫氨基酸的供给，以使羽毛快速生长。产蛋结束后应淘汰病、弱雉鸡及产蛋性能下降和超过使用年限的种雉。继续留种的应将雌、雄雉分开饲养。

（3）越冬期　此期主要对种雉鸡群进行调整，对种雉进行断喙、接种疫苗等工作，同时要做好鸡舍的防寒保暖工作，增加并及时更换垫料，增加高能量饲料的比例，提高饲料代谢能水平，以利于开春后种雉早开产、多产蛋。

2. 繁殖期

适时雌雄合群。经产雌雉于 4 月中旬，初产雌雉于 4 月末放入雄雉。每群 100 只左右，雌雄比例 1：（5～6），密度 1.2 只/m²。

确定和保护"王子雉"的地位，但要防止"王子雉"独霸全群母雉鸡，可在网室内用石棉瓦设置遮挡视线的屏障，4～5 张/100m²，使其他雄雉有交尾的机会，提高群体的受精率。

（1）饲料　建议产蛋期营养指标为代谢能 11.71MJ/kg，粗蛋白 20%，钙 3.2%，磷 0.6%。为保证较高的种蛋受精率和合格率，要求日粮营养全价，配方稳定，不更换饲料。早晚各喂一次，喂量每天每只 70～80g，每天适当补充青绿饲料。

（2）环境条件　做到"三定"，即定人、定时、定管理，出入雉鸡舍动作要轻，抓鸡、捡蛋要轻、稳，做到不惊群，保持此期群体的相对稳定。经常检查修补网室，防止兽类骚扰鸡群，夏季注意防暑降温。

（3）勤拣蛋，减少蛋的破损　由于种蛋的孵化率与种蛋的保存时间密切相关（7 天内孵化率相对较高），母雉鸡产蛋地点不固定，另外，雌雄雉都有啄蛋的恶习，破蛋率有时会较高，因此，要勤拣蛋，每半小时拣蛋一次，特别是雉鸡在午后产蛋较多，要定时收蛋，发现破蛋，应及时清除干净。在舍内放置几个白色的乒乓球，雉鸡啄而不碎，以减轻雉鸡啄蛋恶习。

（4）光照　在产蛋期间不能减少光照时间，每天保持 16h 光照。

五、商品雉鸡的饲养管理

1. 营养与饲料

商品雉推荐营养需要为：育雏期（0～6周龄），代谢能 12.13～12.54MJ/kg，粗蛋白 22%～25%，蛋氨酸＋胱氨酸 0.95%～1.11%，赖氨酸 1.48%～1.52%，钙 1.02%～1.20%，有机磷 0.55%～0.65%；生长期（43日龄至上市），代谢能 11.29～12.13MJ/kg，粗蛋白 16%～20%，蛋氨酸＋胱氨酸 0.61%～0.91%，赖氨酸 0.8%～1.02%，钙0.7%～1.02%，有机磷 0.45%～0.55%。饲料用全价配合饲料或自配饲料，补充适量的青饲料。商品雉鸡的推荐喂料量（每天每只）为：1周龄5g，2周龄9g，3周龄13g，4周龄17g，5周龄21g，6周龄25g，7周龄30g，8周龄36g，9周龄42g，10周龄48g，11周龄55g，12周龄62g，13周龄68g，14、15周龄70g，16周龄73g，17周龄75g，18周龄78g。

2. 商品雉育雏期饲养管理

商品雉育雏期饲养管理参照"种雉育雏期饲养管理"。

3. 商品雉生长期饲养管理

饲料过渡为育成饲料，过渡期5天左右。控制饲养密度，4～5只/m²。按50～70只雉鸡设置1组栖架。设置沙浴池，每2周更换1次沙子。每天清扫圈舍，定期消毒料槽、饮水器，每周带鸡消毒1次。适时出栏，雌雉体重达1kg、雄雉体重达1.3～1.4kg以上即为成熟体重。出栏前7～14天可适度育肥。出栏前12h停料。

【复习思考题】

1. 简述雉鸡品种及主要形态特征。
2. 雉鸡生物学特性有哪些？
3. 雉鸡主要繁殖特点有哪些？
4. 种雉鸡的配种放对需注意哪些事项？
5. 种用雉鸡繁殖期的饲养管理要点是什么？

第十六章 孔　雀

【知识目标】

1. 了解孔雀的生物学特性和品种。
2. 掌握孔雀的饲养管理技术。

【技能目标】

能够识别孔雀品种，实施孔雀的孵化和孔雀的饲养管理。

第一节　孔雀的品种和生物学特性

一、孔雀的品种

孔雀（彩图 16-1），属鸡形目、雉科、孔雀属，是世界上观赏价值较高的珍禽之一。目前，世界已定名的孔雀有两种，即印度孔雀（蓝孔雀）和爪哇孔雀（绿孔雀）。印度孔雀有几个重要的突变种，即白孔雀、黑肩孔雀、黑孔雀。爪哇孔雀现有 3 个亚种，即印度亚种（缅甸绿孔雀，主要分布于印度阿萨邦和缅甸西部），指名亚种（爪哇绿孔雀，主要分布于印度尼西亚爪哇和马来半岛），云南亚种（中国绿孔雀，分布在我国云南省和缅甸、泰国、中南半岛等地）。

二、孔雀的生物学特性

1. 形态特征

印度孔雀通称为蓝孔雀，原产于印度、斯里兰卡一带，成年体重雄孔雀为 7.5kg、雌孔雀为 5kg。印度孔雀体型较小，雌雄外貌差异较大，雄性体羽光彩熠熠，身披翠绿色，颈羽为宝石蓝色，富有金属光泽，下背闪耀紫铜色光泽，覆尾羽长 1m 以上，羽片上由紫、蓝、黄、红等斑色构成，屏开时光彩夺目。雌性羽色灰褐，无尾屏。

爪哇孔雀通称为绿孔雀，原产于印度尼西亚爪哇岛、马来西亚、缅甸、泰国、越南和我国云南等地，雄性孔雀全身羽毛为翠绿色，杂有黑褐色和金黄色斑纹。爪哇孔雀体型较大，头部冠羽聚成撮，腿、颈和翎羽较长，雌雄都有闪烁的金属光泽，叫声略低于蓝孔雀。我国云南省西南部西双版纳地区的允景洪素有孔雀之乡的美称，但野生的数量越来越少，已被列为国家一级保护动物。

2. 生活习性

孔雀栖居于灌木丛、针叶、阔叶等树木开阔地带，尤其喜欢在靠近溪间沿岸和树林空旷的地方活动。蓝孔雀双翼不发达，不善飞行，而脚强壮有力，善疾走，单独活动少，多见一只雄鸟伴随三五只雌鸟，同雏鸟一起活动。在人工饲养条件下，成年孔雀在每年 8～10 月间换羽，10 月份以后大部分羽毛换齐。

孔雀食性杂，摄食植物的种子、芽苗等，也吃一些浆果及蟋蟀、蚱蜢、小蛾等昆虫。

此外，孔雀有喜静、怕惊，飞翔能力强，喜高处栖息，喜阴怕雨的特性。

第二节 孔雀的繁育技术

孔雀的性成熟一般为 22 个月，雌孔雀产蛋期一般是每年的 4～8 月份，但在人工饲养的条件下，繁殖期往往可提前和延长。

（1）发情与求偶 在繁殖季节，雄孔雀会频频开屏，开屏时间在每天上午 8～9 时、下午 16～17 时居多，每次开屏时，抖动羽屏，嗦嗦作响，开屏时间长达 5～7min 之久。开屏时翎羽上的眼状斑反射着光彩吸引雌孔雀频频接近，雌孔雀若处于发情期时，雄孔雀会跳到雌孔雀背上进行交尾，整个交尾过程在 10～20s 之间完成，然后各自离去。

（2）产蛋性能 人工饲养条件下，每只雌鸟 1 年可产蛋 6～30 枚，蛋重 104g 左右。蛋钝卵圆形，壳厚而坚实，并微有光泽，色为浅乳白色、浅棕色或乳黄色，不具斑点。产蛋时间多在 17～21 时，隔天产一枚蛋，有时隔几天才产一枚蛋。

（3）人工孵化 孔雀的孵化期为 28 天，人工孵化见实训十二。

第三节 孔雀的饲养管理技术

一、孔雀育雏期的饲养管理

育雏期 2 个月，网上平养或笼养。网上平养每个网架长 250cm、宽 200cm，底网高 60cm。每只雏鸟所占面积为 0.1～0.15m²；笼养笼具与雏鸡笼相似，也可利用雏鸡笼饲养。

1. 饲养

雏鸟出壳 12h 后，先饮水后开食，饮水中加入 0.01％的高锰酸钾，饮水 1～2h 后开食。雏鸟饲料可用雏鸡花料加熟蛋黄（100 只雏孔雀拌 2～3 个）。3 天后适当添加青菜或嫩牧草，全天提供干净的饮水。7 天后饲料中加入 2％的沙粒以帮助消化。日喂次数，1～10 日龄 4 次，11～30 日龄 3 次，31～60 日龄 2～3 次。

2. 育雏的环境条件

（1）温度 第 1 周龄为 33～35℃，然后每天减 0.5℃，一直减到 20℃为止。

（2）湿度 第 1 周龄相对湿度为 65％～70％，第 2 周龄以后相对湿度为 60％左右。

（3）光照 雏孔雀 1～4 日龄采用 24h 光照，5～7 日龄开始，逐渐减少光照时间，在夜间停止光照 5～6h，8～30 日龄以后每天夜间停止给光 6～8h，31～60 日龄时逐渐过渡到自然光照。

3. 管理

孔雀以 40～50 只组群为宜，随日龄的增加而降低饲养密度。采用自由采食和饮水。要保持环境的安静与稳定，建立信号条件反射，做好日常管理工作，定期进行舍内带雏消毒。防止意外事故发生，做好生产记录。

4. 防疫

1 日龄接种马立克病火鸡疱疹病毒疫苗或马立克病二价或三价苗；7～10 日龄皮下注射新城疫油乳剂灭活苗 0.2mL 或 7 日龄、30 日龄 2 次新城疫Ⅳ系苗滴鼻点眼或饮水。7～10 日龄皮下注射 0.4mL 法氏囊油乳剂灭活苗或 14 日龄、28 日龄两次用传染性法氏囊弱毒疫苗饮水或滴鼻。

二、孔雀育成期的饲养管理

育成期是指 61 日龄至开产前。60 日龄转入育成栏舍饲养，育成舍包括栖息室和运动场，运动场网高 5m，栖息室和运动场设栖架，饲养密度每 $100m^2$ 为 20 只。饲料以中鸡料加 3% 鱼粉，另补玉米、豌豆等粒料，每天饲喂 2 次，青绿饲料每日适量，保健砂充足供应。

90 日龄后初选，将生长发育良好的按公母比例 1∶（3～5）选留后备种孔雀。开产前 1 个月，提高饲料粗蛋白水平，调整钙磷比例，开产前做好新城疫、禽流感免疫。

商品肉用的仔孔雀饲养到 8 月龄，体重 3～4kg 可上市。

三、孔雀成年期的饲养管理

1. 笼舍设计

孔雀成年期是指 2 年以上产蛋期及休产期的孔雀，孔雀可 1 雄 2～3 雌为一组饲养，也可大群饲养。每组饲养舍的面积为 6～9m^2，舍内高度为 2.2～2.5m。舍外运动场 15～18m^2，运动场有网罩，网高 5m，网孔规格为 1.5cm×2.5cm。运动场上应种植遮阴植物，安放一根与地面距离 2～2.5m、粗 5～6cm 的栖木，以供种鸟栖息。

2. 饲养技术

目前，国内尚无孔雀营养需要的统一饲养标准，建议种孔雀的营养需要量：粗蛋白质 16%～18%，代谢能 11～11.5MJ/kg，蛋氨酸 0.4%～0.5%，钙 2.5%～3%，有效磷 0.5%～0.8%。饲料可用种鸡料加 3%～5% 鱼粉，推荐饲粮配方见表 16-1，供参考。供应保健砂，每日适量青绿饲料，充足饮水。

表 16-1　种孔雀产蛋期饲粮配方　　　　　　　　　　　单位：%

配方	玉米	豆饼	小麦	麸皮	苜蓿粉	全麦粉	米糠	鱼粉	骨粉	贝壳粉	食盐
1	54	16	4.5	5	3	5	—	5	2.0	5	0.5
2	53	18	10.0	3	—	—	5	3	3.5	4	0.5

3. 管理要点

（1）日常管理

① 环境条件的控制。成年孔雀对自然环境温度适应能力很强，在北亚热带分布的野生孔雀可耐受 0℃ 以下的低温气候，而生活在北热带的孔雀可在 30℃ 以上的环境中正常生存，但在 10℃ 以下就表现出生殖活动减弱甚至停止的现象，因此，要求饲养环境温度在 10℃ 以上。成年孔雀对环境湿度和日照要求与自然相同即可。

② 组群。成年孔雀组成繁殖群的公、母比例为 1∶（3～4），群体过大，常因在繁殖期间雄孔雀为争偶发生争斗而导致种蛋受精率下降，甚至发生鸟体的损伤。

③ 日光浴。增加种孔雀接受日光浴的时间可促进雌鸟卵细胞成熟，提高雄鸟的性欲，有利于健康，也符合种鸟喜欢日光照射的生物习性。除盛夏中午外，应尽量创造条件使种鸟接受日光浴。严冬可在舍内增加人工补光时间，春季日光浴对促进鸟提早繁殖的效果更加明显。

④ 加强管理。创造安静洁净的饲养环境，防止外来不良因素刺激，定期消毒与清粪；注意观察种孔雀的健康状态，及时发现疾病并隔离治疗；及时捡蛋，防止种蛋污染；防蝇、灭鼠，杜绝其他鸟兽的入场；作好养殖中的各项记录。

（2）四季管理

① 春季管理。春季是孔雀繁殖季节，随着气温升高，孔雀的活动量增加，采食量加大，应及时调整日粮，并在舍内背光、隐蔽处设置产蛋箱。

② 夏季管理。夏季气温高、多雨、湿度大，此季孔雀采食量减少，产蛋量下降并逐渐停产。应增加精料量，勤喂青绿饲料，并防止饲料霉变，做好饮水卫生和防暑降温工作。

③ 秋季管理。秋季气温渐降，光照渐短，孔雀进入换羽期。生产中常采用人工换羽的方法，即通过限料、限水和控光措施进行人工强制换羽。也可用化学换羽的方法，即在饲料中使用氧化锌添加剂，化学换羽可先进行个别试验，后再全面采用，当50％羽毛脱落时，则应停喂氧化锌添加剂。也可使用相关激素进行肌内注射的方法达到换羽的目的。另外，在饲粮中要增加动植物蛋白质和维生素、矿物质元素的含量，促进羽毛生长，做到安全越冬。

④ 冬季管理。冬季天气寒冷，要做好防寒保暖工作，地面可铺些垫料，饲粮中增加能量饲料的比例，增强外围护结构的防寒隔热能力。在休产季节进行防疫和驱虫工作。

【复习思考题】

1. 简述孔雀的品种与分类。
2. 孔雀的四季管理要点与育雏期的饲养管理有哪些？

第十七章　鹌　鹑

【知识目标】
1. 了解鹌鹑的生物学特性和品种。
2. 掌握鹌鹑的孵化技术和饲养管理技术。

【技能目标】
能够实施鹌鹑的孵化以及鹌鹑的饲养管理。

鹌鹑，属鸟纲、鸡形目、雉科、鹑属，为鸡形目中最小的一种养殖禽类。鹌鹑养殖业在国内外发展都很快，既有工厂化大规模生产，也有家庭小规模饲养。我国目前养殖量约为1.5亿只，占全世界饲养量的16％，居首位，是我国经济动物中分布最广、饲养量最多、获益最大的一种。鹌鹑具有生长快、成熟早、产蛋率高、繁殖力强、易饲养、饲料转化率高等特点，并且适应高密度饲养环境，因而管理方便、成本低、收益高、资金周转快，发展前景十分广阔。

第一节　鹌鹑的生物学特性

野鹑在我国东北及新疆繁殖，迁徙及越冬时遍布我国南方各省。全世界分布于亚、非、欧三大洲。野鹑常栖息在气候温暖的空旷平原和丘陵，潜伏在杂草灌丛、芦苇间，以谷类、豆类、草籽和昆虫为食。迁徙期合群活动，公鹑好斗，母鹑每窝产蛋9～14枚。鹌鹑的寿命一般为3～4年。

一、鹌鹑的形态特征

鹌鹑外形似雏鸡，其特点为：头小、嘴尖、尾短、翅长、无冠。其羽毛分为正羽、绒羽、纤羽三种。正羽覆盖身体大部分；绒羽多在腹部；纤羽少而纤细，位于绒羽之下。鹌鹑有自然换羽的特性，春秋换两次羽毛。腿短无距，脚有4趾。野生母鹑咽喉部黄白色，颈、胸部有暗褐色斑点，脸部毛色浅。野生公鹑头顶至颈部暗褐色，脸部毛色呈褐色，胸腹部毛色呈黄褐色无斑点（彩图17-1）。野鹑成年体重为100g左右，家鹑成年体重蛋用型为110～160g，肉用型为200～250g，母鹑体重大于公鹑。

二、鹌鹑的生活习性

1. 适应性

鹌鹑喜温怕寒、喜干厌湿、喜光厌暗，因此，管理上要注意调节温度、湿度、光照，以满足家鹑正常生长发育。鹌鹑抗病能力较强，一般情况下很少生病，因而成活率较高。

2. 敏感性

鹌鹑性情温顺而胆小，对外界刺激敏感，易惊群，好动而不善飞翔，不喜高栖，适宜笼养，不宜散养。具沙浴习性。公鹑善于啼鸣，鸣声高亢洪亮，母鹑叫声尖细低回，犹如蟋蟀声。

3. 杂食性

鹌鹑食性较杂，以谷类籽实为主食，喜食颗粒饲料。

4. 消化能力强

鹌鹑新陈代谢旺盛，对饲料的全价性要求较高。人工饲养的鹌鹑，总是在不停地运动和采食，排粪 2~4 次/h，应保证饲料充足。

5. 生长发育快

鹌鹑性成熟早，生长快，繁殖力强，生产周期短，从出壳到开产只需要 45 天左右。肉用鹌鹑 40~45 日龄体重达 250~300g，为初生重的 25~30 倍。

第二节 鹌鹑的品种与繁育技术

一、鹌鹑的品种

家鹑由野鹑驯化培育而成，目前世界上鹌鹑的品种约有 20 个，分蛋用、肉用两种。

1. 蛋用鹌鹑

（1）日本鹌鹑 世界著名蛋用型品种，体型较小，成年公鹑体重为 110g 左右，母鹑为 140g 左右，6 周龄开产，年产蛋约 300 枚，平均蛋重 10g 左右，蛋壳有斑点，初生雏鹑重 6~7g。成年鹑全身羽毛呈茶褐色，头部黑褐色，头顶有淡黄直纹 3 条，腹部色泽较浅。公鹑胸部羽毛红褐，其上镶有少许不太清晰的小黑斑点；母鹑胸部为淡黄色，其上密缀着黑色细小斑点。

（2）朝鲜鹌鹑 由日本鹌鹑培育而成，属蛋用型品种。我国 1978 年和 1982 年分别引进两个品系，即龙城系和黄城系。成年体型大于日本鹌鹑，羽色基本相同。成年公鹑体重 130g，母鹑约 160g，40~50 日龄产蛋，年产蛋量 270~280 枚，蛋重 11.5~12g，初生雏鹑重 7.5g。

（3）中国白羽鹌鹑 北京种禽公司种鹌鹑场、中国农业大学和南京农业大学等联合育成的白羽鹌鹑品系。具有自别雌雄的特点，将该品种作为杂交父本、褐色鹑作为杂交母本，其杂种一代白羽为母鹑、褐羽为公鹑。该品种有良好的生产性能，45 日龄性成熟，成年体重为 145~170g，平均产蛋率为 80%~90%，并有抗病力强、自然淘汰率低、性情温顺等诸多优点。

（4）黄羽鹌鹑 由南京农业大学发现并培育成功，属隐性黄羽。体型、生产性能与朝鲜鹌鹑相似。但具有伴性遗传特性，为自别雌雄配套系的父本。

（5）自别雌雄配套系 北京种禽公司种鹌鹑场、中国农业大学、南京农业大学联合杂交选育而成。以白羽鹌鹑为父本，朝鲜鹌鹑、法国鹌鹑等为母本，其杂交一代的雌性为白羽毛，雄性为栗羽毛，自别准确率为 100%，其成活率、体重、产蛋量、料蛋比均优于父母本鹌鹑。

此外，"神丹 1 号"蛋用鹌鹑配套系，由湖北省农业科学院畜牧兽医研究所等单位培育，2012 年 3 月通过国家畜禽遗传资源委员会审定。商品代鹌鹑的育雏成活率达 95%，开产日龄为 43~47 天，35 周龄入舍鹌鹑产蛋数为 155~165 枚，平均蛋重 10~11g，平均日耗料 21~24g，饲料转化比为 (2.5~2.7)：1，35 周龄体重为 150~170g。

2. 肉用鹌鹑

（1）法国迪法克鹌鹑 1986 年从法国引进，为著名肉用型品种。体型较大，42 日龄体重达 240g，适宜屠宰日龄 45 天，体重达 270g，成年体重为 320~350g，产蛋率不少于 60%，平均蛋重 13~14.5g，初生雏鹑重 9g。该品种胸肌发达，骨细肉厚，肉质鲜嫩。

（2）美国法拉安鹌鹑　属肉用型品种，35 日龄育肥，体重可达 250～350g，净膛率 67％，具有生长发育快、体重大、屠宰率高、肉质好等特点。

（3）中国白羽肉鹑　北京种禽公司种鹌鹑场、长春兽医大学等单位培育而成。体型同迪法克鹌鹑，黑眼，喙、胫、脚肉色。经北京种禽公司种鹌鹑场测定，白羽肉鹑成年母鹌鹑体重 200～250g，40～50 日龄开产，产蛋率 70.5％～80％，蛋重 12.3～13.5g，每只每天耗料 28～30g，料蛋比为 3.5：1，90～250 日龄采种，受精率为 85％～90％。

二、鹌鹑的繁育技术

1. 种鹑的选择

结合转群进行选择。种公鹑外貌、体重应符合品种标准，爱鸣叫，啼声洪亮，活泼好动。肛门深红色，用手指按压时，有白色泡沫出现，说明已具备交配能力。种母鹑应体型匀称，羽毛光亮而稠密，皮薄腹软，觅食力强，腹部容积要大。

2. 性成熟与适宜繁殖时间

公鹑出壳后 30 天开始鸣叫，逐渐达到性成熟。母鹑出壳后 40～50 日龄开产，开产后即可配种。但是过早配种会影响公鹑的发育和母鹑产蛋，一般种公鹑为 90 日龄，种母鹑在开产 20 天之后开始配种较适宜，配种 7 天开始留种蛋，受精率较高。利用期限种公鹑为 4～6 月龄，种母鹑为 3～12 月龄。

3. 公母比例

公母鹑按 1：3 的比例搭配为宜，一般每小群为 30～40 只，自由交配。这种方法用笼少，公鹑饲养的数量少，成本低，管理方便，种蛋受精率较高，但因其系谱不清，仅适用于商品场。

4. 鹌鹑的人工孵化

养殖鹌鹑已无就巢性，需鸡、鸽等代孵或人工孵化。鹌鹑的孵化期为 17 天，人工孵化详见实训十二。

第三节　鹌鹑的饲养管理技术

一、鹑舍及用具

1. 鹑舍及环境要求

场址应交通便利，远离居民区、其他畜禽场和污染源，水源充足，符合卫生要求，供电正常，鹑舍要求冬季保温、夏季隔热，有取暖及排风设施。鹑舍内应采光性好、通风良好、干燥，夏季窗户最好装上纱网，以防蚊、蝇入内。

2. 鹑笼

鹌鹑适合立体笼养，通常 2～5 层，可提高房舍利用率，减少投资。根据鹌鹑生长发育的要求，鹑笼可分三种，可购买使用。

（1）育雏笼　每层面积为 100cm×60cm，每层笼高 20cm，每层间留 5～10cm，底层距地面不少于 30cm，顶网、后壁和两侧采用孔眼为 10mm×15mm 的塑料网或金属网，底网采用孔眼为 6mm×6mm 或 10mm×10mm 的金属网，门在育雏笼两侧，供喂料、供水、免疫等需要。每层可安装 2～3 个白炽灯用于供暖与照明。饮水器和料槽放置在笼内。

（2）种鹑笼　种鹑笼要求适当宽敞，以破蛋率低和不影响交配为原则。每层面积为 60cm×100cm，每层分隔成双列四单元，每单元内可放 2 公 6 母。其底面不是平的，而是中间高（24cm 空间）、前后两边低（28cm 空间），形如屋顶，使鹑蛋能够自动滚出笼外进入集蛋槽内，便于收集。种鹑笼可有五六层，采用多层重叠。水槽与料槽安放在笼外集蛋槽上方。水槽与料槽的间隙以 2.7cm 为宜，便于鹌鹑伸头采食。

（3）产蛋鹑笼 专供饲养商品蛋鹑之用。产蛋鹑笼与种蛋鹑笼不同之处是：

① 由于不需放养种公鹑，中间的隔栅可以取消，做成一个大间（60cm×100cm）。

② 每层笼的高度可降低到 20cm 之内。

③ 料槽与集蛋槽同在一边，水槽设在另一边。

二、饲养阶段划分与营养需要

根据鹌鹑的生长发育与生理特点，蛋用型品种大致可以划分为三个饲养阶段：育雏期，指出壳至 20 日龄；育成期，21～35 日龄，称为仔鹑；产蛋期，指 6～57 周龄，称为成年鹑。

蛋用型鹌鹑各阶段营养需要推荐量见表 17-1。

表 17-1 蛋用型鹌鹑各阶段营养需要

饲养阶段	蛋白质/%	代谢能/(kJ/kg)	矿物质/%	食盐/%
育雏期	22.5	11.7	2.5	0.5
育成期	18	11.0	2.5	0.5
产蛋期	20	11.5	4.5	0.5

三、鹌鹑的饲养管理技术

1. 雏鹑的饲养管理

鹌鹑的育雏期为 20 天，有笼养和平养两种形式。通常前 1～2 周平养，方便饲喂，便于管理，2 周后适时转入笼养。

（1）育雏前的准备 对育雏室及笼具清洗消毒，然后熏蒸消毒，密闭 24h；对保温伞、照明、排气等电器设备进行检查维修；接雏前，将笼舍内温度升到 35℃，并使其均匀、稳定；将育雏的饲料、药品准备好。

（2）饮水、饲喂 开饮在进舍后进行，1 日龄饮水中加 0.01% 高锰酸钾，长途运输后初饮最好用 5% 的糖水。雏鹑腿部力量弱，饮水时易失去平衡而被踩或淹水，因此，饮水器水盘中水要浅，或在饮水器水盘中放一些小石块。开食在饮水后，开食时间最好在出壳 24h 内，开食料用碎粒料或碎玉米，2 日龄后用雏鹑配合饲料，1～20 日龄自由采食或每天喂 6～8 次。每周投喂 1 次砂砾。

（3）管理

① 保温。保持适宜的温度，温度过高易致脱水，温度低则肠道病多发。第 1～3 日龄 35～37℃，4～7 日龄 35～33℃，然后每周减 3℃，至 28 日龄 20℃。气温较高时可在第 3 周脱温，气温较低时可在第 4 周脱温。温度适宜时，雏鹑活跃，饮水和采食正常，休息时分布较均匀；温度过低时，雏鹑往往堆挤在热源下，鸣叫，拉稀；温度过高时，雏鹑张口喘气，远离热源，饮水量增加。在测量育雏舍温度时，应将温度计挂在与雏鹑背高齐平的地方。

② 湿度。湿度过高不利于雏鹑健康成长。2 周龄内育雏室要保持相对湿度 65%～70%，2 周龄后保持在 50%～60% 为宜。

③ 密度。密度大，采食不均匀，雏鹑生长发育不整齐。笼养鹑 3 周龄内，120～200 只/m²。

④ 光照。1～3 日龄 24h 光照，3～10 日龄逐渐减少至 14～15h 光照，10 日龄后保持

10～12h 光照。光照强度以 10lx 为宜。自然光照不足部分人工补光。

⑤ 清洁卫生。育雏笼、料槽和水槽要保持清洁，及时清除粪便，定期消毒，并注意通风换气，保持空气清新。

⑥ 观察。每天观察雏鹑的精神、采食、饮水及粪便情况，发现异常情况应及时查找原因，并采取相应措施。进行预防投药，以防白痢和球虫病发生。

2. 育成鹑饲养管理

21～42 日龄为育成期。25 日龄开始换羽，35 日龄换羽结束。

（1）限制饲养　蛋用和种用育成鹑应采取限制饲养，控制开产日龄，以求达到高产之目的。限制饲养的方法：降低日粮中蛋白质和代谢能含量，或者是日粮中营养水平不改变，仅喂给自由采食量的 90%，使性成熟控制在 30～35 日龄。21～27 日龄，每天每只喂料 13～14g；28～35 日龄，每天每只喂料 16～19g；36～42 日龄，每天每只喂料 18～21g。肉用仔鹑的日粮要富含能量，必要时可添加油脂饲料，采取自由采食，不限制饲养。

（2）分群　公、母鹑分群饲养，提高群体均匀度。根据羽色（自别雌雄鹌鹑出壳时）、3 周龄根据阴囊有无（纯种）区分公、母鹑。

（3）密度、光照　饲养密度一般为 100～150 只/m²，以减少活动，降低能量消耗；光照时间 10～12h，光线宜暗，鹌鹑能正常采食与饮水即可，照度不超过 5W/m²。

3. 产蛋鹑与种鹑的饲养管理

（1）转群　产蛋鹑舍及笼具进行清洗消毒，然后将 35～40 日龄的育成鹑转入产蛋鹑笼（也可在 21 日龄时转入产蛋笼），可结合转群进行适当的选择与淘汰。原笼饲养则需要将料桶、饮水器更换为料槽、水槽。

（2）饲喂　转群后饲料由育成料过渡为产蛋期饲料。每只产蛋鹑每天耗料 25～30g，每天投喂 3～4 次，在春季产蛋旺季，晚上加喂 1 次。每次喂料应定时、定量，少喂勤添。保证饮水不中断。在配合饲料中需加入 0.5%～1.0% 的砂砾，或直接投放在料槽中自由采食。

（3）产蛋鹑舍的环境控制　舍内温度维持在 20～25℃ 较适宜，低于 15℃ 或高于 30℃，将影响产蛋率。转群后增加光照时间，每天保持 16～17h 的光照。保持环境安静，以免引起应激骚动使产蛋率下降，通风换气和适宜湿度对产蛋率也有较大影响，不可忽视。

每天收集鹑蛋 1～2 次，夏季增加至每天 2～3 次。

4. 商品肉鹑的饲养管理

肉用鹑及非留种的公鹑进行育肥上市，管理同种用鹑育雏育成期。

（1）育雏期（0～3 周龄）　育雏期代谢能 12.42MJ/kg，粗蛋白 26%，钙 0.9%，有效磷 0.6%。饲料可用市售肉用鹌鹑育雏料。饮水同种用鹑育雏期。

① 环境控制。1～3 日龄，温度 37～35℃、湿度 70%、光照 24h；4～7 日龄，温度 35～33℃、湿度 70%、光照 23.5h，8～10 日龄；温度 34～32℃、湿度 65%、光照 19～21h；11～15 日龄，温度 32～30℃、湿度 65%、光照 14～16h；16～21 日龄，温度 30～26℃、湿度 60%、光照 12～13h；饲养密度 80～100 只/m²。

② 饲喂。自由采食或每天喂 6～8 次。1～7 日龄，每天每只喂料 5～7g；8～14 日龄，每天每只喂料 12～16g，15～21 日龄，每天每只喂料 18～25g，自由饮水。

（2）育肥期（4～6 周龄）　采用单层或多层笼养，单体笼约长 90cm、宽 40cm、高 10～20cm。笼底金属丝网眼规格为 20mm×20mm。

育肥期日粮中代谢能 12.42～12.62MJ/kg，粗蛋白 20%～24%，钙 0.9%，有效磷 0.6%。采用自由采食或每天饲喂 4～6 次。育肥期鹌鹑每天每只消耗饲料 25～31g。

环境控制：温度 22～24℃，相对湿度 60%；光照每天 10～12h，光照强度 5lx。饲养密度 60～80 只/m²。

公母分群饲养，保持环境安静，防止惊群，每周对用具和鹑舍消毒 1 次，每周带鹑消毒 1 次。达到品种体重标准及时出栏，采用全进全出制。

5. 防疫

加强卫生管理、定期带鹑消毒、按时防疫。

商品肉用鹌鹑建议免疫程序为：7 日龄新城疫 IV 系冻干苗饮水、点眼或滴鼻，10 日龄禽流感疫苗皮下注射 0.2mL，20 日龄新城疫 IV 苗饮水。

种鹌鹑建议免疫程序为：1 日龄马立克病疫苗颈部皮下注射 1 头份，5 日龄禽流感疫苗皮下注射 0.2mL，8 日龄油乳多价来活苗（大肠杆菌病）皮下注射 0.2mL，10 日龄新城疫 IV 冻干苗点眼，14 日龄传染性法氏囊病弱毒苗饮水，25 日龄禽流感疫苗皮下注射 0.3～0.5mL，28 日龄传染性法氏囊病弱毒苗饮水，60 日龄禽副黏病毒油剂苗皮下注射 0.3mL，90 日龄禽霍乱油乳剂灭活苗皮下注射 0.2mL，120 日龄新城疫 IV 冻干苗饮水，1.5 头份。

【复习思考题】

1. 鹌鹑的生物学特点是什么？其经济价值如何？
2. 结合鹌鹑的生活习性，阐述鹌鹑的饲养管理要点。

第十八章 肉 鸽

【知识目标】
  1. 了解肉鸽的生物学特性和品种。
  2. 掌握肉鸽的孵化技术和饲养管理技术。
【技能目标】
  能够实施肉鸽的孵化和肉鸽的饲养管理。

肉鸽俗称"地鸽"或"菜鸽",属鸟纲、鸽形目、鸠鸽科、鸽属。人类养鸽的历史已有五千多年,我国有历史记载的也有 2000 多年。家鸽从用途上可分为信鸽、观赏鸽和肉鸽三种类型,我国肉鸽大规模饲养,仅有 20 多年的历史。鸽肉具有高蛋白(24.9%)、低脂肪(0.73%),必需氨基酸含量丰富,更有滋补和较高的药用价值(如乌鸡白凤丸的"白凤"即为鸽)。肉鸽市场不断扩大,更为重要的是,肉鸽生产投资少,投资回报快,经济价值较高。

第一节 肉鸽的生物学特性及品种

一、肉鸽的形态特征

肉鸽(彩图 18-1)躯干呈纺锤形,胸宽且肌肉丰满;头小呈圆形,鼻孔位于上喙的基部,且覆盖有柔软膨胀的皮肤,这种皮肤称蜡膜或鼻瘤。幼鸽的蜡膜呈肉色,在第二次换毛时渐渐变白;眼睛位于头的两侧,视觉灵敏。颈粗长,可灵活转动;腿部粗壮,脚上有 4趾,第一趾向后,其余 3 趾向前,趾端均有爪;尾部缩短成小肉块状突起,在突起上着生有宽大的 12 根尾羽。鸽子的羽色有纯白、纯黑、纯灰、纯红、黑白相间的"宝石花""雨点"等。

二、肉鸽的生活习性

1. 晚成鸟
刚出壳的雏鸽身体软弱,睁不开眼睛,全身仅有稀疏绒毛,不会走动和采食,须靠亲鸽喂养,1 个月才能独立生活。
2. 合群性和记忆力强
鸽喜群居,所以常有放养的小群鸽混入大群鸽中。鸽记忆力特别强,放养家鸽能从很远的地方飞回。
3. 生长快、素食为主
刚出壳的雏鸽仅有 10g 左右,20 天后可达 650g,增重 60 倍以上,鸽的食物以植物籽实为主。
4. 爱清洁和嗜盐
鸽爱好清洁喜欢洗浴,这有利于清除羽垢和消除体外寄生虫。鸽子喜欢食盐,应在保健砂中添加食盐。

5. 适应性、警觉性强

鸽的记忆力强，条件反射牢固，对环境的适应性很强。对动物的侵扰和异常声响比较警觉，常表现出惊慌不安。

6. 繁殖习性

性成熟的鸽有求偶配对的现象，且配对后感情专一，保持一夫一妻制。筑巢、抱窝等繁殖行为都由公、母鸽双方共同完成。

7. 乳鸽食性

乳鸽摄食完全靠双亲喂养，10日龄的乳鸽摄食是完全被动的，10日龄后的乳鸽会主动鸣叫求食。

三、肉鸽的品种

1. 王鸽

王鸽是世界著名的肉鸽品种。1890年在美国育成，含有贺姆鸽、鸾鸽、马耳他鸽等血缘。其主要特点是：羽毛紧凑，胸部宽圆，体躯宽广，尾羽略上翘，无脚毛，毛色有白、银灰、灰、红、蓝、黄、紫、黑等，但以白色和银灰色为多。

(1) 白羽王鸽　白羽王鸽是最受欢迎的一种肉鸽，有两个品系：一个是低产展览型品系，该系体型大而较短，尾向上翘，不宜作乳鸽生产用；另一个是肉用品系，该系体态丰满结实，体躯宽而不显粗短，腿直立而腿间距宽。成年鸽活重700~850g，年产6~8对乳鸽，25日龄乳鸽活重500~750g。

(2) 银羽王鸽　银羽王鸽（银王鸽）有展览型和肉用型两个品系，两品系的区别同白羽王鸽。银羽王鸽其毛色全身银灰带棕色，翅羽上有两条巧克力色黑带，腹部尾部浅灰红色，颈羽紫红而有金属光泽，鼻瘤粉红，眼环橙色，银羽王鸽除具有白羽王鸽全部优点外，性情更温顺，生活力更强。

商用王鸽以白色占多数，其次为银色王鸽。遗传性稳定，体型大，成年公鸽体重650~750g、母鸽为550~650g，生产性能高，年产乳鸽6~7对。乳鸽生长快，2周龄平均体重为436g，3周龄平均体重为622g。鸽的抗病能力强，发病率较其他品种鸽低40%~50%；饲料报酬高，由于产鸽体重适中，乳鸽生长速度快，使饲料成本降低。

2. 卡奴鸽

卡奴鸽原产于法国及比利时，属肉用和观赏两用型鸽。卡奴鸽外观雄壮，颈粗，站立时姿势挺立。体型中等结实，羽毛紧凑，属中型肉用鸽种。成年公鸽体重达700~800g，母鸽600~700g，4周龄乳鸽体重为500g左右。该鸽种性情温顺，繁殖力强，年产乳鸽8~10对，高产的可达12对以上。就巢性强，受精率与孵化率均高，育雏性能好，换羽期也不停止哺仔，即使充当保姆也能一窝哺育3只鸽，是公认的模范亲鸽。此鸽喜欢每天饱食1次。

3. 仑替鸽

仑替鸽原产于意大利，是鸽中的巨无霸，在目前的肉鸽品种中该鸽体型最大，体重最高，成年公鸽体重可达1400~1500g，母鸽也可达1250g左右，其体大如鸡，故有"鸡鸽"之称。1月龄乳鸽体重可达750~900g，年产乳鸽6~8对。该鸽羽毛较杂，有黑、白、银灰、灰二线等，以白色仑替鸽最佳。

4. 贺姆鸽

贺姆鸽原产于比利时和英国。该鸽体型较短，背宽胸深，呈圆形，毛色有白、灰、红、黑、花斑等色，成年公鸽体重700~750g、母鸽体重650~700g，1月龄乳鸽体重可达600g左右。繁殖率高，育雏性能好，年产乳鸽8~10对，是培育新品种或改良鸽种的良好亲本。

5. 石岐鸽

石岐鸽产于我国广东省中山县石岐镇，是我国大型肉鸽品种之一。石岐鸽的体型特征是：体长、翼长、尾长、平头光胫，鼻长嘴尖，眼睛较细，胸圆，羽色较杂，以白色为佳。适应性强，耐粗饲，就巢、孵化、受精、育雏等生产性能均良好，年产乳鸽7～8对。但其蛋壳较薄，孵化时易被踩破。成年公鸽体重 750～800g，母鸽 650～700g，1月龄乳鸽体重可达 600g 左右。石岐乳鸽具有皮色好、骨软、肉嫩、味美等特点。

第二节　肉鸽的选种及繁育技术

一、种鸽的选择

1. 鸽的雌雄鉴别

鸽的雌雄鉴别见表18-1。

表 18-1　鸽的雌雄鉴别

项目	雄鸽	雌鸽
胚胎血管	粗而疏，左右对称呈蜘蛛网状	细而密，左右不对称
同窝乳鸽	生长快，身体粗壮，争先受喂，两眼相距宽	生长较慢，身体娇细，受喂被动，两眼相距窄
体型特征	体格大而长，颈粗短，头顶隆起呈四方	体格小而短圆，颈细小，头顶平
眼部	眼睑及瞬膜开闭速度快而有神	开闭速度迟缓，眼神较差
鼻瘤	大而宽，中央很少有白色内线	小而窄，中央多数有白色内线
颈和嗉囊	较粗而光亮，金属光泽强	较细而暗淡，金属光泽弱
发情求偶表现	追逐雌鸽，鼓颈扬羽，围雌鸽打转，尾羽展，发出"咕咕"呼唤，主动求偶交配	安静少动，交配时发出"咕嘟噜"的回声，交配被动
骨盆、耻骨间距	骨盆窄，两耻骨间相距约一手指宽	骨盆宽，两耻骨间相距约两手指
肛门形态	从侧面看，下缘短，并受上缘覆盖；从后面稍微向上	从侧面看，上缘短，并受下缘覆盖。从后面两端稍微下降
触压肛门	右手食指触压肛门，尾羽向下压	尾羽向上竖起或平展
主翼羽	第7～10根末端较尖	第7～10根末端较钝
尾脂腺	多数不开叉	多数开叉
鸣叫	叫声长而清脆动听，蜡膜大	叫声短而尖，蜡膜小
脚胫	粗壮	细小
性情	驱赶同性生鸽，喜欢啄斗厮打	温柔文雅，避让生鸽

2. 年龄鉴别

鸽的年龄鉴别见表18-2。

表 18-2　鸽的年龄鉴别

项目	成年鸽	幼龄鸽
喙	喙末端钝、硬而圆滑	末端软而尖
嘴角结痂	结痂大，有茧子	结痂小，无茧子
鼻瘤	鼻瘤大，粗糙无光	鼻瘤小，柔软光泽
眼圈裸皮皱纹	眼圈裸皮皱纹多	眼圈裸皮皱纹少
脚及趾甲	脚粗壮、颜色暗淡、趾甲硬钝	脚纤细、颜色鲜艳、趾甲软而尖
鳞片	脚胫上的鳞片硬而粗糙、鳞纹界限明显	鳞片软而平滑、鳞纹界限不明显
脚垫	厚、坚硬、粗糙、侧偏	软而滑，不侧偏

二、肉鸽的繁殖

1. 繁殖周期

肉鸽的一个繁殖周期大约为45天，分为配合期、孵化期、育雏期3个阶段。

（1）配合期 仔鸽饲养 50 日龄便开始换第 1 根主翼羽。以后每隔 15～20 天换 1 根。换羽的顺序由内向外。一般换到 6～8 根新羽时便开始性成熟，这时约 5～6 月龄（早熟的 4 个多月龄）。性成熟的种鸽就会表现出求偶配对行为，配对可顺其自然，也可人工配对。将公母配成 1 对关在 1 个鸽笼中，使它们相互熟悉产生感情以至交配产蛋，这一时期称为配合期。大多数鸽子都能在配合期培养出感情，成为恩爱"夫妻"，共同生活，共同生产。此阶段大约为 10～12 天。为了延长种用年限，通常在 3 个月龄左右性成熟前将公母分开饲养，防止早配。适宜的配对年龄一般是 6 个月龄左右。种鸽配对后，一周左右开始筑巢，产蛋。

（2）孵化期 是指公母鸽配对成功后，交配并产下受精蛋，然后轮流孵化的过程。孵化期大约 17～18 天。孵化工作由公母鸽轮换进行，公鸽负责早上 9 时至下午 4 时左右，而其余时间则由母鸽抱窝。抱窝的种鸽有时因故离巢，另一只也会主动接替。

（3）育雏期 指自乳鸽出生至能独立生活的阶段。种蛋孵化 18 天就开始啄壳出雏，如果啄壳痕迹呈线状大多能顺利出壳，如呈点状则极可能难产，这时可用水蘸湿胚蛋使壳质变脆从而有利出壳，否则啄壳约 20h 后应人工剥壳助产。雏鸽出壳后，父母鸽随之哺喂鸽乳（嗉囊中半消化的乳状食糜），10 日龄后哺喂嗉囊中软化的饲料，所以人工育雏头 10 天成活率很低，一般从第 15 日龄左右才开始。在这期间，亲鸽又开始交配，在乳鸽 2～3 周龄后，又产下一窝蛋。正常情况下，肉鸽的繁殖周期为 45 天，饲养管理条件好，繁殖周期可缩短至 30 天。

2. 配对

肉鸽性成熟后，变得非常活泼，情绪不稳，早晨"咕噜—咕噜"的啼叫也比平时响亮，即进入发情期，具备择偶、交配、繁殖后代的能力。

鸽配对上笼前，应检查体重、年龄及健康状况，符合标准的可选择上笼。上笼方法是：先将公鸽按品种、毛色等有规律地上笼，把同品种、同羽色的鸽放在同一排或同一鸽舍里，公鸽上笼 2～3 天，熟悉环境后，用同样的方法，选择雌鸽配对上笼。实行小群散养的鸽场及家庭鸽舍，也可同法上笼配对，配对认巢后，再打开笼门让亲鸽出来活动，避免出现争巢、打架现象。

3. 配对肉鸽的繁殖行为

（1）鸽的正常繁殖行为

① 相恋行为。鸽子配对上笼后，公鸽追逐新进笼的母鸽，1～2 天后，公母鸽经常形影不离。两者时常相吻，公鸽常常用喙轻轻梳理母鸽的头部、颈部及背部的羽毛，多次交配后母鸽产蛋。

② 筑巢行为。公母鸽配对后，共同筑巢，公鸽衔草，母鸽做巢，一般在母鸽产蛋前 3～4 天（即配对后 1 周左右），做好蛋巢。家庭养鸽可事先人工做好蛋巢。

③ 产蛋与孵化行为。鸽子每窝产 2 枚蛋。交配后 2～3 天开始产第 1 枚蛋，时间通常在下午 4～6 时，过 1～2 天后再产第 2 枚蛋。母鸽产下两枚蛋后，公母鸽轮流孵化，配合默契。

（2）异常情况的检查与处理

① 全公或全母。若上笼后两鸽经常打架，或两鸽低头、鼓颈，相互追逐，并有"咕咕"的叫声，则可能两只全为公鸽；若两鸽上笼后连续产蛋 3～4 只的，则可能两只全为母鸽，应将配错的同性鸽拆开重配。

② "同性恋"。若上笼后两鸽感情很好，但 1 个多月仍未产蛋，应仔细观察是否为两只公鸽"同性恋"，应立即将其拆开。

③ 产蛋异常。若每窝产蛋 1 枚，或产沙壳蛋，应供给足够营养水平的饲料和成分齐全

的保健砂。

④ 破蛋或不孵蛋现象。初产鸽往往情绪不稳定，性格较烈，或是由于鸽有恶习常踩破蛋，或弃蛋不孵，或者频频离巢，使孵化失败。这时应调换鸽笼，或改变其生活环境。

⑤ 母鸽不成熟或一方恋旧。有些公母鸽配对确实无误，但两者感情不和，母鸽拒绝交配，公鸽不断追逐母鸽。应检查母鸽是否成熟，若母鸽尚未成熟，不到育龄，可重换发情的母鸽配对。也有可能配对的公、母鸽有一方在配对前已有"对象"，对眼前的"对象"没有感情，出现这种情况时，可先在笼的中间加设铁丝网，将两鸽隔开，使彼此可以看到，约经 2～3 天就能培养出感情。

⑥ 群养鸽公、母比例不适宜。在群养鸽中，如果公鸽多于母鸽，鸽群会出现争偶打架的现象，导致打斗受伤或交配失败。

⑦ 不抱窝。初产种鸽不会抱窝的现象较常见，应及时清除巢中粪便，垫上麻袋片，放一些羽毛、杂草和鸽蛋（最好是无精蛋）引孵，两三次后便会自动抱窝。育雏后种鸽不抱窝时，可用布将鸽笼遮暗创造一个安静环境或变换到另一个笼子。屡教不改的可淘汰或让保姆鸽孵化。

⑧ 抱空窝。对抱空窝 2 个月以上不产蛋的应采取的措施为：a. 拆掉蛋巢；b. 更换到光线较亮的鸽笼。若均无效果，应及时淘汰。

（3）提高鸽繁殖率的措施

① 选择优良种鸽。理想的高产种鸽年繁殖乳鸽 8～10 对，至少应在 6 对以上。优良种鸽应性情温顺，孵化、育雏能力较强。

② 选体重大的种鸽配对生产。在肉鸽生产中，乳鸽体重应达到 600g 以上。一般体重大的种鸽，生产的乳鸽体重也较大。

③ 加强饲养管理。注意饲料、保健砂营养全面，并充分供给；保证供给清洁、充足的饮水；保证鸽舍安静，少惊动孵蛋鸽，以降低损耗率和雏鸽死亡率。

④ 缩短换羽期。在选种时应注意选择换羽期短或在换羽期继续产蛋的鸽种留种，是提高鸽繁殖率的有效措施。

（4）鸽蛋孵化与保姆鸽的使用

① 自然孵化。正常情况下，鸽子在产下第 2 枚蛋后开始孵化，公、母鸽轮流孵蛋，直至仔鸽出壳。孵化期间，鸽子精神特别集中，警戒心特别高，所以一般不要去摸蛋或偷看孵蛋，严禁外人进鸽舍参观，保持鸽舍环境安静，让鸽子安心孵蛋。

② 人工孵化。肉鸽的孵化期为 18 天，人工孵化见实训十二。

③ 保姆鸽的使用。将需要代孵的蛋或代哺的乳鸽拿在手里，手背向上，以防产鸽啄破蛋或啄伤啄死仔鸽，趁鸽不注意时轻轻将蛋或乳鸽放进巢中，这样，保姆鸽就会把放入的蛋或乳鸽当作自己的，继续孵化和哺育。

（5）乳鸽的人工哺育技术

① 鸽乳的特点。鸽乳呈微黄色乳汁状，与豆浆相似。鸽乳的状态和营养成分随乳鸽日龄的增大而变化。第 1～2 天的鸽乳，呈全稠状态；3～5 天的鸽乳，呈半稠状态，乳中可见细碎的饲料；第 6 天以后的鸽乳，呈流质液体，并与半碎饲料混合在一起。

② 人工鸽乳的配制。参考配方为雏鸡料 90％，鱼粉 5％，熟食用油 4％，微量元素及维生素添加剂 1％，少许鸡蛋清，适当添喂健胃药。上述原料调匀后将温度控制在 40℃ 左右即可哺喂，1～5 日龄调成流质状；6～10 日龄调成糊状；11～26 日龄调成干湿料状。

③ 鸽的人工哺育技术。1～3 日龄的乳鸽，用 20mL 的注射器，注入配好的人工鸽乳，每次喂量不宜太多，每天喂 4 次。4～6 日龄的乳鸽，可用小型吊桶式灌喂器饲喂。7 日龄以后的乳鸽，可用吊桶式灌喂器、气筒式哺育器、脚踏式填喂机或吸球式灌喂机填喂。一

般每天饲喂 3 次，每次不可喂得太多，以防消化不良。乳鸽上市前 7～10 天改用配合饲料人工肥育。

第三节　肉鸽的饲养管理技术

一、肉鸽的营养需要

肉鸽主要营养需要推荐量见表 18-3。

表 18-3　肉鸽主要营养需要推荐量

项目	青年(商品)鸽	非育雏期种鸽	育雏期亲鸽
代谢能/(MJ/kg)	11.72～12.14	11.72	11.72～12.14
粗蛋白质/%	14～16	12～14	16～18
钙/%	1.0	1.0	1.5～2.0
有效磷/%	0.4	0.4	0.4～0.6
食盐/%	0.30	0.35	0.35
蛋氨酸/%	0.28	0.27	0.30
赖氨酸/%	0.60	0.56	0.78

二、保健砂的配制与使用

1. 保健砂的作用

肉鸽一般笼养或舍养，保健砂用于补充矿物质、维生素需要，帮助消化、预防疾病。保健砂在肉鸽的各养殖时期均不可缺少。

2. 保健砂的配制

保健砂的配制方法：按配方将各种原料充分混合均匀，制成不同的类型。

（1）粉型　按比例分别称取各种原料，充分混匀即成，粉型保健砂配制方便，省时省工，又便于鸽子采食。

（2）球型　把所有的原料称好后，按料水比例 5∶1 加入水，搅拌调和，用手捏成重 200g 左右的圆球，放在室内阴干 2～3 天后，存于容器备用。

（3）湿型　在配制时，暂不加入食盐，先把其他原料称好拌均匀，再把应加的食盐溶化成盐水倒入粉状保健砂中，用铁铲拌匀即可。水的用量按每 100kg 粉状保健砂加水 25kg。

（4）保健砂配方

配方 1：黄泥 20%、砂粒 30%、贝壳粉 30%、骨粉 10%、石膏 5%、食盐 2%、木炭粉 2%、龙胆草、甘草、生长素 0.5%、其他添加剂 0.5%。

配方 2：贝壳粉 40%、粗砂 35%、木炭末 6%、骨粉 8%、石灰石 6%、食盐 4%、红泥 1%（美国农业部介绍）。

以上是保健砂的基本成分，维生素、氨基酸和抗病药物等，适当补充并现配现用。配制保健砂时，应特别注意多种维生素、微量元素、氨基酸及药物一定要混合均匀；食盐和硫酸铜等结晶颗粒原料应先研成粉状或经水溶解后才能拌入保健砂中，否则会因采食过量而导致中毒。保健砂的配制量按所养鸽子的数量来估计，现配现用，每 2～3 天需全部更换一次。

3. 保健砂的使用方法

保健砂应现配现用，保证新鲜，防止某些物质被氧化、分解或发生不良化学变化而影响功效。保健砂应每天定时定量供给，一般在上午喂料后才喂给保健砂；每次的给量也应适宜，育雏期亲鸽多给些，非育雏期则少给些，通常每对鸽供给 15～20g，即 1 汤匙左右。保健砂的配方应随鸽子的状态、机体的需要及季节等有所变化。每周应彻底清理 1 次剩余的保健砂，换给新配的保健砂，保证质量，免受污染。

三、肉鸽的饲养管理

1. 肉鸽的日常管理

（1）饲喂　喂料要坚持少给勤添的原则，定时、定量，根据不同生长阶段合理调整饲料配方。肉鸽一般日喂 2 次（上午 8 时和下午 4 时左右），每次每对种鸽喂 45g，育雏期中午应多喂 1 次，喂量视乳鸽大小而定，一般乳鸽 10 日龄以上的上、下午各喂 70g，中午 30g 左右。定时定量供给保健砂，一般每天 9 时左右供给新配保健砂 1 次，每对鸽每次供给 15～20g，育雏期亲鸽多给些，青年鸽和非育雏期亲鸽少给些。10 日龄以上的乳鸽每日约采食 15g。

（2）饮水　全天供给充足、清洁饮水。鸽子通常先吃料后饮水，没有饮过水的亲鸽是不会哺喂雏鸽的。一对种鸽日饮水约 300mL，育雏鸽增加一倍以上，热天饮水量也相应增多。因此，鸽子的供水应整天不断，让其自由饮水，并要保证饮水清洁卫生。

（3）洗浴　天气温和时每天洗浴 1 次，炎热时 2 次，天气寒冷时，每周 1～2 次。单笼饲养的种鸽洗浴较困难，洗浴次数可少些，可每年安排 1～2 次专门洗浴，并在水中加入敌百虫等药物，以预防和杀灭体外寄生虫。洗浴前必须让鸽子饮足清水，以防鸽子饮用洗浴用水。

（4）清洁消毒　群养鸽每天清除粪便，笼养种鸽每 3～4 天清粪 1 次，水槽、饲槽除每天清洁外，每周应消毒 1 次。鸽舍、鸽笼及用具在进鸽前可用 2∶1 的甲醛和高锰酸钾熏蒸消毒；舍外阴沟每月用生石灰、漂白粉等消毒并清理；乳鸽离开亲鸽后应清洁消毒巢盘以备用。

（5）保持鸽舍的安静和干燥　鸽舍阴暗潮湿，周围环境嘈杂会严重影响鸽的生产，也易发生疾病。因此，应避免鸽舍潮湿，保持环境安静，为鸽子提供良好的生活和生产场所。

（6）观察鸽群　对鸽子的采食、饮水、排粪等认真观察，做好每天的查蛋、照蛋、并蛋和并雏工作，并做好必要的记录。

（7）疾病预防　坚持预防为主的原则，平时应根据本地区及本场的实际，对常见鸽病制定预防措施，发现病鸽及时隔离治疗。

2. 肉鸽不同生长阶段的饲养管理

（1）乳鸽（1～28 日龄）饲养管理　刚出壳的雏鸽，眼未睁开，身披黄色胎绒毛，卧于亲鸽腹下。出壳 2h 后，亲鸽便开始用喙给雏鸽吹气、泌乳，再过 2h 亲鸽开始哺鸽乳。3～4 天后，乳鸽体重达 110～120g，开始睁开眼睛，身体也逐渐强壮，身上的羽毛开始长出，消化能力增强，亲鸽的喂乳次数增多，达 10 余次。乳鸽 1 周龄时，体重达 210～220g，需留种的乳鸽此时应戴上脚环，脚环上标有出生日期、体重及编号。

乳鸽长到 10 日龄左右，新羽毛已经很多，亲鸽喂给的已是半颗粒饲料，乳鸽仍会出现消化不良的情况，为防止消化不良，并使乳鸽多进食，应给乳鸽服用酵母片等健胃药。

15 日龄的乳鸽，体重达 450g 以上，羽毛基本长齐，活动自如，可捉离巢窝，放于笼底部，安置在草窝、麻布或木板上。此时的乳鸽还需亲鸽饲喂，但亲鸽喂给乳鸽的全是颗粒饲料，与亲鸽所吃的饲料相同，此时多数亲鸽又开始产蛋。

乳鸽 20 日龄后羽毛已经丰满，能在笼内四处活动，此时应及时离亲，进行人工肥育。25～28 日龄的乳鸽可上市销售。

要养好乳鸽，提高乳鸽成活率和亲鸽繁殖力，在乳鸽管理上应特别注意以下几点。

① 调教亲鸽哺喂乳鸽。个别年轻亲鸽不会哺喂，致使乳鸽出壳5～6h仍未受哺，此时，应人工进行调教，即把乳鸽的喙小心地放进亲鸽的喙内，反复多次后，亲鸽即能哺喂乳鸽。对于仍不会哺喂的产鸽，可由保姆鸽代哺。

② 调换乳鸽的位置。在6～9日龄乳鸽会站立之前，每隔2～3天对同一窝的两只乳鸽调换一次位置，以使得到种鸽的平衡照顾，个体发育相近。

③ 调并乳鸽。一窝仅孵出一只乳鸽或一对乳鸽因中途死亡仅剩一只的，都可以合并到日龄相同或相近的其他单雏或双雏窝里，以避免因仅剩下一只乳鸽往往被亲鸽喂得过饱而引起嗉囊积食的现象。并雏后不带仔的种鸽可以提早10天产蛋，缩短了产蛋期。

④ 添喂保健砂，保持巢窝清洁干燥，乳鸽阶段要经常更换垫料，保证乳鸽的健康。

（2）仔鸽（29～50日龄）饲养管理　留种的乳鸽从离巢群养到性成熟配对前为仔鸽。

仔鸽转入仔鸽舍群养。结合转群进行初选，凡符合品种特征、生长发育良好、体重达到要求的乳鸽，应装上脚圈号，经公母鉴别后，分别放入公、母仔鸽舍饲养。加强保健砂和饲料营养的供给，粒状饲料应稍加粉碎，以便于吞食，坚持少量多次，并调教饮水。

提供良好的生活环境，注意保温，防止伤风感冒，保持适宜的饲养密度。

（3）青年鸽（51～180日龄）饲养管理

① 51～120日龄换羽期的饲养管理。提高饲料质量，增加日粮中能量与蛋白质供应量，粗蛋白16%～18%，并增加含硫氨基酸的比例。每天喂2次，每只每天喂50g。保健砂应勤添，并适当增加石膏的含量。加强卫生管理，每天清扫室内，每周按时消毒。

② 121～150日龄的饲养管理。适当限制饲喂，以控制其发育。日粮粗蛋白含量在14%左右，每天喂2次，每天每只喂30g。

③ 151～180日龄的饲养管理。日粮粗蛋白提高至15%左右，保证性成熟一致，为配对做好准备。3～4月龄应进行1次驱虫和选优去劣工作，6月龄时，同时进行驱虫、选优和配对上笼三项工作，以减少对鸽的应激刺激。

（4）种鸽的饲养管理

① 新配对期种鸽的饲养管理。对初配对头几天的鸽子，饲养员要仔细观察，发现个别配对不当或错配的，应及时拆散重配。在一周内将饲料由青年鸽料逐渐过渡到产鸽料。每天保持光照17h左右，光照强度10～25lx。

② 孵化期种鸽的饲养管理。产鸽配对成功后8～10天开始产蛋，产蛋前安置好巢盆，铺好垫料；做好孵化期的查蛋、照蛋和并蛋工作，及时检查产蛋情况，发现破蛋和畸形蛋及时检出。孵化4～5天，头照剔除无精蛋，孵化10天二照，剔除死胚蛋。对窝产1枚蛋或照蛋后剩1枚者，将产期相同的2枚蛋合并孵化，以提高生产率。做好保暖、降温工作。

③ 哺育期种鸽的饲养管理。对不会哺育的种鸽要进行调教；不能哺育或死亡，应将其乳鸽合并到其他日龄相同或相近的窝中；在乳鸽13日龄左右时，在巢盆下放置草窝，将乳鸽移入草窝，巢盆经清洗、消毒后放回原处，以便种鸽再次产蛋。产鸽1周内喂给乳鸽乳状食糜，一周后哺喂浆粒和经浸润的粒料，应给产鸽饲喂颗粒较小的饲料。此时期产鸽担负着哺乳和孵化双重任务，应增加饲料营养和饲喂次数。

④ 换羽期种鸽的饲养管理。在此期间，除高产种鸽继续产蛋外，其他普遍停产。对鸽群进行整顿，淘汰病鸽、生产性能差及老龄少产的种鸽，补充优良的种鸽。降低饲料的蛋白质含量，并减少给料量，实行强制换羽。换羽期间，保证饮水充足，换羽后期应及时恢复饲料的充分供应，并提高饲料的蛋白质含量，促使种鸽尽快产蛋。对鸽笼及鸽舍内、外环境进行一次全面的清洁消毒。

3. 肉鸽疫病预防

根据本地疫病流行情况制订免疫程序，并严格执行。推荐免疫程序为：1月龄鸡新城疫Ⅳ系疫苗4倍量滴鼻或饮水（或鸽新城疫油乳苗皮下或肌内注射）；禽流感疫苗注射；6周龄左右鸽痘疫苗刺种；2月龄、6月龄鸽新城疫灭活苗疫苗胸肌注射0.5mL；以后每年春季3、4月份及秋季9、10月份各接种1次鸽新城疫灭活疫苗和禽流感疫苗。

四、鸽舍与鸽笼

1. 鸽场场址的选择要求

地势高燥，排水方便，阳光充足，通风良好；水源充足，水质良好，没有"三废"污染；交通方便，但应远离交通要道；能保证正常供电。选土质坚硬、渗透性强、雨后易干燥的沙质壤土作为场地。

2. 鸽舍与鸽笼的建造

(1) 群养式鸽舍　群养式鸽舍有单列式和双列式两种，以单列式较多见。单列式鸽舍宽约5m，长度视场地和饲养量而定，靠北墙留一宽1m左右的人行道，南面用铁丝网或尼龙网围住，并用铁丝网或木料隔成若干小间，每间面积为12m² 左右，饲养种鸽10～20对。舍外南面设运动场，面积为鸽舍的1.5～2倍，运动场的三面和顶上都要用铁丝网或线网覆盖。种鸽舍内和运动场应设栖板供鸽休息和交配，舍内靠北墙设4～5层巢窝，巢内设产蛋巢，青年鸽舍和仔鸽舍内及运动场均设阶梯形栖架，以利于鸽群卫生和方便管理。

(2) 笼养式鸽舍　鸽舍长20～30m，宽约3m，高3～4m，墙高约2m。鸽笼有组合笼和单列笼。组合笼式鸽舍可采用层叠式组合笼，一组可养12对生产鸽，一般分三层，每层四小格，每格规格为长、宽、高分别为65cm、50cm、55cm。单列笼式鸽舍的大小因饲养数量而定，数量较少时，可利用旧房舍改造。气候温暖地区可建成全开放式，利于防暑通风，在外围挂活动的彩条尼龙布，必要时放下防晒和防寒。鸽笼在舍内靠两侧墙壁排两列或四列笼两两合并成两大列。舍内中央留1～2m左右的工作通道，饲槽、饮水设备及保健砂杯置于笼的前面。

3. 常用的养鸽设备

(1) 饲槽　饲槽常用白铁皮、塑料或尼龙编织布做成，尤其是尼龙编织布饲槽，造价低，实用性强，适合于各种类型的鸽场。剪出宽约30cm的尼龙布；两边向外折1mm并缝好，长度根据鸽笼的长度而定，用铁丝或铜丝从两端穿起，拉紧固定在鸽笼上。

(2) 饮水设备　鸽用乳头式自动饮水器或"U"形水槽。"U"形水槽，深约10cm，槽口宽8～10cm。

(3) 保健砂杯（箱）　群养鸽的保健砂常放在长方形木箱中供给，箱的上方有一个能启闭的盖子，以防保健砂被粪便和羽毛污染，大小可根据鸽群数量而定。笼养种鸽的保健砂杯，用塑料、陶、竹等材料制成，其容量以能供应3～5天（30～50g）为宜。也可将食槽分成三段，中间放料，两头放保健砂。

【复习思考题】

1. 结合肉鸽的生物学特性阐述肉鸽的饲养管理要点。
2. 如何提高肉鸽的繁殖率？
3. 如何提高乳鸽的产量？

第十九章　火　鸡

【知识目标】
　　1. 了解火鸡的生物学特性和品种。
　　2. 掌握火鸡的繁殖技术和饲养管理技术。
【技能目标】
　　能够实施火鸡的孵化和火鸡的饲养管理。

　　火鸡，又名吐绶鸡，属鸟纲、鸡型目、吐绶鸡科、火鸡种。火鸡原产美洲，是一种食草节粮型肉用珍禽。火鸡肉营养丰富，在西方发达国家，火鸡已成为仅次于牛肉的主要肉食之一。我国目前每年消耗火鸡产品不足 1 万吨，但有逐年增加的趋势，火鸡深加工产品市场也呈连年增长的态势，市场前景光明。

第一节　火鸡的生物学特性及品种

一、火鸡的形态特征

　　火鸡（彩图 19-1）体型长而宽，背部略隆起，胸宽而突出，腹部丰满不下垂，胸部与腿部肌肉均发达。火鸡头上无冠，头颈部皮肤裸露，只长少量的针毛，并生有珊瑚状皮瘤。喙粗短有力，在喙根部上方生有肉锥，当火鸡采食或激动时，肉锥收缩为 2～3cm，安静时可膨大到 10cm。颌下生有肉垂。肉锥与肉垂属于第二性征，公火鸡较大，母火鸡较小。皮瘤和肉垂由红变蓝白，故又称"七面鸟"。公火鸡体大，胸前生有一缕"须毛束"，胫上有距，尾羽发达，公火鸡发情或兴奋时，常扩翼展尾呈扇状。母火鸡体小，无"须毛束"和距，尾羽不展开。

二、火鸡的生活习性

　　火鸡驯化时间较短，仍保留一些野生状态的特性。
　　1. 群居性
　　家养火鸡与野火鸡都有类似的群居习性，一般集体活动，不离群。
　　2. 敏感性
　　对周围环境的异常变化较敏感，当有人、畜接近时，公火鸡会竖起羽毛，头上肉髯由红变蓝白、粉红、紫红等多种颜色，表示自卫；听到陌生音响时会发出"咯咯"的叫声。因此应饲养在安静的环境中。
　　3. 适应性
　　火鸡对气候的适应性很强，特别耐寒，可在风雨中过夜，在雪地上觅食或进行日光浴，适合放牧饲养。
　　4. 食草性
　　火鸡采食青草能力优于其他家禽，仅次于鹅。火鸡嗜食葱、韭菜、大蒜等辛辣食物，这在禽类中是罕见的。

5. 好斗性

好斗为野生火鸡延续下来的本能。火鸡 15 周龄，其肉垂、肉冠、尾羽等第二性征出现时就开始好斗，到 5 月龄时达到高峰，雄火鸡比雌火鸡尤为好斗。

6. 就巢性

一般产 10～15 枚卵出现就巢现象，尤其是在气温较高、光线充足的季节里易发生。

三、火鸡的品种

火鸡的品种按培育强度可分为标准品种、非标准品种、商用品种三类。

1. 标准品种

（1）黑火鸡　原产于英国，全身羽毛为黑色，带绿色光泽。胫、趾为浅红色，喙、眼色较深，胸前有黑色胸毛束。成年公火鸡体重为 15kg，母鸡为 8.2kg。

（2）青铜火鸡　原产于美国，是世界上最著名、分布最广的品种。公火鸡的特点是颈部、喉部、胸部、翅膀基部、腹下部羽毛红绿色并有金属光泽；翅膀及翼线下部主翼羽和副翼羽有白边。尾部主翼羽及副翼羽黑色，有青铜色光泽，外部边缘为白色。母火鸡两侧、翼、尾及腹上部的白色条纹更为明显。喙部为深黄色，基部为灰色。年轻火鸡脸板为黑色，成年火鸡为灰色。8 月龄成年，成年公火鸡和母火鸡体重分别为 16kg 和 9kg。

（3）荷兰白火鸡　原产于荷兰，羽毛为纯白色，幼雏时毛色为黄色，胸髯的长毛为黑色；脸板及趾为淡红色，喙红褐色，皮肤白色。成年火鸡标准体重为公火鸡 15kg，母火鸡 8kg。

（4）波朋红火鸡　由美国青铜火鸡、浅黄色火鸡和荷兰白火鸡杂交培育而成。波朋红火鸡为深褐色，但主翼羽及尾羽为白色，副翼羽为浅灰色。母鸡羽毛边缘呈白色条纹，胫和趾为粉红色，但雏鸡为深褐色。成年公鸡体重为 15kg，母鸡为 8kg。

此外还有贝兹尔白火鸡、那拉要塞火鸡、石板青火鸡等，均为美国杂交培育成的小型火鸡。

2. 商用品种

商用火鸡为适宜工厂化生产的杂种火鸡，多以公司的名称命名。通常按其体重分为大、中、小三种类型。大型品种体重公鸡 16kg，母鸡 9kg 以上；中型品种公鸡体重为 12kg，母鸡体重为 7kg 左右；小型品种公鸡体重为 9kg，母鸡在 5kg 以下。较为著名的品种有以下几种。

（1）重型尼古拉火鸡　此品种是美国尼古拉火鸡育种公司选育而成。由一个父系和两个母系组成，父系成年公鸡体重 18.16～22.70kg，母系母火鸡产蛋量 100 枚以上。

（2）贝蒂纳火鸡　是由法国贝蒂纳火鸡育种公司育成的四系杂交肉用火鸡，为一种轻型火鸡。全身羽毛及脚都呈黑色，个别的有白色花斑。20 周龄公火鸡重 6.5kg，母火鸡 4.5kg 左右，13 周龄即可屠宰，屠宰适龄期为 22～24 周龄。蛋重平均为 75.5g，蛋壳为白色，并带有深褐色斑点。

（3）加拿大海布里德火鸡　又称"白钻石火鸡"，由加拿大海布里德火鸡公司培育。该品种火鸡白羽宽胸，分为大、中、小三个品系。大型品系体重接近尼古拉火鸡，中型火鸡体重公鸡 14kg、母鸡 8kg。小型火鸡，公母混养 12～14 周龄屠宰时，平均体重 4.0～4.9kg，专供烤仔鸡用。

（4）贝茨维尔小型火鸡　该品种是美国贝茨维尔农业研究中心育成的小型火鸡品种。商品火鸡 14～16 周龄上市，公母火鸡平均体重 3.5～4.5kg。成年公火鸡体重 14kg，母火鸡 8kg。该品种具有早熟、适应性强、生长快、肉质鲜美、产蛋多的优点。

3. 非标准品种

非标准品种为经过一定程度的选育，但尚未列入正式育成的品种，如里唐尼火鸡、巴夫火鸡等。

第二节　火鸡的选种及繁育技术

一、种火鸡的选择

雏火鸡选择出生时间和初生重适中，出壳干毛后两眼发亮，绒毛清洁，脐部愈合好，卵黄吸收好，鸣叫声脆，站立稳定，发育良好的雏鸡留作种用，比计划多留30%。

育成火鸡在15～18周龄时选择，将生长速度快、体型发育正常、行动灵活、反应敏捷、羽毛紧、尾翘，符合品种特征的留种，比计划多留15%。

成年鸡选择羽毛丰满，背宽平，胸宽深，腿脚健壮，姿态优美，第二性征明显，生产性能高，具有本品种特性的公、母火鸡。

二、火鸡的繁殖技术

1. 火鸡的繁殖特点

火鸡的性成熟较晚，母火鸡一般为28～30周龄（约7个月），公火鸡比母火鸡迟2周。刚进入性成熟期的火鸡不能立即配种繁殖，一般性成熟后3～4周为宜。火鸡每年有4～5个产蛋周期，每个周期产蛋10～20枚，年产蛋量因类型不同而有差异。大型火鸡一般为50～70枚，中型火鸡70～90枚，小型火鸡100枚。母鸡第一年产蛋量最多，第二年下降20%～25%，第三年下降得更多，因此火鸡的利用年限一般不超过2年。火鸡蛋重80～90g，蛋壳较厚，白色略带褐色斑点。

在自然条件下，公、母比例为1:（7～8）；人工授精时为1:（18～20）。

2. 火鸡的人工授精技术

人工授精的地点应光线充足、温度适宜（室温）、通风良好、清洁卫生。

（1）人工授精的准备

① 加强种用火鸡的饲养管理，使火鸡达到种用体况。

② 种火鸡的训练。人工授精前1～2周，应对公、母火鸡进行采精、输精训练，使其适应，形成条件反射。训练方法是在公火鸡背部用手从头部向尾部按摩，诱导其性冲动，减轻公鸡的惊慌，每日2～3次。母鸡使之适应输精时的操作。

（2）采精和输精

① 采精。生产中常用按摩法进行采精。采精时一人保定公火鸡，使其胸部放于采精台上，腹部和泄殖腔悬于台外，另一个人在背部与尾之间和泄殖腔两侧迅速按摩，待出现性冲动，交尾器勃起，翻出泄殖腔射精时，右手持集精杯收集精液，左手反复挤压泄殖腔两侧，促使排精。2～3天采精一次，每次大约30～40s，一次可采集0.2～0.5mL。精液呈白色或乳白色，镜检时精子活力应在0.7以上，精子畸形率不超过10%，精子密度为50亿～70亿/mL，不合格的精液不得使用。

② 输精技术。输精工作由两人完成，一人负责翻肛，另一人负责输精。输精者位于翻肛者左侧。翻肛者用左手抓住雌火鸡的双腿倒提，腹部向下，用右手掌使劲压迫雌火鸡的尾部，并用分开的拇指和食指把雌火鸡的肛门翻开，将输卵管口翻出。输卵管口位于泄殖腔的左侧上方，右侧为直肠开口。当输卵管口完全翻开后，输精者将输精管斜向插入输卵管内1～2cm，将精液输入，然后，翻肛者放开右手，使肛门复原，完成输精工作。因火鸡

的精子衰竭快，所以精液应现采现用，时间不超过 30min。每次输精量为 0.02～0.025mL 原精液，如稀释，必须保证输入的有效精子数不少于 2 亿。为了保持较高的受精率，刚开始输精时，应一周内连续两次输精，以后 7～10 天输精一次，到产蛋后期，每 5～7 天输精一次。输精时间一般安排在下午 4 点以后。

3. 火鸡的人工孵化

火鸡的孵化期为 28 天，人工孵化见实训十二。

第三节 火鸡的饲养管理技术

一、火鸡的营养需要

火鸡营养需要参考值见表 19-1。

表 19-1 火鸡的营养需要参考值

项目	雏火鸡 （0～4 周龄）	雏火鸡 （5～8 周龄）	生长火鸡 （9～18 周龄）	限制生长阶段 （19～29 周龄）	产蛋期	种公火鸡
代谢能/(MJ/kg)	11.72	12.13	12.55～13.39	12.13～12.97	11.72～12.13	11.72～12.13
粗蛋白/%	28	26	16～22	12～15	14～15	16
粗纤维/%	3～4	4～5	4～8	6～10	5	6
钙/%					2.5	1.5
有效磷/%					0.7	0.8

二、火鸡舍与设备

火鸡场选择在地势较高、背风向阳、交通便利、远离居民区的地方。鸡舍构造、类型、布局及其建筑要求与家鸡基本相似，通常分为牧饲简易舍、笼养舍和平养舍三种。

(1) 牧饲简易舍 应选择在牧草优良、便于分区放牧的地方，分简易、半开放等几种。舍内配备饮水和给料设备、产蛋箱、挡网、栖架等。火鸡产蛋箱因品种不同而略有差异。一般每组产蛋箱长 1.8m，深约 0.5m，高 0.5～0.55m。根据火鸡体型大小，在产蛋箱中间用木板隔成 4～5 个小间。产蛋箱前门下缘设一个 5cm 高的门槛，产蛋箱安置在离地面 8～10cm 处，背面相连，成排地放在鸡舍中央。一般每 4～5 只火鸡共用 1 个产蛋箱。产蛋箱内要垫干草、木屑或粗糠等垫料，但不能铺得太厚，以免把蛋埋在里面。为防止火鸡夜间进入产蛋箱，用网眼约 10cm 见方的尼龙挡网挂在产蛋箱前，网宽为 0.8～1.4m，长度以产蛋箱通长为宜，悬挂高度以能将母火鸡和产蛋箱隔开为原则。

(2) 笼养舍 选用密闭或半密闭房间，内置阶梯型或半阶梯型架笼。火鸡笼大小依火鸡体型和笼养只数而定。大型火鸡单养笼规格为 60cm×40cm×60cm，双笼养规格为 60cm×60cm×60cm，三笼养规格为 60cm×80cm×60cm，中、小型火鸡笼比大型火鸡笼分别少 5cm 和 10cm。

(3) 平养舍 是饲养火鸡采用比较普遍的，有开放式和密闭式两种，开放式火鸡舍包括舍内和运动场两部分，可网上平养或地面平养；密闭式火鸡舍采用家禽的设计。

火鸡场的设备主要包括育雏设备、供暖设备、给料设备、通风设备以及火鸡各生长阶段所需要的特殊设备。

三、火鸡的饲养管理

火鸡的饲养管理可分为雏火鸡（0～8 周龄）、育成火鸡（9～28 周龄）和种火鸡（29 周龄以后）的饲养管理。

1. 雏火鸡的饲养管理

（1）饲养密度　雏火鸡的饲养密度，1周龄、2周龄、3～6周龄、7～8周龄分别为30只/m²、20只/m²、10只/m²、7只/m²。

（2）温度、湿度　前3天，育雏室内温度维持在35℃，4～5日龄时温度为33～34℃，6～7日龄温度为31～32℃，以后逐步缓慢下降，直到脱温为止。如果温度偏高，雏鸡饮水多，拉稀粪，张口，喘息；如果温度偏低，雏鸡挤靠热源打堆，常发出尖叫声。以散布均匀为温度适宜。相对湿度2周龄内为60%～65%，2周龄以上为55%～60%。

（3）通风换气　育雏开始几天，只在中午天气晴朗时稍稍打开一下门窗即可，以后随着火鸡呼吸量加大，排粪量增加，空气质量越差，应开启通风设备，保证舍内空气新鲜。但应注意防止贼风。

（4）饮水和饲喂　水槽、饲槽的高度与鸡背平齐或稍高些。雏火鸡进舍前准备好0.01%高锰酸钾的温水，使雏火鸡进入舍内即可饮水，长途运输的雏火鸡，可在饮水中加5%的葡萄糖。饮水2h后开食。雏火鸡嗉囊小，应少喂勤添。若小规模饲养，可将青绿饲料切碎后拌在料中饲喂，如韭菜、葱、大蒜、苜蓿草等，可补充维生素和微量元素。

（5）光照　出壳头三天视力弱，为了保证采食和饮水，一般采用昼夜24h光照，也可采用23h连续光照、1h黑暗的办法。第四天起18h光照，以后每周减少1h，直至育雏结束与自然光照衔接。每15m²鸡舍第一周龄用40W灯泡一个，第二周龄换为25W灯泡一个。

（6）其他　管理为防止火鸡夜间的相互伤害和减少饲料浪费，于10日龄前完成摘除肉赘、去趾和断喙工作。育雏舍应严格隔离，进入舍内的人员、物品经过洗淋、喷洒或紫外线灯消毒，育雏舍内外每周消毒2～3次。火鸡参考防疫程序如下。

7日龄：新城疫＋传染性支气管炎二联苗2倍量点眼或滴鼻。

12日龄：禽流感H5H9苗颈部皮下注射0.3mL/只。

14日龄：鸡痘苗翅膀三角区3倍量穿刺。

21日龄：新城疫＋传染性支气管炎二联苗3倍量点眼或滴鼻或5倍量饮水。

27日龄：鸡传染性法氏囊炎苗4倍或5倍量饮水。

40日龄：新城疫Ⅳ系苗5倍量饮水。

50日龄：禽流感H5苗颈部皮下注射1mL/只。

60日龄：禽流感H9苗颈部皮下注射1mL/只。

100日龄：新城疫Ⅳ系苗5倍量饮水。

120日龄：禽流感H5H9苗颈部皮下注射1mL/只。

160日龄：新城疫Ⅳ系苗5倍量饮水。

2. 育成火鸡的饲养管理

此期火鸡适应性强，对饲养管理的要求比较粗放。为促进生长发育，减少胸部囊肿、脚垫、趾瘤的发生，育成火鸡多采用舍内地面平养法。根据育成期火鸡的生长发育特点和生产需要，可将育成期分成生长阶段（9～18周龄）和限制生长阶段（19～29周龄）。商品肉用火鸡完成生长阶段的饲养即可上市。

（1）生长阶段的饲养管理

① 饲养密度。根据品种适当调整饲养密度。地面平养一般大型火鸡3只/m²，中型火鸡3.5只/m²，小型火鸡4只/m²。

② 温度、湿度及通风换气。其管理与雏火鸡基本一致，特别注意加强通风换气。

③ 饮水与饲喂。要保证充足的饮水，采用机械喂料时，可一次给足饲料。采用人工加料时应少喂勤添。随着火鸡的生长，调整饲槽和水槽的高度使之与火鸡背相齐或稍低。

④ 光照。商品肉用火鸡应采用短光照，以减少活动，利于育肥。或采用间断性光照，即 1h 光照、3h 黑暗。种用火鸡采用 14h 的连续光照。光照强度 15~20lx。

此外做好选种工作，不留种的作为肉用火鸡饲养。

(2) 限制生长阶段的饲养管理 此期火鸡的生长速度逐渐减慢，体内开始蓄积脂肪，羽毛丰满，对外界的适应能力增强，成活率提高。

① 光照。公火鸡的光照时间为 12h 连续光照，强度为 15lx 左右。母火鸡连续光照时间由生长阶段的 14h 减少到 6~8h，光照强度为 10~20lx。

② 限制饲喂。对于实际体重超过标准体重的火鸡要限制饲喂。限制饲喂的方法：一是限制营养水平，降低饲料能量和蛋白质水平，增加粗饲料的比例；二是采取隔日饲喂，将 2 天的定量在 1 天中 1 次喂给，但饮水不断。

③ 加强运动。由于后备母鸡的光照时间变短，光照强度变弱，母火鸡休息时间长，而运动量不足，会出现体内脂肪沉积，影响产蛋量。因此必须加强运动。

每天上午赶入运动场 2 次，每次 0.5~1h，以后逐渐加强。在舍内吊挂火鸡喜欢吃的青绿饲料，诱使火鸡跳起啄食，达到增强运动目的。母火鸡喜欢在栖架上休息，将栖架高度增加，舍内外增加沙浴槽，使其经常进行沙浴，加强运动，促进发育；晚上也可用 8~12W 的日光灯引诱昆虫 1~2h，使火鸡争食昆虫，既增加运动量，又补充蛋白质营养。

3. 种火鸡的饲养管理

火鸡 29~31 周龄开始产蛋，约 55 周龄产蛋结束。

(1) 产蛋火鸡舍的准备 产蛋前，将产蛋舍彻底清扫和消毒，准备好产蛋箱、防抱窝设施，产蛋箱内铺清洁干燥的垫草。防抱窝圈设在产蛋箱旁边，圈内光照时间长、强度大，使抱窝火鸡每天到防抱窝圈一次，直至醒抱为止。

(2) 选择与转群 种火鸡在转入产蛋舍前须进行一次严格的选择。除外形严格选择外，重点检查公火鸡的配种能力。将合格的种火鸡转入产蛋火鸡舍配种繁殖。转群在晚上进行，抓火鸡动作要轻，以减少应激和伤残，防止积堆，转群后关灯，让火鸡充分休息。

(3) 饲养方式 主要是舍内笼养和平养两种。笼养时 3 只/m²，平养时 1~1.5/m²。

(4) 创造适宜的环境 成年火鸡的抗寒能力较强，但在产蛋阶段，为了使其多产蛋，应尽量创造适宜的温度，适宜温度是 10~24℃。相对湿度应在 55%~60%，高温高湿和低温高湿对火鸡的繁殖力和本身都是非常不利的。室内要通风良好。

公火鸡一般采用 12h 光照，强度为 10lx 左右。弱光照可以使公火鸡保持安静，提高精液品质和受精率，减少公火鸡之间的争斗，减少伤亡。光照对种母火鸡非常重要，它不仅能保持母火鸡的产蛋持续性，而且可以减少抱窝。一般采用 14~16h 连续光照，强度为 100~150lx，最低不能少于 50lx。在母火鸡产蛋阶段，光照时间只能增加，不能减少，否则将出现产蛋下降，甚至脱毛停产现象。在开放式火鸡舍应充分利用自然光照。以自然光照为主，并用人工光照来补充自然光照的不足。

(5) 精心饲喂 自开产至产蛋高峰要饲喂营养完善且品质优良的饲粮，并保持饲粮中各种营养成分与配合比例的稳定。产蛋母火鸡每天供给清洁的饮水，尤其是气温高时，否则会影响产蛋量。

(6) 其他 及时收集种蛋，防止母火鸡抱窝。当母火鸡出现抱窝情况时，可采取下列措施：放入防抱窝圈内；加强运动，每天驱赶母火鸡；加强种鸡的选择，淘汰抱窝性强的火鸡。

4. 商品肉火鸡的饲养管理

火鸡是各类畜禽中产肉效果最好的珍禽。肉火鸡比肉鸡的生长速度还要快，1 日龄到上市，平均日增重的倍数：火鸡为 1.03 倍；肉鸡为 0.9 倍。在工厂化饲养条件下，从初生雏

57g 经过 98 天（14 周）可长到 5kg（公、母平均），料肉比为（2.3～2.5）∶1。火鸡的胴体屠宰率高达 81%～88%。肉火鸡因品种不同、生长规律不同，适宜的屠宰时间也不一样。一般轻型火鸡 14～16 周龄上市，公、母平均体重 4.5～5kg；中型火鸡 16～18 周龄，公、母平均体重 6～7kg；重型火鸡 18～22 周龄，公、母平均体重 8～11kg。肉用仔火鸡的饲养管理与生长阶段火鸡相同，但要注意以下几点。

（1）育雏管理　从种火鸡场购买经过雌雄鉴别的公、母，分开育雏。公火鸡育雏阶段是 1 日龄到 9 周龄，母火鸡育雏阶段是 1 日龄到 7 周龄，然后转入育肥火鸡舍。育雏阶段的存活率应为 89%～90% 以上。肉用火鸡育雏舍多用无窗式鸡舍。采用地面平养，铺碎垫草或锯末。火鸡舍内为通栏式无走道。有供暖设施，采用保姆伞育雏。育雏器的温度、舍温、湿度、垫草等与种火鸡育雏的要求相同。

（2）育肥管理　火鸡育肥舍可采用密闭式鸡舍，也可采用棚舍式鸡舍。棚舍春、夏、秋为敞开饲养，自然通风。舍内为通栏式没有走道，地面铺垫草，自由采食，最好用颗粒料，以便减少浪费，提高生长效率，提高经济效益。从育雏 2 周龄开始到上市，每周应添加饲料量 1% 的砂砾，以促进营养物质的消化和吸收。育肥阶段存活率指标为 92%～94%。

（3）光照　肉火鸡的光照程序，在国外有两种光照制度。

① 间断性光照制度。1 日龄 24h 光照；2～14 日龄每天光照 23h，照度为 60～70lx。15 日龄以上采用 1h 光照 3h 黑暗的周期，光照强度最低为 20lx。采用这种光照制度，火鸡长得快，饲料利用效率高，但胴体脂肪含量高一些。间断性光照，把火鸡限制在开灯时间（一天共 6h）进食和饮水，这就造成对采食和饮水器具的要求高。如果器具不足就会使部分火鸡抢不到料槽和水槽，从而导致生长速度减慢，鸡群发育不匀。因而要求每 75 只火鸡提供一个铃型饮水器或每 50 只火鸡提供 1 个自动饮水器。每 1000 只火鸡提供 30 个吊管式给料器。饮水、给料设备分布应均匀，应使鸡的活动不超过 5m 便可够到水和料。

② 18～20h 一次光照制度。1 日龄采用 24h 光照，2～4 日龄 23h 光照，光照强度 60～70lx。5 日龄到上市期间，光照 18～20h，照度为 20lx。要求设置的食槽和水槽可少一些，每 100 只火鸡提供 1 个铃型饮水器或 1.6m 自动饮水槽，每 1000 只火鸡提供 25 个吊管式给料器或 30m 长的喂料槽。光照应尽量均匀，尽可能避免出现阴影。

（4）饲养密度　肉用火鸡舍最大的饲养密度为每平方米 30kg 体重，是指在良好的设备和管理条件下，可以达到较佳育肥效果的适宜标准。据此可算出肉用火鸡场各类鸡舍的合理鸡数。如果装鸡密度过大，火鸡受到拥挤则生长速度会减慢，饲料转化率低，死亡率高，生产成本上升。

【复习思考题】

1. 火鸡的生活习性有哪些？
2. 简述火鸡的人工授精技术。
3. 火鸡育雏期的饲养管理要点有哪些？

第二十章　珍珠鸡

【知识目标】
1. 了解珍珠鸡的生物学特性和品种。
2. 掌握珍珠鸡的孵化技术和饲养管理技术。

【技能目标】
能够实施珍珠鸡的孵化和珍珠鸡的饲养管理。

珍珠鸡属于鸡形目、珠鸡科、珍珠鸡种，原产于非洲几内亚。珍珠鸡形似雌孔雀，全身羽毛蓝褐色，羽面均匀密布白色斑点，酷似披着美丽的珍珠衫，故称珍珠鸡或珠鸟。珍珠鸡的胸肌发达，瘦肉多，肉质鲜嫩，具有野鸡风味，故有"肉禽之王"的美誉。

第一节　珍珠鸡的生物学特性及品种

一、珍珠鸡的形态特征

珍珠鸡形体圆矮，头部清秀，头顶部无毛，而有角质化突起，面部淡青紫色，喙强而尖，喙尖端淡黄色，后部红色，在喙的后下方左右各有一个心状肉垂。眼部四周无毛，有一圈白色斑纹延至颈上部。颈细长，披一圈紫蓝色针状羽毛。脚短，雏时脚红色，成年后呈灰黑色。行走迅速。珍珠鸡全身羽毛灰色，并有规则的圆形白点，形如珍珠（彩图 20-1）。

二、珍珠鸡的生活习性

1. 适应性

成年珍珠鸡喜干厌湿、耐高温、抗寒冷、抗病能力强。在 -20~40℃ 均能生存。但刚出壳的珠鸡若温度稍低，则易受凉、拉稀或死亡。

2. 野性尚存，胆小易惊

珍珠鸡仍保留野生鸟的特性，喜登高栖息，晚上亦有活动。珍珠鸡性情温和、胆小、机警，环境一有异常或动静，均可引起全群惊慌，母鸡发出刺耳的叫声，鸡群会发生连锁反应，叫声此起彼伏。

3. 群居性和归巢性

珍珠鸡通常 30~50 只一群生活在一起，绝不单独离散，人工驯养后，仍喜群体活动，遇惊后亦成群逃窜和躲藏，故珍珠鸡适宜大群饲养。另外，珍珠鸡具有较强的归巢性，傍晚归巢时，往往各回其屋，偶尔失散也能归群归巢。

4. 善飞翔、爱攀登、好活动

珍珠鸡两翼发达有力，1 日龄就有一定的飞跃能力。3 月龄以后能飞翔 3m 远。一天中几乎不停地走动。休息时或夜间爱攀登高处栖息。雏珍珠鸡常到处乱钻，饲养中应给予足够重视。

5. 喜沙浴，爱鸣叫

珍珠鸡散养于土地面上，常常会在地面上刨出一个个土坑，为自己提供沙浴条件。沙浴时，将沙子均匀地撒于羽毛和皮肤之间。珍珠鸡常有节奏而连贯地刺耳鸣叫，夜间强烈骤起的鸣叫有报警作用；鸣叫一旦减少或声音强度一旦减弱，可能是疾病的预兆。

6. 择偶性

珍珠鸡对异性有选择性，这是造成鸡在自然交配时受精率低的原因之一。易受惊吓也是大群珍珠鸡受精率低的主要原因。采用人工授精可解决受精率过低的问题。

7. 食性广、耐粗饲

一般谷类、糠麸类、饼粕类、鱼骨粉类等都可用作配合日粮的原料。另外喜食草、菜、叶、果等青绿饲料。

三、珍珠鸡的品种

1. 西伯利亚白色珍珠鸡

西伯利亚白色珍珠鸡是前苏联在西伯利亚地区育成，由银斑珍珠鸡浅色羽毛的突变种，经近交及严格选育而培育的优良种群。70 日龄育成鸡活重达 850～950g，90 日龄活重 1.2kg，150 日龄平均活重达 1.6kg，年产蛋 120 枚左右，蛋重 42～45g，每千克增重的饲料消耗为 3.2～3.4kg。自然配种的受精率为 75%，受精蛋孵化率为 90%。

2. 白胸珍珠鸡

沙高尔斯克白胸珍珠鸡是前苏联全苏家禽研究所育成的肉用珍珠鸡种群。因其胸部有白色羽毛，称白胸珍珠鸡，现有 3 个品系。90 日龄平均活重可达 1kg，150 日龄平均活重 1.45kg，年产蛋 140 枚左右，蛋重 40～45g。7 个半月达性成熟。每千克增重的饲料消耗为 3.4kg。净肉率 56%～57%。自然配种种蛋受精率 76%，孵化率 73%。人工授精种蛋受精率 90%，孵化率 80%。

3. 银斑珍珠鸡

成年雌鸡重 1.5～1.6kg，成年雄鸡重 1.6～1.7kg。70 日龄育成鸡活重为 800～850g，90 日龄平均活重可达 1kg，150 日龄平均活重达 1.35kg，每千克增重消耗饲料为 3.2～3.4kg。8～8.5 个月达性成熟，季节性产蛋，平均年产蛋 100 枚左右，蛋重 45～46g，自然交配的种蛋受精率为 76%、孵化率为 72%。人工授精的种蛋受精率为 90%、孵化率为 80%，雏鸡的育成率为 95%～99%。

4. 法国"可乐"和"伊莎"

法国"可乐"和"伊莎"是由法国培育的高产珍珠鸡品系，商品名称为"可乐""伊莎"，又称为灰色珍珠鸡，为目前世界各国饲养最普遍的品种之一。成年体重达 2.2～2.5kg，12 周龄体重可达 1.2～1.5kg，28 周龄体重为 1.9～2.1kg，每千克增重消耗饲料 2.8～3.0kg。产蛋期长达 35 周，产蛋量为 165～185 枚，可得 110～120 只雏鸡，雏鸡成活率为 90%～92%。目前我国饲养的大多为该品种。

第二节　珍珠鸡的选种及繁育技术

一、种珍珠鸡的选择

种珍珠鸡必须符合本品种特征，站立时身体平稳，走动时姿势自然，动作灵活，特别是公鸡。眼睛圆而明亮，喙坚硬，上下长度适中。头小，与颈部比例适当。背腰宽平，胸宽度适中。腿脚健壮，肌肉丰满。羽毛覆盖紧密有光泽。体况适宜，32周龄前达性成熟，32周龄开产，产蛋高峰期产蛋率60%，种蛋受精率85%，受精蛋孵化率90%。

二、珍珠鸡的繁殖技术

1. 繁殖特点

珍珠鸡28～30周龄性成熟，但开产时间与营养、季节、光照、温度等因素有关。珍珠鸡繁殖季节性强，散养的珍珠鸡每年3～11月份为繁殖期，5～6月份为产蛋高峰期，但由于南北地理位置、气温的差异，产蛋期长短不一，蛋的受精率与季节有关。

珍珠鸡一般可利用2～4年，母鸡第一年的产蛋量最高，以后逐渐下降。野生珍珠鸡是一夫一妻制，人工饲养条件下，公母比例为1∶（5～6），人工授精公母比为1∶（20～30）。

2. 人工授精

珍珠鸡有择偶的特性，交配时对异性有选择性，珍珠鸡自然交配受精率仅有30%上下，人工授精可达85%以上。母鸡每5天输精1次，在产蛋前或产蛋后的几个小时输精效果最好。产蛋率达15%～20%时可进行人工授精，人工授精的方法简介如下。

（1）训练 人工授精训练的内容是对种公鸡采精训练和对种母鸡的翻肛训练。训练采精和翻肛输精时，要专人负责，操作要轻、迅速而准确，切忌用力过大，以免造成种鸡生殖器官的损伤而影响受精率。

（2）方法

① 器械清洗消毒。所用的器械包括精杯、试管、显微镜、载玻片、盖玻片、输精滴管和消毒的酒精及生理盐水。

② 采精。用按摩采精方法调教，种公鸡经几次调教采精后可形成条件反射。一次采精液量0.08～0.1mL，每只种公鸡可以每周采精2次或5天采精1次。精子平均密度为60亿～70亿/mL。为了确保精液的质量要求，采收的精液要进行1次镜检，鉴定其活力、密度和质量。

③ 输精。采精后，经过检查符合质量要求，用吸管吸取放入试管中，按1∶1稀释，及时输精。输精应在产蛋后几小时或在次日产蛋前几小时，受精率最高。由于种母鸡的阴道呈"S"形弯曲，所以人工输精操作有困难，在生产上多采用浅度输精法，输精深度约2～3cm。输精时需要两人合作进行，一人用左手抓住种母鸡的双脚倒提，腹部向上，用右手压迫鸡的尾部，并用分开的拇指和食指把种母鸡的肛门和输卵管翻出，另一人将吸取有精液的输精管斜向插入输卵管内2～3cm，缓缓将精液输入种母鸡的输卵管内。输入输卵管的精液不能带有气泡或混有空气，否则会影响受精率。每只母鸡每次输入约0.014mL左右的原精液。

3. 人工孵化技术

珍珠鸡的孵化期为27天，人工孵化见实训十二。

第三节 珍珠鸡的饲养管理技术

一、营养需要与饲料配方

珍珠鸡的营养需要量推荐标准和饲料配方见表20-1、表20-2。

表 20-1　伊莎珍珠鸡营养需要量推荐标准

营养成分	0～4 周龄	5～8 周龄	8 周龄以后
代谢能/(MJ/kg)	12.96	13.17	13.38
粗蛋白/%	24	22	18～20
蛋氨酸/%	0.6	0.57	0.5
蛋氨酸＋胱氨酸/%	1.0	0.94	0.85
赖氨酸/%	1.35	1.15	0.95
钙/%	1.2	1.0	0.9
有效磷/%	0.5	0.45	0.45
钠/%	0.17	0.17	0.17

表 20-2　珍珠鸡推荐饲料配方　　　　　　　　单位：%

原料	0～4 周龄	5～8 周龄	9～12 周龄	13～24 周龄	繁殖期
黄玉米	50	55	54	52	52
小麦粉	3	6	8	8	8
麸皮	2	4	6	14	10
草粉	—	2	4	6	6
豆饼	31	22	18	12	14
鱼粉	12	8	6	4	5
骨粉	1.1	1.6	1.5	1.5	2.5
贝粉	—	0.5	1.5	1.5	1.5
食盐	0.4	0.4	0.5	0.5	0.5
添加剂	0.5	0.5	0.5	0.5	0.5

注：鱼粉含粗蛋白 60%，添加剂包括各种微量元素、维生素、必需氨基酸、促生长素及抗生素药物等。

二、珍珠鸡的饲养管理

1. 育雏期饲养管理

从出壳到 4 周龄为育雏期，采用平面育雏或立式多层育雏。

(1) 温度　刚出壳的幼雏对温度敏感。温度控制：1～3 日龄 35～36℃，4～7 日龄 33～35℃，以后每周降低 2～3℃，至 5 周龄 20℃。一般 6 周后，可适应自然温度。在保温期间，要保持空气流通新鲜，但不能有贼风。

(2) 湿度　1 周龄内的相对湿度应控制在 65%～70%，以后控制在 55%～65% 为宜。

(3) 光照　1～2 日龄，24h 光照；3～7 日龄，逐渐减至 20h；2 周龄逐渐减至 16h，5 周龄后转入自然光照。

(4) 密度　1 周龄 60～50 只/m²；2 周龄 40～30 只/m²；3 周龄 30～20 只/m²；此后转入立体笼 4 周龄 20～10 只/m²。

(5) 饮喂　雏鸡出壳后 24～36h，先饮水，水中加雏禽开食补盐，1～2h 后用碎粒料开食。每 3h 诱食 1 次，开食至 3 日龄喂湿拌料，以便于吞咽消化；0～2 周龄，每天喂料 6 次，3～4 周龄，每天喂料 5 次。

2. 育成期（5～12 周龄）饲养管理

此期羽毛开始丰满，食欲旺盛，生长快速。有条件的山区可采取放养，让其自行觅食，晚间回栏栖息。如舍养，饲养密度减少至 10 只/m²，逐渐过渡为育成期饲料，每天饲喂 3～4 次。珍珠鸡的活动频繁，容易浪费饲料，在喂给饲料时应少给勤添，尽量减少浪费。

肉用珍珠鸡育雏同种用珍珠鸡，光照时间为每天保持 24h，12 周龄即可上市，上市前一个月的育肥期中，饲料粗蛋白可提高到 20%。晚间增喂 1 次。

3. 后备期（13～30 周龄）饲养管理

公母分开上笼饲养，结合上笼进行后备珍珠鸡的选择。限制饲养，控制体重，确保有较高的均匀度，开产前公鸡约2200g、母鸡约1900g。控制环境，严防应激。

4. 种珍珠鸡的饲养管理

（1）饲喂 开产前1个月逐渐过渡为种鸡饲料。在繁殖期仍要注意饲料的限制饲喂，在产第1个蛋之前，不要过量饲喂母珍珠鸡，以免招致偏肥而影响产蛋和存活率。在产蛋率达10%时，可以增加饲料量。在产蛋高峰期后，可逐渐控制饲喂，从而得到良好的标准体重、产蛋持久性、高孵化率和减少死亡率。同时，每2周随机抽测群体的平均体重，以便控制体重。

（2）人工授精 公鸡采精前3周进行采精调教，应剪净其肛门周围的羽毛，每周对公珍珠鸡进行3次按摩采精训练，淘汰不适合人工授精和精液品质差的公鸡，对不配合输精及生殖缺陷的母鸡亦应淘汰。在产蛋率达15%～20%时可进行人工授精，时间选择在下午16时至19时，母鸡4～5天输精1次，公鸡采精间隔不少于2天，定期检查精液品质。

（3）卫生 珍珠鸡对真菌、霉菌敏感，因此，要注意饮水卫生，水槽要勤刷，饮水要勤换，最好饮长流水或采用乳头式饮水器。每周消毒水槽1次。不喂变质、发霉的饲料。

（4）光照 开产前当处于自然光照渐减时，可采用自然光照，当处于自然光照渐增时，则应控制为恒定光照。待有5%的鸡开始产蛋（约28～30周龄）后两个月内，光照逐渐增加到16h，以后保持恒定。后备公鸡应提前1个月增加光照，以便与母鸡同步达到性成熟。鸡舍要保持干燥，清洁卫生。平养、笼养均可，平养5～6只/m²，笼养10只/m²。母鸡在第一年产蛋量最高，第二年下降20%～30%，一般产蛋2～3年的母鸡应淘汰。

（5）沙浴和栖息 珍珠鸡有沙浴的习惯，因此必须在栏舍内放一个装有砂砾的容器，让其自由沙浴和啄食。每100只种鸡设置一个2m²的沙池。栖息架可用竹、木制作，架高60～80cm，架长以每只鸡占用15～20cm即可。

5. 珍珠鸡疫病预防

保持栏舍清洁卫生，加强环境消毒，制订合适的免疫程序并严格执行。

珍珠鸡参考免疫程序：1日龄马立克病疫苗1头份皮下注射；8日龄新支二联弱毒苗1头份点眼；12日龄法氏囊弱毒苗2头份饮水；18日龄新城疫Ⅳ系苗2头份饮水；25日龄禽流感疫苗0.3mL/只肌内注射；35日龄新支二联灭活苗0.5mL/只肌内注射；45日龄禽流感疫苗0.5mL/只肌内注射；150日龄减蛋综合征疫苗0.5mL/只肌内注射；180日龄禽流感疫苗0.5mL/只肌内注射，新支二联灭活苗0.5mL/只肌内注射或新支二联灭活苗2头份饮水。

【复习思考题】

1. 珍珠鸡有哪些生活习性？
2. 简述珍珠鸡的人工授精技术。
3. 珍珠鸡育雏期的饲养管理技术有哪些？
4. 珍珠鸡育成期的饲养管理技术有哪些？
5. 珍珠鸡产蛋期的饲养管理技术有哪些？

第二十一章 鹧鸪

【知识目标】
1. 了解鹧鸪的生物学特性。
2. 掌握鹧鸪的孵化技术和饲养管理技术。

【技能目标】
能够实施鹧鸪的孵化和鹧鸪的饲养管理。

鹧鸪俗称红脚小竹鸡、花鸡，属鸟纲、鸡形目、雉科、鹧鸪属。原产亚洲南部，广泛分布于我国南部各省区，北抵浙江、安徽黄山，山东烟台也偶见。18世纪美国自印度引入鹧鸪，并加以驯养、培育，美国红脚鹧鸪现已成为世界优良的鹧鸪品种。鹧鸪肉质细嫩，营养丰富，味胜鸡雏，为膳食珍品、禽肉上乘。养鸪占地面积小，设施简单；耗料少，饲养方便；繁殖力强，生长速度快。我国以台湾、广东、广西等省区饲养规模较大。

第一节　鹧鸪的生物学特性

一、鹧鸪的形态特性

美国鹧鸪体长 20～22cm，胫高 4.2～4.4cm，雄鹧鸪体重 0.60～0.85kg、雌鹧鸪 0.55～0.65kg。美国鹧鸪自额起有棕黑色粗线纹贯两眼至颈侧而后向下转至喉前，联合成一黑圈。圈内颏端与嘴角均黑，颏、颊与喉淡棕黄色。眉纹棕黄，耳羽后部栗色。额与头顶两侧蓝灰色，头顶中央延伸至肩、背、翼、尾呈红灰色，越向后色越深。前部翼羽和覆主翼羽具栗黑色横斑，与胁棕黄色而具栗黑色横斑的羽毛浑然成纵形条纹。胸部蓝灰色，下体余部棕黄色。眼栗褐色。喙、脸与眼周的无羽区、胫和趾均呈珊瑚红色。爪灰褐色（彩图 21-1）。

二、鹧鸪的生活习性

1. 栖息性

野生鹧鸪喜栖息于密布草丛、灌木、小松林的山坡、高地上。喜干燥忌潮湿，喜温暖忌酷暑严寒，成年鸪的最适生存温度是 16～27℃，低于 5℃或高于 30℃食欲、产蛋量均有影响。清晨、傍晚三五成群活动觅食，夜晚栖息在野草丛中，无固定的巢窝。

2. 活动性

鹧鸪多在地面活动，翼羽短，双翅短圆，不耐久飞，但飞翔速度极快，常作短距离直线飞行。机警，善于隐伏。笼养时喜频频走动，善于钻空隙逃跑。

3. 群居性

鹧鸪喜群居，常 10 余只为群栖息、活动，但好斗，尤以配种繁殖季节两雄争偶时更甚。美国鹧鸪的好斗性已减弱，日常除有以强凌弱的现象外，即使配种季节数雄同栏时也不相互争斗。

4. 杂食性

鹧鸪是杂食性鸟类，食谱较广，嗜食蚱蜢、蚂蚁等昆虫，也吃果实、草种谷粒、植物嫩芽等。

5. 应激性

当外界环境突变时，易产生应激，如光照时间和强度异常、不适宜的温湿度、噪声，以及捕捉、称重均会引起惊恐，影响食欲、生长和产蛋。

另外，鹧鸪还具有趋光性，且喜沙浴。

第二节 鹧鸪的繁育技术

一、鹧鸪的繁殖特点

鹧鸪一般 6～7 月龄性成熟，雌鹧鸪比雄鹧鸪性成熟早 2～4 周。鹧鸪属季节性繁殖，在人工控制良好的情况下，一年四季均可产蛋，年产蛋 80～100 枚，高产者可达 150 枚以上。野生情况下，鹧鸪为 1 雄 1 雌配对，人工驯化后，平面散养时雄、雌比例为 1:(2～3)，笼养时为 1:(3～4)，蛋受精率一般可达 92%～96%，孵化率为 84%～91%。鹧鸪的孵化期为 24 天，人工孵化见实训十二。

二、种鹧鸪的选择

1. 种鸪选择

种用鹧鸪应选择符合本品种特点的健康个体。从当年的育成鹧鸪中选择留用鹧鸪一般可使用 2 年。第一次选择应在 1 周龄内，去掉弱雏、畸形雏等，将健壮雏鹧鸪按种用进行饲养和管理；第二次选择在 13 周龄；第三次选择在 28 周龄。对成年鹧鸪，注意选择健壮、体大而不肥的个体，个体要求为：①雄鹧鸪体重 600g 以上，雌鹧鸪体重 500g 以上；②肩向尾的自然倾斜度为 45°；③行动敏捷、眼大有神；④喙短宽稍弯曲；⑤胸部和背部平宽且平行；⑥胫部硬直有力无羽毛、脚趾齐全（正常 4 趾）；⑦羽毛整齐、毛色鲜艳。

2. 雌雄鉴别

正确掌握性别鉴定，雌雄搭配合理，才能提高种蛋受精率。4 个月以内雌雄鹧鸪在羽毛颜色上没有区别，具体雌雄鉴别方法如下。

（1）翻肛法 翻开雏鸪肛门，雄鸪泄殖腔黏膜呈黄色，下壁中央有一小的生殖突起物，成年雄鸪呈圆锥状，明显可见。而雌鸪泄殖腔黏膜呈淡黑色，无生殖突起物。

（2）看腿法 幼龄鸪从外观很难区分雌雄，3 月龄后性别差异逐渐明显。主要区别是雄鸪两脚胫下方内侧有大小高低不对称的扁三角形突起的距，一般 4 月龄左右突出胫表 0.15～0.2cm，雌鸪大多数两脚无扁三角形突起的距，少数一只脚有且不明显。

（3）看外貌法 成年鹧鸪公、母虽从羽毛上无法辨别，但只要仔细观察可发现公鸪头部大、方，颈较短，身体略长；母鸪则个体略小，颈稍细长，身体稍圆。

此外，用手倒提雏鸪双腿，如小鸪身子下垂，头向前伸，两翅张开不乱扑，一般为公鸪；如头向胸部弯曲，身子向上使劲，两翅乱扑，一般为母鸪。另外，雄鸟被抓时反应强烈，两爪前后乱蹬，而雌鸟一般只蹬一两下，两爪靠在前胸上；雄鸟互相争斗，雌鸟间不争斗。

3. 配种技术

（1）大群配种 平养，雌雄比例（3～5）:1，配种群以 50～100 只为宜。

（2）小群配种 笼养，雌雄比例（3～4）:1，每笼按 1 雄配 3～4 雌、或 2 雄配 6～8

雌、或 3 雄配 9~12 雌来混合饲养，任其自由交配。

（3）个体控制配种　1 只雄鸪配 5 只雌鸪。将雄鸪饲养在配种笼内，捉一只雌鸪放进去让其自由交配，交配后立即捉出雌鸪，第二天更换雌鸪，雌鸪每 5 天轮回配一次种。

第三节　鹧鸪的饲养管理技术

一、营养需要与饲料配方

上海农科院推荐的鹧鸪营养需要见表 21-1。

表 21-1　鹧鸪的营养需要

项目	种用鹧鸪				肉用鹧鸪		
	0~1 周	2~4 周	5~28 周	成鸪	0~1 周	2~4 周	5~13 周
代谢能/(MJ/kg)	11.723	11.723	11.514	11.514	12.142	12.142	12.142
粗蛋白/%	24	20	16	18	26	24	20
粗脂肪/%	3.0	3.0	3.0	3.0	3.0	3.5	3.5
粗纤维/%	3.0	3.0	4.0	3.5	3.0	3.0	3.5
钙/%	1.0	1.0	1.2	2.8	1.0	1.1	1.1
磷/%	0.65	0.60	0.60	0.70	0.65	0.60	0.60
赖氨酸/%	1.1	1.0	0.7	0.8	1.2	1.1	1.0
蛋氨酸+胱氨酸/%	0.90	0.80	0.65	0.70	0.90	0.80	0.70
蛋氨酸/%	0.40	0.40	0.30	0.35	0.40	0.40	0.35
色氨酸/%	0.30	0.25	0.20	0.25	0.30	0.25	0.20

鹧鸪为杂食性鸟类，其食性广泛。鸡饲料稍作调整即可用以喂养鹧鸪。饲料配合比例，谷实类一般占 50%~60%，饼粕类占 20%~30%，糠麸类不超过 10%，动物性蛋白质饲料应控制在 10% 以下。鹧鸪对微量元素和维生素要求比鸡高，添加剂混合必须均匀。

二、鹧鸪的饲养管理

1. 育雏期的饲养管理（0~6 周龄）

（1）饲养方式　饲养雏鸪一般有平养和笼养两种方式。平养一般用保温伞，地面用木屑作垫料。笼养育雏笼多由常规的多层鸡用育雏笼代替，但网眼必须小一些，避免鹧鸪钻出。笼养 15 日龄内用麻布垫底，防止雏鸪发生脚病，麻布需 3~4 天更换一次，保持清洁卫生。

（2）温度、湿度　适宜的温度是育雏成功的保证。育雏室温度 25℃，育雏器温度：第一周 35~36℃、第二周 34~35℃，以后每周下降 1~2℃，10 周龄后保持舍温 24℃。相对湿度：一般第一周 65%~70%，一周后 55%~60%。定时记录温度计读数并观察雏鸪的状态，温度适宜时，雏鸪均匀分布且休息时很安静；如果温度偏低，雏鸪靠近热源堆积在一起，鸣叫不安；如果温度过高，雏鸪会远离热源，并张口呼吸，翅膀下垂。雏鸪在休息时喜欢聚在一起，但很安静，与温度偏低时的状态不同，要加以区别。

（3）通风光照　育雏期间饲养密度较大，通风要求是在保温的前提下，力求空气清新，避免贼风及空气污染和闷热。

育雏室光线分布要均匀：0~1 周龄，24h 光照，强度为 $4W/m^2$；1 周龄后，每天光照 16h，强度为 $2W/m^2$；1 月龄后自然光照。商品肉用鹧鸪光照时间为 20h，光照强度为 $2W/m^2$。

（4）饮水　雏鸪出壳 24h 内，放入育雏器后就立即给饮温开水，并在水中加入 0.01%

的高锰酸钾。外地引进，可在饮水中加 5% 葡萄糖、适量维生素。饮水器不能太大，否则鹧鸪会进入饮水器内弄湿羽毛受凉、诱发疾病。刚出壳的雏鸪许多不会饮水，需要调教。

(5) 开食　雏鸪饮水 1h 后用全价碎粒料开食，用浅平盘或直接把料撒在麻布上。食盘要充足并均匀放置，3 天内自由采食，4～10 日龄每天饲喂 6～8 次，11 日龄至 4 周龄每天 5～6 次，4 周龄后每天 3～4 次，喂料量随日龄增加而增加。雏鸪必须有充足的采食位置，每只雏鸪第 1 周为 2cm，第 2 周为 3cm，第 3 周为 4cm，第 4 周以上为 5cm。1 周龄、2 周龄、3 周龄、4 周龄、5～25 周龄鹧鸪，每日平均采食量分别要达到 6g、12g、18g、24g、30～40g；累积采食量分别为：42g、84g、126g、168g、5040～6440g。

(6) 密度　密度的大小与生长速度、疾病有一定的关系。适宜的饲养密度为 10 日龄前 70～80 只/m²，11～28 日龄 50 只/m²，5～12 周龄 25～30 只/m²。

(7) 断喙　一周龄左右断喙，断去上喙的 1/4（指喙尖至鼻孔）。断喙前后 3 天在饮水中添加适量维生素 K 和多维素，断喙后食槽中饲料应稍添满些。

(8) 消毒防疫　保持鸪舍内外环境卫生，水槽、食槽每天清洗 1～2 次，每 2 天用 0.01% 高锰酸钾溶液消毒 1 次；每天清扫粪便 2 次；舍内消毒每周 2 次，夏季每周消毒 3 次。10～15 日龄接种新城疫疫苗，2～3 周龄用药预防球虫病。

2. 育成期饲养管理

育雏至 6 周龄后进入中鸪阶段，就可以完全脱温，转至育成笼或育成舍饲养。转群前后应注意：①育成舍彻底清洗干净并严格消毒；②转群后 1 周内用消毒剂每天对鸪舍消毒一次；③转群前后饲料或水中加抗应激药物和多维，必要时还要添加抗生素和抗球虫剂；④供应充足的饲料和饮水，保证每只中鸪（育成鸪）及时吃到料和饮水。

(1) 商品肉用鹧鸪的饲养管理

① 饲养。6～13 周龄期间的鹧鸪营养需要，粗蛋白 20%，能量 12.14MJ/kg 以上，80～90 日龄，体重达 500g。饲料可用肉用仔鸡的中、后期料代替，但要另加适量的多种维生素和微量元素，也可自行配制，饲料配方：玉米 42%，小麦 30%，豆粕 17%，鱼粉 5%，石粉 4%，微量元素 1.5%，食盐 0.2%，添加剂 0.3%。

② 管理要点。

a. 光照。为充分提高鹧鸪采食量，可采用 23h 光照，光照强度 2W/m²。

b. 密度。平养一般为 15～20 只/m²，笼养 25～30 只/m²。

(2) 后备种用鹧鸪的饲养管理（6～28 周龄）

① 饲养。产蛋前体重应达到：雌鸪 450～500g、雄鸪 550～600g，不过肥过瘦，因此营养水平不宜太高，代谢能为 11.514MJ/kg，蛋白质 16%，每天每只喂料 30～35g，每天饲喂 3 次。中鸪期要控制体重，方法是定期称重和实行控制饲喂。根据鹧鸪的强弱、大小和雌雄进行分群饲养；对发育不良、体重达不到要求的个体及时淘汰。

② 管理要点。

a. 饲养密度。地面平养需设与室内面积为 1:1 的运动场，并安装尼龙网或铁丝网防止逃逸，运动场一角设沙浴池，饲养密度为 8～10 只/m²。笼养饲养密度以 15 只/m² 为宜。笼可用鸡笼改装，但要做到既能使鹧鸪方便采食和饮水，又不致逃逸。

b. 光照。自然光照。

c. 修喙。在育成期定期修喙，修喙应在夜间熄灯后进行，以防全群飞窜、应激严重。

d. 防疫。9～12 日龄用新城疫 Ⅳ 系苗滴鼻或点眼（20 倍稀释，每只 2 滴），30～40 日龄新城疫 Ⅳ 系苗饮水免疫 1 次，150 日龄左右用新城疫 Ⅰ 系苗肌注（500 倍稀释，每只 0.5mL）或对 150 日龄以后的鹧鸪每隔 3 个月用 Ⅱ 系苗气雾免疫 1 次。1～3 周龄，主要防球虫病及呼吸道病为主，3 周龄后主要防沙门杆菌病为主，尤其是防盲肠肝炎（黑头病）。

3. 产蛋期的饲养管理

（1）饲养要点　产蛋鹧鸪营养水平，粗蛋白 18%，代谢能 11.514MJ/kg，微量元素和维生素要充足，营养全面合理。每天每只鹧鸪采食量 60～65g。

（2）管理要点

① 温湿度。31 周龄左右雌鸪开始产蛋，2 周后达到产蛋高峰，产蛋期鹧鸪对温度较敏感，应控制在 18～25℃，低于 10℃ 或高于 30℃，产蛋明显减少。相对湿度 50%～55%。高温高湿或低温高湿时，均会造成种鹧鸪食欲不振，体质差，病淘率高。

② 光照。25 周龄后每周增加光照时间 0.5h 直到 16h 或 17h，保持至产蛋结束，光照强度 3W/m²。

③ 饲养密度。地面平养设运动场，每群以 50～100 只为宜，饲养密度 8～10 只/m²。在产蛋前 2 周按公母 1：（3～4）的比例共同转入产蛋舍，多余的公鹧鸪选留 10% 备用。舍内阴暗处设产蛋箱。笼养为三层重叠式，每笼长×宽×高为 160cm×70cm×45cm，每笼可放公鸪 3 只、母鸪 9 只，形成一个繁殖群。

④ 保持环境安静。鹧鸪神经敏感，对各种刺激反应强烈，因此，鸪舍要保持安静，喂料、打扫等动作要轻，尽可能降低噪声对产蛋的影响。

（3）休产期　鹧鸪的产蛋期约 6 个月，为了提高鹧鸪的利用年限，提高产蛋量（第 2 年可比第 1 年产蛋量提高 15%），在第 1 个产蛋期结束后，将产蛋量少、活力差的鹧鸪淘汰。同时将公母分开饲养，进入休产期管理。

① 饲喂。休产期种母鸪限制饲喂，以控制体重。第 1～2 周每只每天饲喂 20～25g，饲料可在产蛋料基础上加入 20%～25% 的粗饲料（谷糠等），2 周内种鸪完成脱毛过程。第 3 周种鸪开始长出针状新羽，此时饲料量增加至 23～28g。第 4 周新羽迅速生长，饲料量增至 30g，粗饲料增加至 30%～35% 以满足其食欲的需要。第 7 周新羽逐渐长成，粗饲料可适当减少。第 9 周种鸪进入预产期，饲料量增至 35g 左右，停用粗饲料。种鸪在休产期内应定期称重，预产母鸪体重控制在 450～500g。休产期内公鸪可自由采食，不限制饲喂。

② 光照。光照是休产期的关键，为了减少鹧鸪兴奋，得到充分休息，要控制每天 8h 光照、16h 黑暗。门、窗用 2 层黑布帘遮挡。上午 9 时将黑布帘卷起，下午 5 时将黑布帘放下。饲喂等操作应安排在上午 9 时至下午 5 时之间。如鹧鸪在夏季休产，则鸪舍内应保持空气流通，舍内温度不超过 30℃ 为宜。遮光期一般母鸪 9 周、公鸪 7 周。公鸪在遮光 7 周后恢复 16h 光照刺激，9 周后公母合群恢复 16h 光照，进入产蛋期。

休产期的管理还应注意以下几点：保证充足饮水，饮水器早晚各清洗 1 次；鸪场保持安静，避免对鸪群产生干扰，影响休息；在检查鹧鸪或称重时，应轻抓轻放；种鸪休产结束合群前，注射新城疫、传染性支气管炎和减蛋综合征三联油剂疫苗防疫。

【复习思考题】

1. 鹧鸪有哪些生活习性？
2. 如何进行鹧鸪的雌雄鉴别？
3. 简述鹧鸪的繁殖特点。
4. 鹧鸪各时期的饲养管理要点有哪些？

第二十二章 鸵 鸟

【知识目标】
1. 了解鸵鸟的生物学特性和品种。
2. 掌握鸵鸟的孵化技术和饲养管理技术。

【技能目标】
能够实施鸵鸟的孵化和鸵鸟的饲养管理。

鸵鸟属鸟纲、鸵形目、鸵鸟科、鸵鸟属。鸵鸟肉质细嫩，口感鲜美，低胆固醇、低脂肪、低热量。鸵鸟皮属名贵皮革，质轻、柔韧、耐磨，有特殊的天然羽毛孔圆点图案，具有良好的透气性。家养鸵鸟起源于南非，已有 100 多年的历史。规模化、产业化养殖鸵鸟开始于 20 世纪 80 年代后期，以高生产性能、低饲养成本、广泛的适应性和高抗病力及高经济价值而受到青睐。

第一节 鸵鸟的生物学特性

一、鸵鸟的分类及分布

鸵形目中包括非洲鸵鸟、美洲鸵鸟、澳洲鸵鸟和鹤鸵等。非洲鸵鸟原产于非洲，主要分布于非洲沙漠草地和稀树草原。美洲鸵鸟产于中美、南美的荒漠草原；鹤鸵，亦称"食火鸡"，分布于新西兰、新几内亚等地的热带雨林；澳洲鸵鸟，仅产于澳大利亚。

二、鸵鸟的品种与形态特征

1. 非洲鸵鸟

(1) 蓝颈鸵鸟 分为南非蓝颈鸵鸟和索马里蓝颈鸵鸟 2 种。南非蓝颈鸵鸟头顶有羽毛，雄鸟颈部蓝灰色，跗跖红色，无裸冠斑，尾羽棕黄色，通常将喙抬得较高。索马里蓝颈鸵鸟颈部有一较宽的白色颈环，身体羽毛明显呈黑白两色，而雌鸟为偏灰色。颈部和大腿为蓝灰色，跗跖亮红色，尾羽白色，有裸冠斑，虹膜灰色。蓝颈鸵鸟体型较大，生长速度快，商品鸟 10~12 月龄即可上市。

(2) 红颈鸵鸟 主要有北非红颈鸵鸟和马塞红颈鸵鸟。北非红颈鸵鸟头顶无羽毛，周围长有一圈棕色羽毛，并一直向颈后延伸。雄鸟的颈和大腿为红色或粉红色，喙和跗跖更红，在繁殖期特别明显，有裸冠斑。马塞红颈鸵鸟头顶有羽毛。雄鸟颈部和大腿为粉红色，繁殖季节变为红色，尾羽污白色，略带褐色或红色。红颈鸵鸟饲养较少，主要用于改良非洲鸵鸟的生长速度和增大体型。

(3) 非洲黑鸵鸟 人工培育品种，体型小，腿短、颈短、体躯丰厚、性情温驯。其羽毛密集，分布均匀，羽小枝较长。产蛋性能好（彩图 22-1）。

2. 其他主要类群

(1) 澳洲鸵鸟 羽黑灰褐色，各羽的副羽十分发达，成为与正羽一般大小的羽片。其翅羽退化，仅余 7 枚与体羽一样的初级飞羽，头顶不具盔。其内趾爪不发达。成鸟头顶和颈部为黑色，繁殖季节雌鸟头和颈部具有稠密的黑色羽毛；幼鸟的头和颈具有黑色横斑。

（2）美洲鸵鸟　主要特征似非洲鸵鸟，但体型较小。雄鸟小于雌鸟。

三、鸵鸟的生活习性

1. 繁殖力强，适于集约化饲养

一只成熟的雌鸵鸟年产蛋 80～120 枚，蛋重 1.0～1.8kg，可育成 40～50 只鸵鸟。寿命长达 70 年，有效繁殖时间 40～50 年。

2. 生长速度快，产肉率高，周期短

刚出壳的雏鸵鸟体重约 1～1.2kg，饲养 3 个月体重可达 30kg，1 岁时重可达 100kg 以上，每只雌鸵鸟一年可产肉 4000kg。

3. 食性

鸵鸟主食草类、蔬菜、水果、种子等，但在干燥的环境下采食多汁植物，啄食蜥蜴、蝗虫、白蚁等昆虫及软体动物，以补充水分、蛋白质和能量的不足。鸵鸟有腺胃和肌胃两个胃，但没有嗉囊，有两条不等长的发达盲肠，消化纤维能力强。

此外，鸵鸟的适应性广，抗病力强，易人工饲养。

鸵鸟喜干燥怕潮湿，环境温度在 -18～39℃ 均能正常生长发育和繁殖，除 1 月龄以内的雏鸟会因营养不良、管理不当造成死亡外，成年鸵鸟很少患病死亡。环境安静时鸵鸟自由活动，但遇到突来巨响会引起惊群，无目的狂奔，撞在围栏上造成伤害。

第二节　鸵鸟的繁育技术

一、鸵鸟的繁殖技术

1. 性成熟与产蛋

人工饲养的雌鸵鸟一般在 2～3 岁时发育成熟。第一年产蛋较少，一般为 20～40 枚，以后逐年增加，到 7 岁时达到产蛋高峰，年产 80～100 枚，有效繁殖期 40～50 年。雄鸵鸟性成熟略晚，达到较理想的繁殖效果一般晚半年至 1 年，所以引种、组群时雄鸟比雌鸟应大 6～10 个月。雌鸵鸟每年 3～4 月份开始产蛋，持续到 9 月份，持续时间受食物、气候及自身条件的影响。在自然条件下，繁殖季节，1 只雄鸟带 2 只或 3 只雌鸵鸟形成一个单位而单独活动。母鸵鸟一般隔天产 1 枚蛋，一般产 12～20 枚（高产鸵鸟可连续产 40 枚）休产一周左右，然后进入下一个产蛋周期。为使雌鸵鸟多产蛋，可进行人工孵化，将产下的蛋及时移走，取蛋时要防止雄鸵鸟的攻击。正常种蛋的受精率达 60%～85%。

2. 孵化技术

鸵鸟的孵化期为 42 天，人工孵化技术见实训十二。

3. 雌雄鉴别

15 月龄以前的鸵鸟体型和羽毛基本一致，很难从外表上区别雌雄。进行雌雄鉴别有利于分群饲养和营养配给。雏鸵鸟的雌雄鉴别多采用翻肛法，即翻开雏鸵鸟的肛门，看是否有向左弯曲的阴茎。但这种方法只有 70% 左右的准确性。因此，雏鸵鸟的雌雄鉴别要进行几次，一般在 1 周龄、2 月龄、3 月龄分别进行鉴定。

二、种鸵鸟的选择

种鸟的选择是提高种鸵鸟品质、增加良种数量及改进鸵鸟产品质量的重要工作。

1. 幼鸟的选择

根据系谱资料和生长发育情况进行选择。选择系谱清晰、双亲生产性能高、幼鸟生长速度快、发育良好的个体。最好从不同场选择幼鸟，避免近交。

2. 成鸟的选择

（1）体型特征 雌鸟头细清秀，眼大有神，颈粗细适中，不弯曲。体躯长宽而深，呈椭圆形，腰脊微呈龟背形，不弯曲。雄鸟头较大，眼大有神，颈粗长，体躯前高后低。雄鸟羽毛、胫、喙的颜色与繁殖力有密切关系，颜色猩红，繁殖功能最佳，颜色变淡，受精率下降。在繁殖季节选择状态好、色彩艳丽的雄性进行交配。

（2）生产性能 优秀种鸟应健康无病，没有遗传缺陷。雌鸵鸟一般隔天产1枚蛋，雌鸵鸟应选择连产20枚以上才休产，4岁以上年产蛋量在80枚以上，且蛋的表面光滑，蛋形正常。雄鸟每天配种次数应超过6次，且种蛋的受精率高。

选种留种时雄雌比例以1:3为宜。

第三节 鸵鸟的饲养管理技术

一、鸵鸟栏舍

种鸟舍面积以一组（3只）计，$10m^2$以上，高度2.5m，门要宽大便于出入运动场。运动场建相应面积的遮雨防晒棚，运动场围栏要求坚固耐用，种鸟栏可用三条木杆或金属管围成，木杆（金属管）的距离从地面计分别为60cm、100cm、130cm。

育雏舍面积每间$30m^2$，育雏30只，运动场面积要求为室内面积的3倍以上，运动场之间用高1m铁丝网（2cm×2cm）隔开。育雏舍要求保温、通风，干燥且排水畅通。舍内地面要求粗糙硬化，轻微倾斜或铺设有盖地沟，便于排水。

二、鸵鸟育雏期的饲养管理

0～3月龄为鸵鸟育雏期。雏鸟出壳仅0.8kg，3月龄时可达22～25kg，生长速度非常快，但各生理机能不健全，抵抗能力弱，对环境条件的变化非常敏感，因此，搞好育雏期的饲养管理非常重要。

1. 育雏前的准备

采用地面小群（30只）圈养或网上平养。入雏前一周对育雏室进行全面清扫和消毒，地面和墙壁用2%的氢氧化钠水喷洒消毒，然后关闭门窗，用甲醛、高锰酸钾熏蒸消毒，育雏室门口设氢氧化钠消毒池。入雏前一天进行预热，温度30～35℃。

2. 雏鸟的饲养

（1）初饮 出壳2～3天后饮水，水中加0.01%的高锰酸钾。

（2）开食 饮水后2h再喂给混合精饲料，精饲料以粉状拌湿喂给，也可用嫩绿的菜叶、多汁的青草、煮熟切碎的鸡蛋作为开食料。开食前后不能用垫料，因为此时雏鸟分不清饲料与垫料，有啄食任何物质的习惯，往往造成肠梗阻。1周龄雏鸟的饲料以少喂勤添为原则，每隔3h投喂1次，以后逐渐减少到4h喂1次。每次先喂青绿饲料，后喂精饲料，每次以不剩料为准。1周龄以后喂料可不用拌湿料，而改喂颗粒料。1～3月龄的雏鸟精料占日粮的60%，青饲料占40%。1～12周龄的日粮营养水平为：蛋白质21%～22%，代谢能为12.18MJ/kg，粗纤维4%，钙0.9%～1.0%，有效磷0.5%。在日粮的配制中，应有足够的优质草粉，一般占配合料的10%以上。

3. 雏鸟的管理

（1）温度 一般在开始 10 天，温度控制在 $31 \sim 33^{\circ}C$，以后渐渐降至 $27 \sim 30^{\circ}C$，至第七周达到 $21 \sim 22^{\circ}C$ 即可。

（2）光照 $0 \sim 3$ 周龄保证 $23 \sim 24h$ 光照，以后可采取自然光照制度。

（3）密度 初生雏鸟的饲养密度为 $5 \sim 6$ 只/m^2，随日龄的增加逐渐降低密度，到 3 月龄时雏鸵鸟每只最少 $2m^2$。按雏鸟周龄的增长而逐渐分群。

（4）通风 排出室内污浊的空气，同时调节室内的温度、湿度。在炎热的夏季，育雏舍应打开窗户通风。冬季通风要避免对流，要使雏鸟远离风口，防止感冒。一般通风以进入舍内闻不到氨味为准。

（5）防疫 为预防疾病发生，饮水要保证清洁，饲料要保证新鲜不变质。对育雏舍、用具、工作服、鞋帽及周围环境进行定期和不定期的消毒。2 月龄时，根据疫情，对雏鸟进行新城疫、支气管炎和大肠杆菌病的预防注射。

三、鸵鸟育成期饲养管理

1. 育成期的饲养

$4 \sim 6$ 月龄为鸵鸟的育成期，4 月龄时，体重可达到 36kg 左右，已能适应各种自然条件，应逐渐过渡到育成期饲料。日粮中粗蛋白质 $15\% \sim 16.5\%$，代谢能 $11.55MJ/kg$，粗纤维 6%，钙 $0.9\% \sim 1\%$，有效磷 0.5%，饲养方式可围栏圈养，也可放牧饲养，让鸵鸟自由采食青粗料。日粮中颗粒饲料占 30%，优质新鲜牧草占 70%，在优质草地上放牧，可不补或少补充饲料。围栏圈养育成期鸵鸟，饲喂应定时、定量，以日喂 4 次为宜。

2. 育成期的管理

3 月龄以上的鸵鸟在春夏季可饲养在舍外，晚秋和冬季的白天在舍外饲养、夜间要赶入饲养棚。鸵鸟喜沙浴，通过沙浴可以洁身和清除体表寄生虫，增加运动量。饲养棚和运动场要垫沙，铺沙厚度为 $10 \sim 20cm$。运动场可采用部分铺沙、部分种草，同时种植一些遮阴的树或搭建遮阴棚。

保持鸵鸟场周围环境的安静，避免汽笛、机械撞击、爆破等突发性强烈震响。

饲喂后 2h 应驱赶鸵鸟运动，以避免鸵鸟过多沉积脂肪，这对大群饲养的育成期鸵鸟更重要，驱赶运动每次以 1h 为宜。保证供给清洁的饮水，水盆每天清洗 1 次，每周消毒 1 次。运动场要经常清除粪便、异物，定期消毒。

肉用鸟（$7 \sim 12$ 月龄）管理：商品鸟仍以大群饲养，每天不少于 3 次投喂草料，将切碎青料与饲料充分拌匀，并逐渐加大青饲料在日粮中的比例。喂量不限，充分采食，促其肌肉丰满。

四、鸵鸟产蛋期的饲养管理

1. 产蛋期的饲养

产蛋期鸵鸟日粮营养水平：粗蛋白质 18%、代谢能 $11.76MJ/kg$、粗纤维 6%、钙 $4\% \sim 4.5\%$、有效磷 0.42%。青饲料以自由采食为主。特别要注意种鸟对钙的摄入，除了饲料中给予足够的钙、磷外，在栏舍内可以设置饲喂骨粉的食槽，任种鸵鸟自由采食。

2. 产蛋期的管理

（1）饲喂 定时、定量饲喂。清晨鸵鸟在运动场上围着边网跑动，$15 \sim 20min$ 后进行交配、采食，首次饲喂时间以早 6 点半至 7 点半为宜。1 天饲喂 3 次，饲喂顺序"先粗后精"，或把精料拌入青饲料中一起饲喂。精料喂量一般每只 1.5kg 左右，青饲料 5kg 以上，以防过肥而使产蛋量下降或停产。

（2）分群 雌鸵鸟在 24～30 月龄达到性成熟，雄鸵鸟在 36 月龄达到性成熟。性成熟前以大群饲养，每群 20～30 只，产蛋前 1 个月进行配偶分群。一般是 4 只（1 雄 3 雌）为一饲养单位。分群工作一般是在傍晚进行，先将雌鸵鸟引入种鸟舍，然后再将雄鸟引入，这样可以减少雌雄之间、种群之间的排异性。

（3）运动场 鸵鸟体型较大，需要的运动场面积相应也要大。1 个饲养单位（1 雄 3 雌）约需 1500m²。这样可以给鸵鸟提供较为自由的活动范围，有利于提高受精率，防止过肥。运动场要保持良好的卫生，随时清除场内的粪便和杂物，在鸟栏和食槽旁不要随意放置杂物，以免鸵鸟误食硬性异物，导致前胃阻塞和肠穿孔，造成非正常死亡。运动场及棚舍最好每周消毒 1 次。

（4）休产 为了保持雌鸵鸟优良的产蛋性能，延长其使用年限，需强制休产。一般掌握在每年 11 月份至次年 1 月份为休产期。休产期开始时雌雄鸟分开饲养，停止配种，停喂精料 5 天使雌鸵鸟停止产蛋，然后喂以休产期饲料。

（5）捕捉 若要调换运动场或出售鸵鸟需要捕捉时，应特别小心。因为鸵鸟头骨很薄呈海绵状，头颈处连接也比较脆弱，均经不起撞击。捕捉的前 1 天在棚舍内饲喂，趁其采食时关入棚舍，捕捉时需 3～4 人合作，抓住颈部和翼羽，扶住前胸，在头部套上黑色头罩使其安定。鸵鸟一旦套上头罩，蒙住双眼，则任人摆布，可将其顺利装笼、装车。但对凶猛的鸵鸟要特别小心，在捕捉前 3～4h 适量喂一些镇静药物。

（6）运输 种鸵鸟运输前须减料停产，确保运输时输卵管中无成熟的蛋。运输前 3～4h 停喂饲料，在饮水中添加维生素 C、食盐和镇静剂，以防止应激反应。运输季节以秋、冬、春季为宜，最好选择夜间进行，因鸵鸟看不清外界景物，可以减少骚动。运输工具和笼具要消毒，笼具要求坚固通风，顶部加盖黑色围网。运输过程中随时观察鸵鸟动态，长途运输注意定时给水。保持车内通风良好，对躁动不安的鸵鸟戴上黑色头罩。由于运输应激，到场后 1～3 天内常会表现食欲下降，粪便呈粒状，应及时补充维生素、矿物质，饲料投喂逐步过渡，以利鸵鸟恢复。

【复习思考题】

1. 鸵鸟育雏期的饲养管理要点有哪些？
2. 鸵鸟育成期的饲养管理要点有哪些？
3. 鸵鸟产蛋期的饲养管理要点有哪些？

第二十三章 绿头野鸭

【知识目标】
1. 了解绿头野鸭的生物学特性。
2. 掌握绿头野鸭的孵化技术和饲养管理技术。

【技能目标】
能够实施绿头野鸭的孵化和饲养管理工作。

绿头野鸭（彩图 23-1）是各种野鸭的通称，属鸭科、河鸭属，绿头野鸭分布很广，亚洲、非洲、欧洲、美洲等均有。野鸭瘦肉率高，肉质鲜美，脂肪含量低，野味香浓。目前人工饲养的野鸭是由野生的绿头鸭经人工驯化、驯养、杂交或导入一些家鸭血统而育成的，如美国野鸭、德国野鸭。我国在 20 世纪 70 年代末，对野鸭驯养进行了研究，并取得一定成效。1980 年以来，曾先后引进美国野鸭等，进行繁殖、饲养和推广，现已投入规模生产。

第一节 野鸭的生物学特性

一、野鸭的形态特征

野鸭身体呈流线形，全身覆盖羽毛。成年公野鸭羽毛艳丽，头颈部羽毛有翠绿色金属光泽，颈基部有一狭细白色颈圈，与深棕色胸部分开，两翅在副翼上有较光亮而带翠色的镜羽，喙和脚灰色，趾和爪黄色。母野鸭全身棕黄色羽，杂有黑色斑点，呈麻栗色，头部与腹部羽色较淡，尾羽缀白色，喙为灰黄色，趾爪为橘黄色、少数为灰黑色。

美国野鸭成年公鸭体长 50～60cm，体重 1.38～1.57kg；母鸭体长 50～56cm，体重 1.32～1.62kg。

二、野鸭的生活习性

1. 合群性

野鸭喜结群活动和群栖，经过训练的野鸭群可以招之即来、挥之即去。

2. 喜水性

野鸭喜欢生活在河流、湖泊、沼泽地、水生动植物较丰富的地区，善于游泳和戏水，游泳时尾露出水面，并在水中觅食和求偶交配。良好的水源是饲养野鸭的重要条件之一。

3. 杂食性

野鸭食性广，属杂食性禽。常以小鱼、小虾、甲壳类动物、昆虫、植物的种子、茎叶、藻类和谷物等为食。

4. 善飞翔

野鸭翅强健，善于长途飞行。野鸭 70 日龄后，翅膀飞羽长齐，可从陆地、水面起飞，飞翔较远。人工养殖时，要注意防止野鸭的飞翔外逃，可在出雏后断翅或剪羽并应设置防逃网。

5. 敏感性

野鸭极具神经质，反应敏捷，能较快地接受管理训练和调教。野鸭性急胆小，易受突然的刺激而惊群。

6. 耐寒性、适应性强

野鸭耐寒性、适应性强，在−25～40℃范围都能生存，人工养殖野鸭在0℃左右的气温下仍可在水中自由活动，在10℃左右的气温可保持高的产蛋率。野鸭抗病力强，疾病发生少，成活率高，有利于集约化饲养。

第二节　野鸭的繁育技术

一、野鸭的繁殖特点

1. 性成熟期

野鸭150～160日龄性成熟，公鸭早于母鸭。年产蛋量100～150枚，高产者可达200枚以上，美国野鸭产蛋期料蛋比为（3.5～3.8）：1。蛋重50～60g，蛋壳为青色，偶见玉白色。

2. 繁殖季节

野鸭产蛋集中在3～6月份，产蛋量占全年产蛋量的70%～80%，种蛋受精率可达90%以上；第二个产蛋高峰在9～11月份，产蛋量只占全年产蛋的30%，种蛋的受精率为85%左右。

3. 公母配比

种鸭的公母配比为1：8左右。

4. 抱窝习性

野鸭在野生状态下有抱窝的习性，孵化靠母鸭自孵。人工养殖，采用人工孵化，孵化期为27～28天，见实训十二。

5. 利用年限

美国绿头野鸭的利用年限一般公鸭为2年、母鸭为2～3年，其中母鸭第二年的产蛋量最高。

二、野鸭的杂交利用

1. 亲本选择

一般以绿头野鸭为父本。要求保持原有的形态和野性，体质健壮，头大，活泼，头颈翠绿明显，交配能力强。母鸭的选择兼顾产蛋性能和产肉性能两个方面，常用北京鸭、高邮鸭等作为杂交母本。

2. 杂交效果

杂交鸭在生长发育和产肉性能方面介于绿头野鸭和家鸭之间；体型上介于两亲本之间，但与绿头野鸭更为相似；飞翔能力减弱，有利于规模化的商品生产。

第三节　野鸭的饲养管理技术

一、营养需要与饲料

种野鸭饲养管理划分为三个阶段，即雏鸭（0～30日龄）、育成鸭（31～140日龄）和产蛋鸭（141日龄至淘汰）。商品野鸭划分为两个阶段，即雏鸭（0～30日龄）和育成鸭（31～80日龄）。

野鸭各阶段的营养需要，目前尚无完整、通用的标准，可根据本地区、本场的情况，参照家鸭的饲养标准拟定。现将使用较多的营养需要和饲料配方介绍如表 23-1、表 23-2，供参考。

表 23-1 野鸭的营养需要

营养	育雏期/天		育成期/天			产蛋期	
	0～10	11～30	31～70	71～112	113～140	盛产期	中后期
代谢能/(MJ/kg)	12.54	12.12	11.50	10.45	11.29	11.50	11.29
粗蛋白质/%	21	19	16	14	15	18	17
粗纤维/%	3	4	6	11	11	5	5
钙/%	0.9	1.0	1.0	1.0	1.0	3	3.2
磷/%	0.5	0.5	0.6	0.6	0.6	0.7	0.7

表 23-2 野鸭的饲料配方

饲料	0～4 周龄	4～12 周龄	13 周龄以上	种鸭(繁殖期)
玉米/%	57.65	60.12	63.00	65.60
豆饼/%	19.00	14.50	9.00	15.00
麦麸/%	14.00	20.00	25.87	8.00
鱼粉/%	7.00	3.00		4.00
磷酸氢钙/%	0.46	1.00	0.73	1.27
石粉/%	1.24	0.73	0.70	5.48
食盐/%	0.40	0.40	0.40	0.40
复合维生素/%	0.05	0.50	0.30	0.50
微量元素/%	0.20	0.20	0.20	0.20
代谢能/(MJ/kg)	12.02	11.81	11.73	11.89
粗蛋白/%	19.38	16.10	13.02	15.66
钙/%	1.00	0.80	0.60	2.75
总磷/%	0.60	0.60	0.50	0.60

二、鸭舍建造

根据野鸭的生活习性，应在僻静、水源充足、防疫条件好的池塘或河道边，搭建半水半陆的圈棚式鸭舍，鸭舍大小据养殖数量确定，一般一个鸭舍饲养 2000 羽以下，密度 8～10 只/m²，舍前设有水、陆运动场，面积比例为 1:1。从陆上进入水上运动场之间应有 15°的倾斜度，保证水质清洁，运动场周围和顶部都要加金属或尼龙网罩，以防止野鸭逃逸。

1. 雏鸭舍

育雏鸭舍需保温且戏水、清粪、清洗方便，包括室内保温区和室外运动戏水区两部分。室内面积 20～40m²，有易于控温的保暖设施。室内地面做成倾斜水泥地面，进门口位置最低，便于冲洗地面。室外运动场面积与室内相同，地面倾斜，戏水浅池宽 1～1.5m、深 10～20cm，运动场边用单砖修建高 30～40cm 的挡墙。

2. 青年鸭舍

15～70 日龄的野鸭不具飞翔能力，可采用地面平养。舍内面积与舍外运动场、水面活动场比例为 1:1:1。天然水面水深不宜超过 1m。室外运动场、水面活动场用 40cm 高的铁丝焊网作围护栏，水场水下部分用尼龙网把下底围住。如无自然水源，可采取修建人工水池的方法，人工水池深 60cm，有排水道，池边设排粪沟，换水方便。

3. 种鸭舍

80 日龄以后的野鸭到整个产蛋期都有良好的飞行能力，种野鸭舍必须用尼龙网封闭固

定，防止逃逸。网高 2m 左右，水下沉网防潜逃，舍内面积、舍外运动场、水场面积比为
1：2：2。沿岸边修一排粪沟，污水排向养殖区外。舍外运动场内设饮水池和食槽，舍内放
置产蛋箱。

三、雏野鸭的饲养管理

1. 育雏温湿度

保温是野鸭育雏成败的关键。1 周龄 30～28℃，2 周龄 28～25℃，3 周龄 26～24℃，4
周龄可常温饲养。注意观察温度和雏野鸭的情况，发现温度不适宜要及时调整。育雏期相
对湿度保持在 60%～65%。

2. 适时潮口和开食

出壳 24h 应及时饮水"潮口"，水中加 0.01% 高锰酸钾，长途运输的雏鸭可在饮水中加
5% 的葡萄糖和适量复合维生素。雏鸭饮水后即可开食，开食饲料一般用全价配合饲料用温
开水拌湿，也可用煮至半熟的米粒，用冷水浸一下去掉黏性后饲喂。开食方法：将饲料撒
在食盘内或塑料布上，让雏鸭自由采食并注意引诱其采食。饲料旁要放饮水器，使雏鸭随
吃随饮，促进食欲。开食后可喂配合饲料，7 日龄后补喂些青绿饲料和小鱼、小虾、蚌等鲜
活动物，以满足其野生食性的需要。

3. 分群饲养

育雏时应将强弱、大小不同的雏鸭分群饲养，50～100 只一群，随着日龄增长，再逐渐
合并为大群饲养，利用野鸭喜群栖的特性，减少饲养和管理的工作量。饲养密度 0～2 周龄
为 20～25 只/m²，3～4 周龄为 15～20 只/m²。

4. 放水

3～4 日龄后放水。将雏野鸭放在舍内浅水池中戏水，每次下水时间为 3～5min，初次
放水一定要注意看护，以防野鸭扎堆。10 日龄后在晴朗天气，可放入运动场或天然的浅水
中，放水时间为每天上午 9 时、下午 3 时，每天 2 次，每次 30min。以后则根据气温、日龄
逐渐增加放水次数和时间，30 日龄后则让野鸭在水中自由活动。雏野鸭每次放水后，要让
其理干羽毛后再回舍内，以免沾湿垫料。

5. 其他管理

保持野鸭舍清洁干燥、空气新鲜，勤清粪便、勤换垫料，以保证雏野鸭健康无病。

四、肉用野鸭饲养管理

30～80 日龄为肉用野鸭育肥阶段。饲喂要精心，日投料量为其体重的 5%，每次喂料
后要下水 5min，在运动场理干羽毛，促使野鸭肥育，体重达 1200g，即可上市。肉野鸭不
能以"羽毛齐全"作为出售标准，否则营养过多用于长毛，体重增加缓慢，50～70 日龄为
适时屠宰日龄。

五、种野鸭的饲养管理

1. 育成期饲养管理

（1）选择分群 转群前应将鸭舍消毒后，再铺上垫料，墙拐角处多铺垫草，防止打堆
压死。70 日龄时按公、母鸭 1：（6～8）选留，公、母鸭分群饲养，淘汰体弱、病残鸭。饲
养密度 5 周龄 15～18 只/m²，以后每隔 1 周减少 2～3 只/m²，直至每平方米 10 只左右
为止。

（2）限制饲喂 日粮粗蛋白水平控制在 11% 左右，喂量 90g 左右，每天 2 次，酌情增
加青绿多汁饲料，用量约占总饲料量的 15%，以适当控制体重。产蛋前 30～40 天，青料可

增至 55%～70%，粗料占 20%～30%，精料占 10%～15%，可推迟或减轻野性发生，节约饲料，促进羽毛生长。

（3）防止"吵棚"　"吵棚"是指在野鸭野性发作，激发飞翔的行为，表现为骚动不安，呈神经质状，采食锐减，体重下降。预防办法是对野鸭进行适当限饲，保持环境安静，避免应激。

（4）日常管理　保持鸭舍卫生、清洁、干燥，做到勤换垫草，定期消毒；控制光照时间，通常只采用自然光照。确保每只野鸭都有采食位置，定期称测体重，并酌情调整饲料，使种用育成鸭达到标准体重。种鸭开产前 3～4 周进行免疫接种。

2. 产蛋期饲养管理

（1）调整饲料　进入产蛋期的野鸭，按产蛋前期、产蛋初期（150～300 日龄）、产蛋中期（301～400 日龄）和产蛋后期（401～500 日龄）四个时期调整饲料。每日每只饲料量 170g 左右，早晨 6 点、下午 2 点、晚上 10 点三次喂料。

（2）设产蛋区　在鸭舍内近墙壁处设产蛋区，或设置足够的产蛋箱。产蛋区垫上洁净的干草，训练种鸭在产蛋区内产蛋，保证种蛋清洁，提高种蛋的孵化率，避免到处产蛋，造成种蛋污染。

（3）光照　野鸭从 18 周龄开始增加光照时间，22 周龄增加到 16～17h，以后保持不变。鸭舍内、运动场均应安装照明灯，鸭舍内每 20m^2 安装一个 40W 灯泡，安装高度离地面 2m，这样既可增加光照，又能防止惊群。

（4）保持环境安静　在产蛋期间，要避免外人进入鸭舍惊扰鸭群，引发"吵棚"，造成体重和产蛋量下降。鸭舍内要保持干燥，勤换垫料。

（5）疫病防治　绿头野鸭疫病防治，免疫程序参照鸭疫病防治、免疫程序。

【复习思考题】

1. 绿头野鸭有哪些生活习性？
2. 简述绿头野鸭的繁殖特点。
3. 绿头野鸭各时期的饲养管理要点有哪些？

第二十四章 大 雁

【知识目标】
1. 了解大雁的生物学特性。
2. 掌握大雁的孵化技术和饲养管理技术。

【技能目标】
能够实施大雁的孵化和大雁的饲养管理。

大雁（彩图 24-1）又称野鹅，是鸭科雁属中的鸿雁、灰雁、豆雁和黑雁等的总称，属国家二级保护动物。雁肉低脂肪、低胆固醇、高蛋白。大雁的羽绒保暖性好、轻软，可作服装、被褥等的填充材料，较硬的羽毛可用来加工成扇子和工艺品等。

第一节 大雁的生物学特性

一、大雁的形态特征

大雁是体型较大的水禽，喙大而扁平，尖端具加厚的喙甲，喙有锯齿型缺刻，有滤食作用。腿短，前三趾间有蹼。皮下脂肪层厚，尾脂腺发达。大雁翅长而尖，尾圆，有飞翔能力。雌、雄大雁外形相似。体羽大多为褐色、灰色或白色。眼为棕色，喙黄色或略带红色，喙角呈象牙色，腿和脚为肉红色或略带灰色。初生雏头顶及整个上体为黄褐色，两颊及后颈为黄色，喙为黑褐色，喙甲褐色，脚为黑褐色。目前，人工养殖的大雁主要是鸿雁、灰雁和豆雁。

二、大雁的生活习性

1. 杂食性

大雁适应性强，属杂食性水禽，常栖息在水生植物丛生的水边或沼泽地，采食一些无毒、无特殊气味的野草、牧草、谷类及螺、虾等。

2. 迁徙性

大雁在西伯利亚一带繁殖，每年秋、冬季节向南迁徙。迁徙的途径主要有两条：一条路线由我国东北经过黄河、长江流域，到达福建、广东沿海，甚至远达南亚群岛；另一条路线经由我国内蒙古、青海，到达四川、云南，甚至远至缅甸、印度越冬。第二年，又长途跋涉地飞返西伯利亚繁殖。

3. 合群性，善斗性

大雁合群性强，春天 10～20 只小群活动，冬天数百只一起觅食、栖息。宿栖时，有大雁警戒，发现异常，大声惊叫，成群逃逸。群居时，通过争斗确定等级序列，王子雁有优先采食、交配的权力。

第二节 大雁的繁育技术

一、大雁的繁殖特点

野生大雁需 3 年性成熟，一雄一雌的单配偶制，终生配对，双亲都参与幼雁的养育。人工养殖，8～9 月龄达到性成熟，公母比例为 1∶(2～3)。

大雁在春季发情，水中交配。雌雁交配后 10 天开始产蛋，间隔 2～3 天产 1 枚蛋。人工养殖年产蛋量第 1 年为 15 枚左右，第 2～6 年可达 25 枚，蛋重每枚 150g。

二、大雁的孵化

小规模的雁场可以让大雁自行孵化，也可用母鹅代孵。大规模雁场，需采用人工孵化，孵化期为 31 天。人工孵化方法见实训十二。

第三节 大雁的饲养管理技术

一、营养需要及饲料配方

1. 饲养标准

目前我国尚无大雁的饲养标准，参考标准见表 24-1，生产中可参考家鹅饲养标准。

表 24-1 大雁参考饲养标准

营养成分	0～30 日龄	31～60 日龄	61 日龄至繁殖前期	繁殖期
代谢能/(MJ/kg)	12.3	11.7	10.6	10.6
粗蛋白质/%	20.0	18.0	13.0	14.0
粗纤维/%	5.0	6.0	8.0	8.0
赖氨酸/%	1.0	0.9	0.6	0.6
蛋氨酸/%	0.5	0.45	0.35	0.35
钙/%	1.2	1.2	1.3	1.6
有效磷/%	0.8	0.8	0.8	1.0
食盐/%	0.35	0.35	0.35	0.35

2. 大雁的参考饲料配方

大雁的参考饲料配方见表 24-2。

表 24-2 大雁的参考饲料配方　　　　单位：%

饲料名称	育雏期	育成期	繁殖期	商品大雁肥育期
玉米	58.4	59.3	61.3	53.4
麦麸	5.0	10.0	8.0	10.0
米糠	3.0	7.0	5.0	10.0
大豆粕	25.0	16.0	18.0	16.0
菜籽粕	3.0	4.0	3.0	5.0
蛋氨酸	0.25	0.2	0.2	0.2
赖氨酸	0.22	—	0.1	—
磷酸氢钙	1.0	1.0	1.5	1.0
石粉	0.7	0.7	1.0	0.7
植酸酶	0.5	0.5	0.5	0.5
溢康素(广东产)	0.3	0.2	0.2	0.2
酵母	1.3	—	—	—

饲料名称	育雏期	育成期	繁殖期	商品大雁肥育期
食盐	0.3	0.3	0.3	0.3
复合多种维生素	0.03	0.02	0.2	0.2
复合微量元素添加剂	0.70	0.68	0.68	0.68

注：植酸酶活性为500U/kg。

二、雏雁的饲养管理

1月龄之前的雏为育雏期。

1. 饲养要点

（1）潮口和开食　雏雁出壳后的第1次饮水俗称潮口，第1次喂料俗称开食。雏雁出壳后12～18h先调教其饮水，促使其排出胎粪。饮水的温度要在20℃左右，水中加入0.01％的高锰酸钾。调教饮水的方法是轻轻压住雏雁的头部，令其触水自饮。雏雁饮水最好使用小型饮水器，或使用碟子、水盘，但不宜过大，盘中水深度不超过1cm，以雏雁绒毛不沾湿为原则。饮水时间一般控制在3～5min，以防止雏雁暴饮而致病。

雏雁饮水后1～2h即可开食，饲料可以是用浸泡的碎米拌切碎的青草、萝卜、莴苣等，撒在塑料布上供其自食。或用拌潮的配合饲料加菜叶，其比例为1:（2～3）。

（2）饲喂　3日龄前，每天喂4～5次，其中晚上喂1次。青料与精料比例为1:1，每次喂八成饱，先喂精料或混合喂青料。4～10日龄，每天喂7～8次，其中晚间喂2～3次。精料占30％～40％，青料占60％～70％，先喂精料或混合喂青料。11～20日龄，以喂青料为主，精料占30％～40％，青料占60％～70％，每天喂6次，其中晚间2次，先喂青料，后喂精料或混合喂。如天气晴暖，可以开始放牧。21～30日龄，雏雁对外界环境适应性增强，可以延长放牧时间。每天补饲5次，其中晚间1次。日粮配合比例为青料90％、混合精料10％。

2. 管理要点

（1）温度与湿度　防寒保暖。出壳后的第1天，育雏温度为35～36℃，以后每天降0.5℃，直至25℃左右。若发现其张口呼吸，说明温度过高，必须适当降温；若发现其挤压在一起或发出异常叫声，则说明温度过低，需要及时增温。

雏雁的保温期一般为20～30日龄，适时脱温可以增强雏雁的体质。夏秋季节，当外界气温高时，雏雁在2周以后即可白天放到外面，让雏雁充分接触阳光，晚上收回室内饲养。一般20日龄左右可以完全脱温，冬季育雏可在30日龄脱温。

育雏室的湿度一般控制在50％～60％。

（2）通风换气　一周后，根据室内的空气状况及外界天气情况灵活掌握通风换气。

（3）光照　雏雁对光照要求不高，只要保持育雏室有自然充足的光线即可。如育雏室光线较差，也可按每15m² 安装一只25W灯泡照明。

（4）密度　15日龄以内的雏雁，15～25只/m²，15日龄后8～10只/m²。

（5）放牧　10日龄后，若气温与室温相当，即可放牧。在无风晴朗的上午，待露水干后（大约9点左右）把雏雁赶到草地上放牧，放牧时间由短到长。大雁属水禽，但不能把雏雁强制赶下水，防止雏雁得病。将雏雁引诱到水边草地，使其触水后自由下水。放牧时应注意防止鼠、猫、狗、鹰的侵害。

（6）防疫　育雏时做好房舍和用具的消毒，保持饲料的新鲜，不使用霉变的饲料。

三、育成雁的饲养管理

31～70日龄左右的大雁称中雁或育成雁。经过1个月雏雁阶段的生长发育，中雁平均体重可达到 1.25kg，2 月龄 2.5kg，3 月龄体重可达 3.5～4.5kg。

1. 饲养要点

（1）补料　留作种用的中雁，应以放牧为主，适当增加精料，减少粗料，促使大雁提前达到性成熟。

（2）育肥　不作种用的中雁及商品雁统称为育肥仔雁，经短期育肥达到膘度及最佳体重后上市。管理应充分饲喂、保持环境安静及限制大雁活动。采用围栏式饲养，密度为 2～3 只/m²，白天喂 3 次，晚上喂 1 次。放牧条件好的地区，可采用放牧与补料结合育肥。育肥 2～3 周，体重达 4kg 左右即可出栏。

2. 管理要点

放牧地要有足够数量的青绿饲料，放牧时间选在早晚，中午赶至池旁树荫下休息，每次补饲后都应放水。放水条件差的，可割草饲喂，另行放水。

四、种雁的饲养管理

（1）调整雁群　当育成雁主翼羽完全长出后，选择体型较大、体质强健、身体各部位发育均匀的大雁留作种雁，并按 1:（3～5）的雌雄比例调整好雁群。此时的大雁飞翔能力已经较强，为防止逃窜，对未在幼雏时实施断翅的大雁，应将其主翼羽拔掉。

（2）补料　留作种用的大雁仍以放牧为主，适当补充精料，饲料的营养水平要逐步提高，适当增加光照时间，尽可能多地补充青绿饲料，以促使其尽快达到性成熟（9～10 月龄）。

（3）放水　大雁的交配活动需在水上进行，在繁殖期内应增加放水次数，延长放水时间，尤其是上午。一般种雁交配后便开始产蛋，每隔 2～3 天产一枚，初产雁年可产蛋 15 枚左右，第二年至第六年产蛋量在 25 枚左右。繁殖期的雌雁腹部比较饱满，出归牧时不要驱赶过猛，最好是选择近处、地势平坦、有充足水源和牧草的地方放牧。放牧期间注意观察，如发现有行动不安、四处寻窝的种雁，应及时将其捉住，并用食指按压肛门看是否有蛋，若有蛋应将其送回产蛋窝，防止其养成在牧地产蛋的坏习惯。

（4）停产期　母雁产蛋至 7 月份后，产蛋减少，进入停产期后，转入以放牧为主的粗饲期，可全天放牧，不予补料。放牧条件差或连阴天，应适当补饲。冬季，将白菜、玉米秸粉及青草粉等拌入 20%～30% 的玉米面维持饲养，保持体重不下降即可。严冬季节应喂热食，饮温水，严禁饲喂霉变饲料。

在管理上要搞好饲养场棚舍的清扫卫生，注意棚舍春、秋和冬季的保温防潮。

五、大雁场建设

1. 场址选择

场址应选在附近有广阔的草地和洁净的水源，以供其游牧活动。同时要求水流不急，水深 0.5～2m，水源过浅或过深都会影响大雁的配种活动。

2. 场内建设

（1）育雏舍　舍内分为若干个小间，小间面积为 15～20m²，容纳 1 周龄内雏雁 200～300 只，舍前设置喂料器具。冬季可采用电热保温伞增温或红外线灯泡保温。

（2）育肥舍　四周建围墙，围墙高 80cm，在场地的上方罩网，以防逃逸。场内修建水池、运动场和遮阴棚。栏舍面积，成雁以 5～7 只/m² 为宜，雁床高出地面 40～60cm。饮水器和食槽高低适中，以雁头刚能伸入槽内采食和饮水，不溅污槽器内的饲料和饮水为宜。夏季雁舍要求遮阴、凉爽、通风，最好有换气装置，保持干燥，相对湿度宜在 60% 左右。

（3）种雁舍　舍棚内地面比舍棚外地面高出 10cm 左右，便于清扫粪便和冲洗，保持舍棚内干燥。种雁舍棚面积按 $3\sim4$ 只/m²。

【复习思考题】

1. 大雁的生物学特性有哪些?
2. 简述种雁的选择。
3. 大雁育雏期的饲养管理要点有哪些?
4. 大雁育肥期的饲养管理要点有哪些?
5. 种雁的饲养管理要点有哪些?

实训指导

实训一　毛皮动物日粮的拟定

【实训目的】　由教师示例讲解用热量法配制毛皮动物日粮，掌握毛皮动物日粮配制的方法。

【实训内容】　毛皮动物日粮拟定。

【实训条件】　计算器、饲料配方软件、毛皮动物饲养标准表、饲料营养成分表。

【实训方法】

（1）根据水貂所处饲养时期和营养需要先确定 1 只水貂 1 日应提供的混合饲料总量。

（2）结合本场饲料条件确定各种饲料所占重量百分比及具体数量；核算可消化蛋白质的含量，必要时需核算脂肪和能量，调整日粮配方以满足营养需要。

（3）计算全群水貂的各种饲料需要量，提出加工调制要求及早、晚饲喂分配量。

【实训作业】　配制 100 只水貂育成期的日粮，计算出早、晚饲喂分配量。

实训二　狐的人工授精

【实训目的】　经过教师示范或观看狐场技术人员操作及实际操作，能独立进行种公狐的采精和母狐的输精。

【实训内容】　采精前的准备；公狐采精；精液品质检查；母狐输精。

【实训条件】

1. 动物

发情期公狐、母狐各 2 只。

2. 器材

显微镜、载玻片、输精器、开腔器、玻璃棒、注射器（1mL、10mL、20mL）、狐保定钳、pH 试纸等。

3. 药品及试剂

新洁尔灭、柠檬酸钠、青霉素、链霉素、蒸馏水。

【实训方法】

1. 采精前准备

（1）器械消毒　集精杯、输精器、玻璃棒等器械按下列程序消毒备用。

自来水冲洗→洗涤剂刷洗→自来水冲洗→消毒液浸泡→自来水冲洗→蒸馏水冲洗 3 遍→烘干→35～37℃保存备用。

（2）精液稀释液配制　配制 3.8%柠檬酸钠稀释液 500mL，置于 35～37℃的水浴锅内备用。

（3）种公狐的保定与消毒　保定种公狐的头部和尾部，使其站立在采精台上，用 0.1%～0.2%新洁尔灭溶液泡过的毛巾擦拭消毒公狐的腹部和腹股沟部。

2. 采精

用按摩法采精，收集精液后，迅速将集精杯放入 37℃ 水浴锅内。

3. 精液品质检查

（1）精液量　记录集精杯上的刻度。

（2）色泽检查　直观判定并记录。正常精液呈乳白色或浅白色，有的略带微黄色。

（3）pH 值检查　用 pH 试纸蘸少量精液，比色、记录精液的 pH 值。狐精液 pH 值正常为 6.5。

（4）精子活力检查　用玻璃棒取 1 滴精液于载玻片上制成压片，在 35～37℃ 条件下用显微镜观察直线运动的精子所占百分数，评定、记录精子的活力。供输精用的精子活力要不小于 0.7。

（5）精子密度检查　用压片估测法计算精子密度，确定稀释倍数。

取 1 滴精液制成压片，在 400 倍显微镜下随机记录 5 个视野内的精子数，按下列公式计算精子密度。狐精子密度正常为 7 亿～8 亿个/mL，精子密度≤0.5 亿个/mL 不能用于输精。

$$精子密度＝平均每个视野内精子数×10^6 个/mL$$

4. 精液稀释

按精液密度、活力计算每毫升原精液中有效精子数和稀释后的精液应含有的有效精子数（7000 万个/mL）计算出稀释倍数。

$$稀释倍数＝每毫升原精液中有效精子数/7000 万$$

按稀释倍数准确量取稀释液，沿集精杯壁缓慢加入到精液中，轻轻摇匀，25～35℃ 常温保存。

5. 人工输精

（1）母狐的保定与消毒　保定人员用保定钳保定母狐，输精人员一手握住母狐尾部，使尾朝上，用 0.1%～0.2% 新洁尔灭消毒外阴部及其周围部分。

（2）输精　用开膣器配合，将输精器轻轻插入子宫体内 1～2cm，固定输精器，插接吸有 1mL 精液的注射器，推动注射器把精液缓缓地注入子宫内。

（3）正确判定输精效果，作好记录。

6. 注意事项

（1）公狐擦拭消毒以毛绒浸湿、无毛绒和灰尘掉落为准。

（2）公狐射精时，首先射出的是副性腺分泌物，白色透明尿样，可不接或接后弃掉。

（3）精液稀释时，切勿快速加入稀释液和剧烈振荡。

【实训作业】

1. 记录公狐精液品质检查的结果。

2. 结合操作与狐场技术人员座谈，探讨狐人工授精的操作技术要点和应注意的事项，写出实训体会。

实训三　麝鼠的活体取香

【实训目的】　掌握麝鼠的活体取香技术。

【实训内容】　麝鼠活体取香。

【实训条件】

1. 动物

4～9 月份雄麝鼠 20 只。

2. 器材

手术剪、解剖刀、保定笼、试管、玻璃瓶、冰箱等。

【实训方法】

一人保定麝鼠，另一人进行活体取香。

1. 麝鼠保定

提麝鼠尾，使其进入保定笼，迅速连笼掐住麝鼠颈部保定麝鼠。

2. 取香

用拇指和食指摸到香囊的准确位置，轻轻按摩一会，然后从香囊的上部向下部逐段按摩捏挤，用玻璃瓶或试管接取香液。一侧采完，再采另一侧。

3. 收藏

麝鼠香采集后，密封，放在 4℃ 的冰箱中保存。

4. 注意事项

（1）采香时，要保定好麝鼠，防止麝鼠咬人。

（2）采香时用力要适度，以免造成麝鼠疼痛而抑制泌香。

（3）麝鼠香应用玻璃或陶瓷容器盛装，忌用金属制品盛装。

【实训作业】

1. 按实际操作写出麝鼠活体取香的操作要点。

2. 记录取香的数量，体会麝鼠香的颜色、香味。

实训四 兔的品种识别及家兔的一般管理技术

【实训目的】 通过兔场参观、实习或观看品种图片、视频，会识别常见兔的品种特征，掌握家兔的一般管理技术。

【实训内容】 兔的品种识别，提兔方法，兔的雌雄鉴别，年龄鉴别。

【实训条件】

1. 动物

仔兔、青年兔、成年兔各若干只。

2. 场所

家兔养殖场或实验室。

【实训方法】

1. 参观兔场，或通过观看品种图片、视频，识别不同品种的外形特点，熟悉兔舍的规格。

2. 饲养管理技术操作

（1）捉兔 正确的捉兔方法是：用一只手大把抓住颈后部皮肤，轻轻提起，另一只手托住兔的臀部，使兔的重量落在托兔的手上。

（2）雌雄兔的鉴别 大兔看有无睾丸。仔兔则以看生殖孔为准，如生殖孔大小与肛门差不多，形状较扁，距肛门较近者为母兔；如生殖孔略小于肛门，形状较圆，距肛门较远者为公兔。

（3）年龄鉴别 一看趾爪的长短弯曲：青年兔趾爪短而平直，藏于脚毛之中；老年兔趾爪粗长，有一半露出脚毛之外，爪尖弯曲。二看趾爪的颜色：白色兔趾爪的基部为粉红色，爪尖为白色。1 岁以下的青年兔趾爪红色多于白色，1 岁时红色与白色长度相等，1 岁以上的白色多于红色。三看牙齿和皮板：青年兔门齿洁白，短小而整齐，皮板薄而紧密；老年兔门齿黄褐色，较长，排列不整齐，皮板松弛。

【实训作业】

1. 对照品种图片或幻灯片能够辨认家兔品种，结合本地饲养较多的家兔品种，说出3～5个品种兔的产地、生产性能及主要优缺点。

2. 正确鉴别10只仔兔雌雄，交流、研讨，提高雌雄兔鉴别准确率。

实训五　林蛙油的收取与品质鉴定

【实训目的】　能正确进行林蛙油收取，掌握林蛙油品质鉴定技术。

【实训内容】　林蛙油收取，林蛙油品质鉴定。

【实训条件】

1. 动物

鲜林蛙若干只、干制林蛙若干只。

2. 器材

烘箱、手术刀、手术剪、玻璃容器等。

【实训方法】

1. 林蛙油的收取

（1）鲜剥林蛙油

① 林蛙处死。将活蛙装入容器内，用50～60℃热水烫死，在冷水中冷却5～10min。

② 林蛙油剥取。沿蛙体腹面正中线用手术剪剪开，再向左右各剪开一横口，分开内脏，分别小心地剪下两侧输卵管。

③ 林蛙油的干燥。50～60℃烘箱干燥2～4h。

（2）干剥林蛙油

① 软化。将干制林蛙放在60～70℃的温水中，浸泡10min。取出放入容器里，用湿毛巾等厚布覆盖6～7h，待蛙体变软时即可剥油。

② 剥离蛙油。将蛙体从腹面向后折断，从背面连同脊柱一起撕下，分开内脏，分别小心地剪下两侧输卵管。

③ 林蛙油的干燥。50～60℃烘箱干燥2～4h。

（3）注意事项　剥油时要取净，同时将黏附在油块上的内脏器官、卵粒等挑出来；干制林蛙软化时注意不要让口腔和穿串部位浸入水中，否则，水浸入腹腔，蛙油膨胀，较难剥离完整。

2. 品质鉴定

林蛙油充分干燥后，按分级标准进行品质鉴定。

【实训作业】

1. 写出正确进行鲜剥林蛙油的方法步骤及注意事项。

2. 写出林蛙油鉴定分级结果。

实训六　蛇毒的采收及干毒的制备

【实训目的】　掌握蛇毒采收和干燥的基本方法。

【实训内容】　蛇毒采收，蛇毒干制。

【实训条件】

1. 动物

蝮蛇若干只。

2. 器材

真空泵、漏斗、试管、取毒器、有色玻璃瓶、钳子、高筒胶靴、防护手套、急救药械。

【实训方法】

1. 蛇毒的采收

用手指挤压咬皿法。将60mL烧杯固定在操作台上，助手将蛇从笼中取出保定，操作者用右手轻握蛇的颈部，迫使蛇张口，然后让其咬住杯口，使毒牙位于烧杯内缘。同时，用左手指在毒腺部位轻轻挤压，毒液便从毒牙中滴出。

2. 干毒的制备和保存

（1）冷冻　新鲜蛇毒离心除去杂质，放入冰箱冷冻。

（2）真空干燥　将装有冷冻蛇毒的玻璃皿移至真空干燥器中，用真空泵抽气，直至基本干燥。再静置24h，使蛇毒彻底干燥，变成松脆的结晶状鳞形块状或大小不等的颗粒，即为粗制干毒。

（3）保存　刮下干毒分装在小瓶中，用蜡熔封，外包黑纸，注明蛇种、制备日期，置于冰箱或阴凉处保存。

【实训作业】

观看蛇场技术人员的采毒操作或光盘，写出蛇毒采收的方法。

实训七　蛤蚧干的加工

【实训目的】　能正确地进行蛤蚧干加工。

【实训内容】　蛤蚧干加工。

【实训条件】

1. 动物

蛤蚧若干只。

2. 器材

竹签、烘箱、铁丝网、木锤。

【实训方法】

1. 撑腹

蛤蚧捕后，用锤击毙，割腹除去内脏，用干布抹干血痕，再以竹片将其四肢、头、腹撑开，并用纱纸条将尾部系在竹条上，以防断尾。

2. 烘干

在烘箱内烘烤。将蛤蚧头部向下，倒立摆在疏铁丝网上，数十只一行，排列数行进行烘烤。烘烤过程中不宜翻动，温度保持在50～60℃，待烘至蛤蚧体全干后取出。

3. 扎对

蛤蚧烘干后，把2只规格相同的蛤蚧以腹面（撑面）相对合，即头、身、尾对合好，用纱纸条在颈部和尾部扎成对，然后每10对交接相连扎成一排。

【实训作业】

1. 写出正确进行蛤蚧干加工的过程。

2. 蛤蚧干为什么要扎对？

实训八　蝎子的捕收与加工

【实训目的】　能捕收蝎子，掌握商品蝎加工技术。

【实训内容】 商品蝎的捕收和加工。

【实训条件】

1. 动物

蝎子若干只。

2. 器材

塑料盆、刷子、镊子、锅、烧杯、手套。

【实训方法】

1. 商品蝎的捕收

用喷雾器将酒精喷于蝎房内,关好窝门,仅留脚基两个出气孔不堵塞并在其下放置较大的塑料盆,约经30min,蝎子从出气孔逃窜出来,落入盆内收捕。

注意事项:捕收时应细心,防止被蝎蜇。如遭蝎蜇出血,应立即在所蜇部位挤出血液及毒汁,然后用肥皂水或氨水擦洗即可。

2. 商品蝎的加工

(1) 咸蝎加工法 把活蝎放到盐水中洗去体表泥土脏物,盐水浸泡12h左右。捞出放入浓盐水锅中用文火煮沸,边煮边翻,煮至蝎背显出凹沟、全身僵硬挺直时,即可捞出摊在筛或席上阴干。

(2) 淡蝎加工法 把蝎子放入冷水中洗泡,去掉泥土和体内粪便,然后捞出来,放到淡盐水锅里煮,煮至全身挺直。

(3) 分级包装贮存 干燥后的全蝎,分级,用防潮纸每500g全蝎包一个包。贮存在干燥的缸内,加盖。

【实训作业】

1. 写出正确进行商品蝎加工的过程。

2. 被蝎子蜇后应怎样处理?

实训九　蜈蚣的捕收与加工

【实训目的】 能捕收蜈蚣,掌握药用蜈蚣的加工方法。

【实训内容】 蜈蚣捕收,药用蜈蚣加工。

【实训条件】

1. 动物

蜈蚣若干只。

2. 器材

镊子、布袋、竹片、硫黄、煮制设备等。

【实训方法】

1. 捕收

在夜间进行捕捉,收捕雄体和老龄雌体;或在天气闷热、暴雨前后捕捉蜈蚣。

2. 加工

用镊子夹住蜈蚣体中间,用削尖的长竹片插入头尾两端,借助竹片的弹力使其伸直,然后用沸水烫死,烘干。

捕捉和加工蜈蚣时,应注意避免被蜇伤。

【实训作业】

1. 写出正确进行药用蜈蚣加工的过程。

2. 被蜈蚣蜇伤后应怎样处理?

实训十　蜂产品生产

【实训目的】　能进行取蜜作业，掌握蜂王浆、蜂花粉的生产技术。

【实训内容】　蜂蜜生产、蜂王浆生产、蜂花粉生产。

【实训条件】

1. 动物

主要蜜源植物流蜜期的意大利蜂采蜜群。

2. 器材

摇蜜机、割蜜刀、蜂帚、面网、脸盆、滤蜜器、蜜桶、喷烟器、起刮刀、王浆框、移虫针、毛巾、刮浆笔、脱粉器等。

3. 场所

蜂场。

【实训方法】

1. 取蜜作业

(1) 抽脾脱蜂　抖蜂时，两手握紧框耳，对准箱内空处，依靠手腕的力气上下快速抖动四五下，使蜜蜂脱落在箱底。再用蜂帚扫除余下的蜜蜂。

(2) 切蜜盖　把封盖蜜脾的一端搁在盆面的木板上，用割蜜刀齐框梁由下而上把蜜盖切下。

(3) 分离蜂蜜　蜜脾割去蜜盖后放入摇蜜机的框笼内，转动摇蜜机将蜜分离出来。转动摇把时，应由慢到快开始，再从快到慢停止。摇完一面后再调换脾面摇另一面。摇完蜜的空脾立即送回蜂群。摇出的蜂蜜，用滤蜜器过滤装桶。

(4) 注意事项　抽脾脱蜂时，要保持蜜脾垂直平衡，防止碰撞箱壁和挤压蜜蜂，以免激怒蜜蜂。

2. 蜂王浆的生产

(1) 预备幼虫　在移虫前4～5天，把空脾加到新分群或双王群内，让蜂王产卵。

(2) 移虫　把王浆框放入蜂群清理半小时左右，再用蜂王浆蘸蜡碗，并在蜡碗内移入稍大一点的幼虫。

(3) 取浆　移虫后64～72h，提出产浆框，轻轻抖掉或扫去附着蜂，用锋利的割蜜刀沿塑料蜡碗的水平面外削去多余的台壁，一定注意不要削破幼虫，再用镊子夹出幼虫，最后用挖浆笔挖出王浆，装入王浆瓶内，在5℃以下的避光条件下保存。

3. 花粉的生产

在主要粉源植物吐粉期间，上午8～11时安装巢门脱粉器，每隔15～30min用小刷子清理巢门并收集花粉，晾干或进行烘干。

【实训作业】

1. 进行蜂蜜生产应注意哪些问题？

2. 结合实践，总结提高王浆产量的措施。

实训十一　捉鸽、持鸽的方法和鸽的性别鉴定

【实训目的】　能正确捉鸽、持鸽，掌握鸽雌雄鉴别技术。

【实训内容】　捉鸽、持鸽，鸽雌雄鉴别。

【实训条件】

1. 动物

不同饲养时期的肉鸽若干。

2. 场所

鸽饲养场或实训室。

【实训方法】

1. 捉鸽方法

笼内捉鸽时，先把鸽子赶到笼内一角，用拇指搭住鸽背、其他四指握住鸽腹，轻轻将鸽子按住，然后用食指和中指夹住鸽子的双脚，头部向前往外拿。

鸽舍群内抓鸽时，先决定抓哪一只，然后把鸽子赶到舍内一角，两手高举，张开两掌，从上往下，将鸽子轻轻压住。注意不要让它扑打羽翼，以防掉羽。

2. 持鸽方法

让鸽子的头对着人胸部，当用右手抓住鸽子后，用左手的食指与中指夹住其双脚，把鸽子腹部放在手掌上，用大拇指与无名指、小指由下向上握住翅膀，用右手托住鸽胸。

3. 鸽子的雌雄鉴别

按表 18-1 鸽的雌雄鉴别操作。

【实训作业】

1. 通过捉鸽、持鸽的练习，写出要点和体会。

2. 准确进行 5 对肉鸽的雌雄鉴别，写出鉴别要点和体会。

实训十二　特禽的孵化

【实训目的】　能正确进行特禽种蛋的选择、消毒，能使用电孵化器，熟练掌握机器孵化的操作程序。

【实训内容】

特禽种蛋的选择、消毒，胚胎发育检查，机器孵化操作程序。

【实训条件】

1. 动物

新鲜鹌鹑、乌鸡等特禽种蛋若干枚。

2. 器材

量筒、粗天平、消毒盆、消毒柜、照蛋器、温度计、孵化器、出雏器，胚胎发育彩图、孵化记录表格等。

3. 药品

高锰酸钾、甲醛、新洁尔灭。

【实训方法】

1. 种蛋的选择

通过天平、照蛋器等工具及外貌观察对种蛋作综合鉴定，选择合格的种蛋。

2. 种蛋的消毒

(1) 熏蒸法　按每立方米空间甲醛 30mL、高锰酸钾 15g 熏蒸消毒 20～30min。

(2) 新洁尔灭消毒法　将 5% 新洁尔灭溶液加水 50 倍，稀释配成 0.1% 消毒液，用喷雾器直接对种蛋蛋面喷雾。该稀释液切忌与肥皂、碘、升汞、高锰酸钾和其他碱类化学物品混用，以免药液失效。

3. 孵化前的准备

(1) 孵化机的检查　在正式开机入孵前，首先仔细阅读孵化机使用说明书，熟悉和掌握孵化机的性能，然后对孵化机进行运转检查和温度校对，检查自动控温、控湿装置以及报警设备。确认孵化机运转正常后，调整温度、湿度达到孵化所需（几种特禽蛋的孵化条件见表实12-1），空运转1~2天入孵。

（2）孵化室和孵化器消毒　入孵前对孵化室房顶、门窗、地面及各个角落，孵化器的内外、蛋盘、出雏盘进行彻底的清扫和刷洗，然后熏蒸消毒（按1m³空间甲醛30mL、高锰酸钾15g）。温度25℃，相对湿度70%左右，熏蒸60min。打开机门，开动风扇，散去甲醛，即可入孵。

（3）种蛋预温　种蛋入孵前要预温12~20h，使蛋温缓慢升至30℃左右，然后再入孵。

（4）种蛋装盘　将经过选择、消毒、预温的种蛋大头向上略微倾斜地装入蛋盘，蛋盘放入孵化机内卡紧，开始孵化。

表实 12-1　几种特禽蛋的孵化条件

孵化条件		乌鸡	雉鸡	孔雀	鹌鹑	肉鸽	火鸡	珍珠鸡	鸸鹋	鸵鸟	野鸭	大雁
孵化温度/℃	前期	37.8~38.0	37.8~38.0	38.5~39.0	38.0	38.7	37.5~37.8	38.2~38.8	37.5~38.0	36.5	38.0~38.5	38.0~38.5
	中期	37.5~37.8	37.5~37.8	38.0~38.5	37.8	38.3	37.2~37.5	37.5~38.2	37.2~37.5	36.0	37.5~37.8	37.0~37.5
	后期	37.3~37.5	37.0~37.5	37.5~38.0	37.5	38.0	36.4~37.0	37.0~37.5	37.0~37.2	35.5	36.5~37.5	36.0~37.0
孵化湿度/%	前期	65~70	65~70	65~70	65~70	65~70	55~60	60~65	55~60	22~28	65~70	60~65
	中期	50~55	50~55	60~65	55~60	60~65	50~55	55~60	50~55	18~22	60~65	60~65
	后期	65~70	70~75	70~75	65~70	70~80	65~75	65~75	60~70	22~28	70~75	70~75
照蛋时间/d	头照	7	7	7	5	5	7	7	7	14	7	7
	二照	—	—	14	—	—	14	14	—	22	18	14
	三照	18	18~19	25~26	12~13	10	24~25	23~24	20~21	36~38		26~28
落盘时间/d		18~20	21	25~26	14~15	15~16	25~26	24~25	20~21	39~40	25~26	28~30
出雏时间/d		20~21	23~24	27~28	16~17	17~18	26~27	26~27	23~24	40~42	26~28	30~31
孵化期/d		21	24	28	17	18	28	27	24	42	28	31

4. 孵化管理

（1）日常管理　孵化期间应经常检查孵化器和孵化室的温度、湿度情况，观察机器的运转情况。孵化器内水盘每天加一次温水。

（2）照检　在孵化过程中应定时抽检胚蛋，以掌握胚胎发育情况，并据此控制和调整孵化条件。全面照蛋检查一般进行2次，第一次在"起珠"时进行，检出无精蛋和死胚蛋；第二次在斜口转身后结合落盘进行，剔除死胚蛋，将发育正常的胚蛋移至出雏盘。

（3）出雏　在孵化条件掌握适度的情况下，孵化期满即出雏，出雏期间不要经常打开机门，以免降低机内温度，影响出雏整齐，一般情况下每2~6h检雏一次。已出壳的雏禽应待绒毛干燥后分批取出，并拣出空蛋壳，以利继续出雏。

（4）孵化记录　为使孵化工作有序进行和分析总结孵化效果，应认真做好孵化管理、孵化进程和孵化成绩的记录，记录表格可自行设计。

（5）孵化效果的分析　根据孵化结果分析孵化过程中存在的问题。孵化率的计算分两种：一种是以出雏数占入孵蛋数的百分比来表示；另一种是以出雏数占受精蛋的百分比来表示。公式如下。

$$入孵蛋孵化率(\%)=\frac{出雏数}{入孵蛋数}\times100\%$$

$$受精蛋孵化率(\%)=\frac{出雏数}{入孵受精蛋数}\times100\%$$

【实训作业】

1. 怎样选择合格的种蛋？常用的种蛋消毒方法有哪些？
2. 根据孵化记录作出孵化效果分析。

实训十三 特种经济动物养殖场参观

【实训目的】 通过参观特种经济动物养殖场，掌握特种经济动物养殖场的饲养管理要点，了解特种经济动物产品的采收与加工方法。

【实训条件】 特种经济动物养殖场。

【实训方法】

1. 请特种经济动物养殖场技术人员讲解饲养管理经验，本场常发病及防治措施。
2. 观察特种经济动物养殖场布局、建筑及设备。
3. 了解特种经济动物养殖场的日粮配合、饲喂程序及不同时期饲养管理要点。
4. 观看特种经济动物产品的采收和加工过程。
5. 注意在参观过程中严格遵循卫生防疫制度，同时要保持安静，防止发生惊群。

【实训作业】

根据参观并查阅有关资料，写出实训报告。

1. 画出参观场的布局图。
2. 写出参观场的饲料组成和饲喂程序。
3. 参观后以组为单位交流发现的问题，研讨解决方法。
4. 搜集参观场养殖动物产品的市场价格信息，讨论养殖前景。

附 录

附1 獭兔皮国家标准

中华人民共和国国家标准

GB/T 26616—2011

裘皮 獭兔皮

前 言

本标准由中华人民共和国农业部提出。

本标准由全国畜牧业标准化技术委员会（SAC/TC）归口。

本标准负责起草单位：农业部动物毛皮及制品质量监督检验测试中心（兰州）、中国农业科学院兰州畜牧与兽医研究所。

本标准主要起草人：高雅琴、常玉兰、杜天庆、郭天芬、李维红、席斌、王宏博、梁丽娜、牛春娥。

1 范围

本标准规定了獭兔皮的初加工技术要求、质量等级评定、检验方法、检验规则以及仓库保管和包装、运输。

本标准适用于獭兔皮的生产、初加工及市场交易各环节的质量检验。

2 术语和定义

下列术语和定义适用于本标准。

2.1 毛绒 hair

皮板上针毛和绒毛的总称。

2.2 毛质 hair quality

毛绒的长度、密度、细度、颜色、平顺、光泽和枪毛比例等综合品质。

2.3 密度 density

獭兔皮单位面积内生长的毛纤维根数。

2.4 板质 hide quality

皮板的厚度、完整度、韧性、弹性等综合品质。

2.5 毛色纯正 clear color

毛色符合本品种色型特征。

2.6 枪毛 kemp

露出绒面的针毛。

2.7 旋毛 whirlpool hair

毛绒竖立不直，呈有旋涡形毛绒。

2.8 拉伸皮 stretched skin

皮张的过度拉伸，致使皮毛空疏。

2.9 焦板皮 singe skin

皮板干燥时因温度过高或阳光暴晒，脂肪熔化，致使蛋白纤维变性或焦化，发生不可逆皱缩变形。

2.10 黄板皮 yellow skin

鲜皮加工时连日阴雨、闷热，皮板纤维腐蚀而发黄，有霉斑、异味。

2.11 陈皮 shopworn skin

隔年皮，贮存时间过长，皮质枯燥，皮张枯黄。

2.12 伤残 disability

影响毛质、板质的各种伤残。

2.13 缠结毛 matted skin

毛绒缠结在一起，成团状、毡状。

3 初加工技术要求

3.1 取皮时间

獭兔出生后5～6月龄或体重达2.5kg以上时屠宰取皮，要求在非换毛期，毛被丰满、整齐。最佳取皮季节为冬季。

3.2 剥皮

活兔击毙后，两后腿倒挂于两挂钩上放血，在两后肢跗关节处作环形切开兔皮，再沿两腿内侧阴部上方平行划开皮肤，将四周毛皮向外剥开翻转，用退套法拉下皮套至前肢腕关节处割断前肢，最后割除头尾，即成毛面向内、板面向外的完整筒皮。

3.3 开片皮

沿腹中线割开成片皮。

3.4 清理

刚剥下的鲜皮，及时刮除残留在皮板上的肌肉、脂肪、乳腺和结缔组织。

3.5 搓盐

在潮湿地区对皮板进行搓盐处理，盐用量为鲜皮重的35%～50%，将盐粒撒在皮的肉面上搓匀，搓揉要全面到位。然后板对板、毛对毛，叠放48～72h后晾晒。

3.6 晾晒

按自然皮形毛面向下、板面向上，置于阴凉通风处晾干，避免暴晒。

4 质量等级评定

獭兔皮品质等级，见附表6-1。

附表6-1 獭兔皮品质等级

等级	品质要求	面积/cm²	绒长/cm
特级	绒面平齐，密度大，毛色纯正、光亮，背腹毛一致；绒面毛长适中，有弹性；枪毛少，无缠结毛、旋毛；板质良好，无伤残	>1500	1.6～2.0
一级	绒面平齐，密度大，毛色纯正、光亮，背腹毛基本一致；绒面毛长适中，有弹性；板质良好，无伤残	>1200	1.6～2.0
二级	绒面平齐，密度较好，毛色纯正、光亮平滑，腹部绒面略有稀疏；板质好，无伤残	>1000	1.4～2.2
三级	绒面略有不平，密度较好，腹部毛绒较稀疏；板质较好；次要部位1cm²以下的伤残不超过2个	>800	1.4～2.2
等外品	不符合特级、一级、二级、三级以外的皮张		

5 检验方法

5.1 检验工具、设备与条件

5.1.1 工具：米尺、电子显微游标卡尺。

5.1.2 设备：操作台。

5.1.3 条件：在阳光不直射、自然光线充足的地方进行检验。

5.2 感官检验

5.2.1 毛被检验

左手捏住颈部，右手捏住尾部，右手上下轻轻抖动后将选购面朝上平铺于操作台上，观察绒面毛被密度、毛绒长度、平度、光泽、毛色，以及有无枪毛、旋毛、脱毛，背腹部是否一致，有无伤残。用右手自颈部向尾部捋过，体察毛绒弹性。

5.2.2 皮板检验

板面朝上，检查板质、去脂程度、有无霉变、有无虫蛀以及伤残情况。

5.2.3 密度检验

用嘴吹被毛，被毛呈旋涡状，不露出皮肤的为密，露出皮肤越多毛越稀。

5.2.4 面积检验

板面朝上，用直尺自颈部中间至尾根测量长度，从腰中部两边缘之间量出宽度，长、宽相乘求出面积，面积单位为平方厘米（cm^2）。

5.2.5 绒长检验

毛面朝上，用电子显微游标卡尺在皮心部位量取绒长，单位为厘米（cm）。

5.2.6 伤残面积检验

用直尺量出伤残的长度、宽度，长、宽相乘求出面积，单位为平方厘米（cm^2）。

6 检验规则

6.1 抽样数量：每50张为1小捆，每4小捆（200张1袋）为1件。200件内随机抽验10％，200件以上，增加部分随机抽验5％，以件为单位抽取。

6.2 检验规则：逐张检验。

6.3 检验误差：定等误差为±5％。

7 仓储保管和包装运输

7.1 仓储保管

7.1.1 仓储条件：盐干皮、盐湿皮等存入恒温专用库，控制温度5～10℃，相对湿度65％。

7.1.2 保管要求：晾晒风干后入库，底层离地面不小于15cm，货架距墙不小于30cm，最高叠放不超过60cm。上下留有空隙，以便通风。

7.2 包装、运输

7.2.1 包装

7.2.1.1 干燥好的生皮，毛面对毛面、板面对板面交叉叠放，每50张为1小捆，每4小捆为1件，纸箱或袋子包装。

7.2.1.2 封箱要填写装箱单一式三份，一份放入箱内，一份贴在箱外，第三份留底备查。装箱单的内容包括产地、生产商、箱号、级别、颜色和张数。

7.2.2 运输

运输途中避免雨淋、高温和火种。运输工具应清洁、干燥。

（资料来源：《裘皮獭兔皮》中国标准出版社）

附2 蛋用鹌鹑饲养管理规程

安徽省地方标准

DB34/T 1607—2012

蛋用鹌鹑饲养管理规程

Feeding management regulation of quails for egg

安徽省质量技术监督局 发布

2012-03-14 发布 2012-04-14 实施

前 言

本标准按照 GB/T 1.1—2009 给出的规则起草。

本标准由宿州市畜牧兽医科学研究所提出。

本标准由安徽省农业标准化委员会归口。

本标准起草单位：宿州市畜牧兽医科学研究所、宿州市动物疫病预防与控制中心。

本标准主要起草人：李尚敏、车跃光、陈晓红、吕占领、杨敏、唐世方、高翔、张旭华。

1 范围

本标准规定了蛋用型鹌鹑的场舍环境要求、引种、饲料、育雏育成期饲养管理、产蛋期饲养管理、卫生管理、档案管理各环节的控制。

本标准适用于蛋用型鹌鹑规模养殖场（户）。

2 规范性引用文件

下列文件对于本文件的应用是必不可少的。凡是注日期的引用文件，仅所注日期的版本适用于本文件。凡是不注日期的引用文件，其最新版本（包括所有的修改单）适用于本文件。

GB 13078 饲料卫生标准

GB 16548 病害动物和病害动物产品生物安全处理规程

GB 16567 种畜禽调运检疫技术规范

GB/T 18407.3 农产品安全质量 无公害畜禽肉产地环境要求

GB 18596 畜禽养殖业污染物排放标准

NY/T 388 畜禽场环境质量标准

NY 5027 无公害食品 畜禽饮用水水质

NY 5030 无公害食品 畜禽饲养兽药使用准则

3 场舍环境要求

3.1 场址选择

3.1.1 鹑场应符合动物防疫条件，并有动物防疫机构核发的《动物防疫条件合格证》。

3.1.2 鹑场环境应符合 GB/T18407.3 的规定。

3.1.3 水源充足，水质应符合 NY5027 的要求。

3.2 鹑舍基本要求

3.2.1 鹑舍建筑应保温隔热，地面和墙壁光滑平整，并具备防鸟、防鼠及防虫设施。

3.2.2 鹑舍内通风良好，舍内空气质量应符合 NY/T388 的要求。

4 引种

4.1 引进种鹑和商品雏鹑，应选择具有《种鹌鹑生产经营许可证》和《动物防疫条件合格证》的种鹑场，且该场无鹌鹑白痢、新城疫、禽流感等疾病，并按照 GB16567 的规定进行检疫。

4.2 引进种鹑，应隔离观察，并经兽医检查确定为健康合格后，方可供繁殖使用。

4.3 不得从疫区引进种鹑。

5 饲料

5.1 饲料和饲料添加剂应符合 GB 13078 的规定。

5.2 选用的饲料添加剂应是《允许使用的饲料添加剂品种目录》所规定的品种，药物饲料添加剂的使用应按照《药物饲料添加剂使用规范》执行。

6 育雏育成期饲养管理（0～6 周龄）

6.1 饲养方式

采用笼养或平养和笼养相结合的饲养方式。

6.2 笼具

6.2.1 育雏笼

叠层式 2～5 层，每层间留 5～10cm，底层离地面 20cm 以上，每层规格为长 90～120cm，宽 50～60cm，高 20cm。

笼底金属丝网眼规格为 6mm×6mm 或 10mm×10mm。

6.2.2 育成笼

单体笼约长 90cm，宽 40cm，高 20cm。

笼底金属丝网眼规格为 20mm×20mm。通过笼架叠 4～5 层。

6.3 营养需要

蛋用鹌鹑育雏育成期的营养需要见附表 8-1。

附表 8-1　蛋用鹌鹑育雏育成期营养需要

营养项目	0～3 周	4～6 周
代谢能/（MJ/kg）	11.92	11.72
粗蛋白/%	24.0	19.0
蛋氨酸/%	0.55	0.45
赖氨酸/%	1.30	0.95
含硫氨基酸/%	0.85	0.70
钙/%	0.90	0.70
有效磷/%	0.50	0.456

6.4 管理

6.4.1 温度

育雏育成期鹑舍的温度应符合附表 8-2 的规定。

附表 8-2 育雏育成期鹌舍的适宜温度

日龄	温度	日龄	温度
1～3 日龄	35～37℃	15～21 日龄	28～25℃
4～7 日龄	35～33℃	21～28 日龄	24～21℃
8～14 日龄	32～29℃	28 日龄后	20～22℃

6.4.2 相对湿度
——1 周龄 60%～65%。
——2 周龄后 50%～60%。

6.4.3 饲养密度
平养，60～150 只/m²，笼养，120～200 只/m²。

6.4.4 通风
舍内空气应符合 NY/T388 的要求，通风时避免冷空气直接吹到鹌鹑身上。

6.4.5 光照制度
——1～3 日龄每天光照 24h，光照强度 10lx。
——3～10 日龄逐渐减少光照至每天 14～15h，光照强度 5lx。
——10 日龄后保持光照每天 10～12h，光照强度 5lx。

6.4.6 饮水
初生雏应在出壳 24h 内开始饮水，最初可饮用 0.01%高锰酸钾水或 5%～8%糖水。不间断供水，自由饮用。

6.4.7 饲喂
——1～20 日龄自由采食，或每天喂 6～8 次。
——21～27 日龄，每天每只喂料 13～14g。
——28～35 日龄，每天每只喂料 16～19g。
——36～42 日龄，每天每只喂料 18～21g。

6.4.8 转群
在 5 周龄时进行转群。

7 产蛋期饲养管理（6 周龄～）

7.1 饲养方式及产蛋鹑笼
笼养。单体笼长约 100cm，宽 60cm，高 20cm。笼底金属丝网眼规格为 20mm×20mm。多采用 4～6 层阶梯式结构。

7.2 营养需要
产蛋期鹌鹑日粮中代谢能 11.72MJ/kg，粗蛋白约 20%，钙 3.0%，有效磷 0.55%。

7.3 管理

7.3.1 饲喂
采用自由采食或定时定量制，每日喂 3～4 次。产蛋期鹌鹑每天每只消耗饲料 25～30g。

7.3.2 补喂砂砾
在饲料中加入 0.5%～1.0%的不溶性砂砾，或直接投放在料槽中自由采食。

7.3.3 环境控制
环境温度应保持在 22～25℃，湿度 50%～55%，通风量夏季 3～4m/h，冬季 1～1.5m/h；转群后逐渐增加光照时间，在 61 日龄时达到每天 16～17h，光照强度 10lx。

7.3.4 集蛋

一般每天收集鹌蛋 1～2 次，夏季增加至每天 2～3 次。

8 卫生管理

8.1 免疫接种

8.1.1 鹌鹑场应依据《中华人民共和国动物防疫法》及其配套法规要求，做好免疫工作。

8.1.2 常见病的免疫程序见附表 8-3。

附表 8-3 常见病的免疫程序

日龄	免疫项目	疫苗名称	接种方法
1	马立克病	CV1988	皮下注射 1 羽份
5	禽流感	H5 油苗	皮下注射 0.3mL
10	新城疫	Ⅳ系苗	点眼滴鼻 2 羽份
25	新城疫	Ⅳ系苗＋油苗	点眼 2 羽份＋肌注 0.25mL
30	禽流感	H5 油苗	皮下注射 0.3mL

8.2 兽药的使用

兽药的使用应符合 NY5030 的要求，禁止使用违禁药物。

8.3 消毒

8.3.1 环境消毒

场区、道路和鹌舍周围环境定期消毒。废弃物处理区、下水道出口每月消毒 1 次。消毒池定期更换消毒液。

8.3.2 鹌舍消毒

空舍后应彻底冲洗、消毒，饲养鹌鹑时应每周消毒一次。

8.3.3 用具消毒

饲槽、水槽、料车等饲养用具要定期消毒。

8.4 废弃物处理

8.4.1 严禁在舍内宰杀病、死鹌鹑。因传染病和其他需要处死的病鹌鹑，应在指定地点进行扑杀，尸体应按 GB16548 的规定处理。

8.4.2 鹌场废弃物进行无害化处理。

8.4.3 鹌场污染物排放应符合 GB 18596 的规定。

9 档案与管理

每批鹌鹑都要有准确、完整的记录资料。内容包括引种购雏、饲料生产、免疫档案、防病用药、产蛋、出售及其他饲养日记等。所有资料记录应妥善保存两年以上。

参 考 文 献

[1] 高本刚等. 特种禽类养殖与疾病防治. 北京：化学工业出版社，2004.
[2] 李家瑞. 特种经济动物养殖. 北京：中国农业出版社，2002.
[3] 马丽娟. 特种动物生产学. 北京：中国农业出版社，2006.
[4] 李忠宽. 特种经济动物养殖大全. 北京：中国农业出版社，2001
[5] 余四九. 特种经济动物生产学. 北京：中国农业出版社，2006.
[6] 陈春良等. 新编特种经济动物饲养手册. 上海：上海科学技术文献出版社，2004.
[7] 卫功庆. 特种动物养殖. 北京：高等教育出版社，2004.
[8] 王洪玉. 实用特禽养殖大全. 延吉：延边人民出版社，2003.
[9] 王春林. 中国实用养禽手册. 上海：上海科学技术文献出版社，2000.
[10] 程德君等. 珍禽养殖与疾病防治. 北京：中国农业大学出版社，2004.
[11] 何艳丽等. 野鸭·野鹅. 北京：科学技术文献出版社，2004.
[12] 马泽芳等. 野生动物驯养学. 哈尔滨：东北林业大学出版社，2004.
[13] 佟煜仁，谭书岩主编. 狐标准化生产技术. 北京：金盾出版社，2007.
[14] 张复兴. 现代养蜂生产. 北京：中国农业大学出版社，1998.
[15] 朴厚坤. 毛皮动物饲养技术. 北京：科学出版社，1999.
[16] 黄文诚. 养蜂技术. 第2版. 北京：金盾出版社，2005.
[17] 陈盛禄. 中国蜜蜂学. 北京：中国农业出版社，2001.
[18] 佟煜仁，谭书岩. 水貂标准化生产技术. 北京：金盾出版社，2007.
[19] 国家林业局. 毛皮野生动物（兽类）驯养繁殖利用技术管理暂行规定［林护发（2005）91号］.
[20] 马丽娟. 鹿生产与疾病学. 第2版. 长春：吉林科学技术出版社，2003.
[21] 马明杰等. 经济动物饲养. 北京：中国农业出版社，2003.
[22] 倪弘. 貉养殖. 北京：科学技术文献出版社，2004.
[23] 单永利等. 现代养兔新技术. 北京：中国农业出版社，2004.
[24] 崔松元. 特种药用动物养殖学. 北京：北京农业大学出版社，1991.
[25] 向前. 蜈蚣高效饲养指南. 郑州：中原农民出版社，2002.
[26] 王金民等. 科学养蝎彩色图说. 北京：中国农业出版社，2003.
[27] 王宝维. 特禽生产学. 北京：中国农业出版社，2004.
[28] 余四九. 特种经济动物生产学. 北京：中国农业出版社，2002.
[29] 张复兴. 现代养蜂生产. 北京：中国农业大学出版社，1998.
[30] 曾志将. 养蜂学. 北京：中国农业出版社，2003.
[31] 张庆德等. 家兔高效益养殖关键技术. 北京：化学工业出版社，2010.
[32] 熊家军. 特种经济动物生产学. 北京：科学出版社，2012.
[33] 王银钱. 雉鸡的饲养技术措施. 中国禽业导刊，2006，23（21）：28-29.
[34] 吴占福. 肉鸽无公害标准化饲养技术. 石家庄：河北科学技术出版社，2006.
[35] 余有成. 肉鸽养殖新技术. 杨凌：西北农林科技大学出版社，2005.
[36] 张振兴，陆应林. 特禽高效饲养与疾病防治. 北京：中国农业出版社，2004.
[37] 郑光美. 中国鸟类分类与分布名录. 北京：科学出版社，2005.
[38] 郑文波. 特禽饲养手册. 北京：中国农业大学出版社，2000.
[39] 郑兴涛，邸国良. 茸鹿饲养新技术. 北京：金盾出版社，2004.
[40] 刘楚吾. 蛙无公害养殖综合技术. 北京：中国农业出版社，2003.
[41] 姜海涛. 鹌鹑冬季产蛋技术措施. 特种经济动植物，2006，10：16
[42] 高文玉. 经济动物学. 北京：中国科学技术出版社，2008.
[43] 高玉鹏，任战军. 毛皮、药用动物养殖大全. 北京：中国农业出版社，2004.
[44] 张恒业. 特种经济动物饲养. 北京：中国农业大学出版社，2012.
[45] 赵昌廷. 巧配特种经济动物饲料. 北京：化学工业出版社，2011.
[46] 崔春兰. 特种经济动物养殖与疾病防治. 北京：化学工业出版社，2014.

[47] 潘红平，邓寅业等. 蛤蚧高效养殖技术一本通. 北京：化学工业出版社，2014.

[48] 潘红平，林仁恭等. 蛇高效养殖技术一本通. 北京：化学工业出版社，2013.

[49] 邢秀梅等. 獭兔高效养殖有问必答. 北京：化学工业出版社，2013.

[50] 何艳丽等. 乌骨鸡高效养殖技术一本通. 北京：化学工业出版社，2013.

[51] 何艳丽等. 肉用野鸭高效养殖技术一本通. 北京：化学工业出版社，2013.

[52] 潘红平等. 蜈蚣高效养殖技术一本通. 北京：化学工业出版社，2012.

[53] 葛明玉等. 山鸡高效养殖技术一本通. 北京：化学工业出版社，2010.

[54] 李典友，高松等. 野生动物生态高效养殖新技术. 北京：化学工业出版社，2014.

[55] 袁施彬等. 特种珍禽养殖. 北京：化学工业出版社，2013.

[56] 刘振湘，文贵辉等. 鸵鸟高效养殖技术. 北京：化学工业出版社，2012.

[57] 马立新等. 特种养殖快速致富门路280条. 北京：化学工业出版社，2012.

[58] 孙卫东，唐耀等. 怎样科学办好肉鸽养殖场. 北京：化学工业出版社，2010.

[59] 华盛，华树芳等. 毛皮动物高效健康养殖关键技术. 北京：化学工业出版社，2009.